消防工程实验理论与技术

张新中 桂 林 孙凌帆 编著

黄河水利出版社

·郑州·

内 容 提 要

本书在介绍消防工程专业基本概念和基本理论的基础上,系统地阐述了消防工程实验理论与实验技术。主要介绍了实验数据分析与整理,消防工程基本测量,建筑火灾及火灾防护措施,建筑材料高温下的性能,可燃气体燃烧实验理论与技术,可燃液体燃烧实验理论与技术,可燃粉尘实验理论与技术和消防工程专业综合实验部分。

本书可作为消防工程、建筑工程、建筑环境与设备工程、工程管理、安全工程等专业的本、专科大学生的实验类教材,也可作为设计、监理、安装等行业消防工程技术人员的参考用书。

图书在版编目(CIP)数据

消防工程实验理论与技术/张新中,桂林,孙凌帆编著. —郑州:黄河水利出版社,2009.9
ISBN 978-7-80734-697-5

Ⅰ. 消… Ⅱ.①张…②桂…③孙… Ⅲ. 消防 Ⅳ. TU998.1

中国版本图书馆 CIP 数据核字(2009)第 142209 号

策划组稿:简 群 电话:0371-66026749 E-mail:w_jq001@163.com

出 版 社:黄河水利出版社
　　　　　地址:河南省郑州市顺河路黄委会综合楼 14 层 邮政编码:450003
发行单位:黄河水利出版社
　　　　　发行部电话:0371-66026940、66020550、66028024、66022620(传真)
　　　　　E-mail:hhslcbs@126. com
承印单位:黄河水利委员会印刷厂
开本:787 mm×1 092 mm 1/16
印张:15.25
字数:371 千字　　　　　　　　　　　印数:1—1 000
版次:2009 年 9 月第 1 版　　　　　　印次:2009 年 9 月第 1 次印刷
定价:25.00 元

前　言

消防工程专业经过多年的发展，理论体系日臻完善，相比理论教学，实践教学环节相对比较落后，这是当前制约培养该类学生创新精神和实践能力的主要障碍。

华北水利水电学院经过多年努力，进行了消防工程专业实验教学的改革与研究，在本科教学经验的基础上，认真汲取其他兄弟院校办学经验，编写了这本书。本书在编著过程中充分注意吸收国内外现代建筑防火与消防工程设计先进技术和经验，立足目前国内的有关规范和技术措施，力求全面、系统地介绍消防工程实验理论和技术。

本书介绍了消防工程专业的实验理论和实验技术，主要包括以下内容：实验数据分析与整理，消防工程基本测量，建筑火灾及火灾防护措施，建筑材料高温下的性能，可燃气体燃烧实验理论与技术，可燃液体燃烧实验理论与技术，可燃粉尘实验理论与技术和消防工程专业综合实验部分。

本书由张新中、桂林、孙凌帆担任主要编著工作，并负责全书统稿工作；同时，郭宇杰、申明召、王玎、张龙飞也担任了部分编著工作。参加编著工作人员具体分工为：华北水利水电学院的郭宇杰（第一章），河南省鹤壁市房产管理局的刘金龙（第二章的第一节和第五章的第六节），河南省第一建筑工程有限责任公司的桂林（第二章第五节和第五章的第一、二、三、四、五节），华北水利水电学院的孙凌帆（第三章和第四章的第一、二、三节），华北水利水电学院的王玎（第四章的第四节和第六章），华北水利水电学院的张龙飞（第七章），华北水利水电学院的张新中（第八章），华北水利水电学院的申明召（第九章），华北水利水电学院的乔鹏帅（第二章的第二节），华北水利水电学院的翟雯航（第二章的第三、四节）。

本书在编著过程中得到华北水利水电学院环境与市政工程学院雷庆铎、胡习英、马宁、解蒙老师的指导和帮助。另外，还参阅并引用了大量的国内外有关文献和资料，在此向所引用的参考文献的作者致以谢意！

由于编者水平有限，时间仓促，书中难免有错误或疏漏之处，敬请广大读者批评指正。

编　者
2009 年 3 月

目　录

第一章　实验数据分析与整理

第一节　实验误差分析

一、误差定义及表现形式

由于被测量的数据形式通常不能以有限位数表示,同时由于认识能力不足和科学技术水平的限制,使测量值与真值不一致,这种矛盾在数值上的表现即为误差。任何测量结果都有误差,误差自始至终存在于一切科学实验和一切测量全过程之中(误差公理)。测量仪表的指示值与被测量的真值之差,称为测量仪表的误差。如传感器的实际输出位与其正确输出值(即理论值)之差为传感器的误差。任何实际的测量仪表和测量系统都免不了有误差,绝对准确的东西是不存在的。

一个没有标明误差的测量结果,是没有用处的数据,尽管误差要比测量结果小很多,也可能在计算上很难确定,但科技工作者对测量结果和误差同样重视,这种需要是来自实践和科学水平不断提高的结果。研究误差理论是认识与改造客观的需要、评价与确保质量的需要、经济与正确地组织实验的需要、促进理论发展的需要。

误差根据不同的分法有如下几类。

(一)系统误差、随机误差和过失误差

误差按表现形式分为系统误差、随机误差和过失误差。

1.系统误差

1)系统误差的来源

系统误差又称可测误差、恒定误差或偏倚(Bias)。指测量值的总体均值与真值之间的差别,是由测量过程中某些恒定因素造成的,在一定条件下具有重现性,并不因增加测量次数而减少系统误差,它的产生可以是方法、仪器、试剂、恒定的操作人员和恒定的环境所造成的。

在实验中,系统误差产生的原因常有以下几个方面。

(1)仪器误差。因使用不准确的仪器所造成的。例如,滴定管、移液管、容量瓶刻度不准,分光光度计波长刻度与实际不符等。

(2)方法误差。由方法本身造成的。例如,在容量分析中计算终点与滴定终点不相符合,分析反应中有副反应发生等原因引起的结果偏高或偏低。

(3)试剂误差。因试剂不纯、配制不准或所用蒸馏水中含有杂质等原因所造成。

(4)操作误差。由操作者个人习惯、偏见或者对操作条件及规程理解差异所造成的误差。

系统误差对结果的影响是恒定的,而且经常反复出现。实验人员必须学会发现和克服系统误差,否则,分析结果将总是偏高或偏低。

系统误差是可以发现和克服的。例如,采用校正仪器的方法可以克服仪器误差;选用标准方法可避免方法误差;在实验中进行空白试验或对照试验可找出试剂误差;实验人员操作

时按照标准规程进行操作,进行专业培训学习,克服不良习惯,可帮助消除操作误差。

2)消除系统误差的方法

(1)在统筹规划测量工作时,应将可能产生系统误差的原因全部加以考虑,从而采取相应的措施以消除系统误差,或把系统误差减小到能接受的程度。在进行测量时,首先按仪器说明书的要求安装、调整仪表;如有干扰应采取相应的措施排除干扰,例如,当有电磁场干扰时,应做好屏蔽措施,使读数尽可能在外界条件比较稳定的情况下进行等。

(2)有条件时可采用一些有效的测量方法来消除或减少系统误差。

(3)处理数据时,设法估计出在测量中还没有消除的系统误差对测量结果的影响,从而对测量值进行必要的校正。

3)系统误差的综合

由于系统误差是恒定不变或有一定变化规律的,因此在测量过程中一般都能估计出每个系统误差分量 $\delta_1, \delta_2, \cdots, \delta_n$ 的大小,从而采用以下方法可综合出总的系统误差 δ。

(1)求各个分量的代数和。如果测量过程中产生的各个系统误差的分量的符号和大小是可估计的,那么就可采用求分量代数和的方法求得总的系统误差 δ:

$$\delta = \pm(\delta_1 + \delta_2 + \cdots + \delta_n) = \sum_{i=1}^{n} \delta_i \tag{1-1}$$

(2)求各个分量的绝对值之和。如果在测量中只能估计出各系统误差分量的数值大小而其符号无法确定时(如仪表基本误差),则可将各分量的绝对值相加:

$$\delta = \pm(|\delta_1| + |\delta_2| + \cdots + |\delta_n|) = \pm\sum_{i=1}^{n} |\delta_i| \tag{1-2}$$

(3)求各分量平方和的根。如果在测量中系统误差的分量较多,如仍求各个分量的绝对值之和并以此作为总的系统误差,显然是把误差值夸大了,这是因为当误差分量较多时,各分量最大误差值同时出现的概率是不大的,它们之间会相互抵消一部分,此时用以下方法较为妥当,即

$$\delta = \pm\sqrt{(\delta_1^2 + \delta_2^2 + \cdots + \delta_n^2)} = \pm\sqrt{\sum_{i=1}^{n} \delta_i^2}$$

2. 随机误差

随机误差又称偶然误差或不可测误差,是由测定过程中各种随机因素的共同作用所造成的,如测定过程中电压、大气压、温度的波动,仪器本身的不稳定性,操作者在实验过程中的细微差异等因素变化所引起的。表面看来这类误差似乎捉摸不定,但实际上也有它的规律:同样大小的正负偶然误差出现的机会在多次测试中大致相等;小误差出现的机会多,大误差出现的机会少,而且在重复测定过程中(在同一条件下)其误差绝对值不会超过一定的界限范围。随机误差遵从正态分布规律,可概括为有界性、单峰性、对称性和抵偿性。

在实验分析过程中,可以采用严格控制实验条件、按照标准操作规程、适当增加重复测定次数的办法减少偶然误差。

3. 过失误差

过失误差又称粗差。是由测量过程中犯了不应有的错误所造成的,如加错试剂、读错数字、操作失误、记录或运算数字时出现错误,均可引起较大误差。这类较大误差的数值称为异常值,它明显地歪曲测量结果,因而一经发现必须及时改正,绝不允许把过失误差当做偶

然误差。

（二）绝对误差、相对误差和引用误差

误差按其性质分为绝对误差、相对误差和引用误差。

1. 绝对误差

某量值的绝对误差是该量的给出值与客观真值之差。其给出值包括测量值（单一测量值或多次测量的均值）、实验值、标称值、示值、计算近似值等要研究和给出的非真值。

如果定义中的给出值是用测量方式获得的测量结果，则测量绝对误差为其测量值与真值之差，绝对值有正负之分。

$$测量绝对误差 = 测量结果 - 真值$$

如果给出值是计算仪器的示值，则示值绝对误差为：

$$示值绝对误差 = 示值 - 真值$$

如果给出值是实验值，则实验绝对误差为：

$$实验绝对误差 = 实验值 - 真值$$

在某一时刻和某一位置或状态下，某量的效应体现出的客观值或实际值称为真值。真值包括理论真值、约定真值和标准器相对真值。

理论真值：例如，三角形内角之和等于 $180°$，同一量值自身之差为 0，自身之比为 1。

约定真值：由国际计量大会定义的国际单位制，由国际单位制所定义的真值叫约定真值。如长度单位米是光在真空中在 $1/299\ 792\ 458$ s 的时间间隔内行程的长度；质量单位保存在法国巴黎国际计量局的铂铱合金圆柱体（国际千克原器）的质量是 1 kg；时间单位是指铯 -133 原子，处于特定状态（原子基态的两个超精细能级之间的跃迁）时辐射出 $9\ 192\ 631\ 770$ 个周期的电磁波，它所持续的时间为 1 s。此外，还有电流强度、热力学温度、发光强度、物质的量 7 个基本单位。

凡满足以上条件的量值都是约定真值。

标准器相对真值：高一级标准器的误差为低一级标准器或普通计量仪器误差的 $(1/3 \sim 1/20)$ 时（一般为 $1/5$），则可认为前者是后者的相对真值。

例如，铂电阻温度计温度值相对于普通温度计指示的温度值而言是相对真值。

绝对误差的性质：有量纲、有方向（即大小）。

$$修正值 = -误差 = 真值 - 给出值$$

$$真值 = 给出值 + 修正值 = 给出值 - 误差$$

也就是说，含有误差的给出值加上修正值后就可消除误差的影响，而加上修正值的作用如同扣除误差的作用。

2. 相对误差

相对误差指绝对误差与真值之比（常以百分数表示）。

【例1-1】 用米尺测 100 m 绝对误差为 1 m；用米尺测 $1\ 000$ m，绝对误差为 1 m，从绝对误差的角度来说是一样的，但由于所测长度不同，故而它们的准确程度不一样，前者 100 m 差 1 m，后者 $1\ 000$ m 差 1 m，为了描述其测量的准确程度引出相对误差。

$$相对误差 = 绝对误差 \div 真值 = \frac{绝对误差}{真值} \times 100\%$$

此例中，相对误差为 $1/100 = 1\%$ 和 $1/1\ 000 = 0.1\%$。

3. 引用误差

引用误差是一种简化的相对误差,用于多挡和连续分度的仪器仪表中,这些仪器仪表可测范围不是一点,而是一个量程,各分度点的示值和其对应的真值都不一样,若用前面相对误差的公式所用的分母都不一样,计算麻烦,为了计算和划分准确度等级方便,一律取该仪器仪表的量程或测量范围上限值为分母。

$$引用误差 = \frac{绝对误差}{量程(上限)} \times 100\%$$

电工仪表的准确度等级分别定为:0.1、0.2、0.5、1.0、1.5、2.5、5 级。其标明仪表的引用误差不能超过的界限,如仪表的级别用 S 代表,则说明合格的仪表最大引用误差不会超过 $S\%$。设仪表的量程为 $0 \sim X_n$,测量点为 X,则该仪表在 X 点邻近处的示值误差为:

$$绝对误差(\Delta X) \leqslant 引用误差 \times 上限 \leqslant S\% \times X_n$$

$$相对误差 \leqslant \frac{X_n}{X} S\%$$

所以,仪表测量 X 点时所产生的最大相对误差为最大绝对误差与测量点的比值,即 $r = \frac{\Delta X}{X} = \frac{X_n}{X} S\%$

一般 $X \leqslant X_n$,X 越接近 X_n 时准确度越高,X 越远离 X_n 时准确度越低,这即人们在用这类仪表测量时尽可能在仪表的邻近上限值处或 2/3 量程以上测量的原因所在。

【例1-2】 待测电压为 100 V,现有 0.5 级 0~300 V、1.0 级 0~100 V 两块电压表,问用哪个电压表测量比较好?

解:

$$r_1 = \frac{X_n}{X} \times S\% = \frac{300 \text{ V}}{100 \text{ V}} \times 0.5\% = 1.5\%$$

$$r_2 = \frac{X_n}{X} \times S\% = \frac{100 \text{ V}}{100 \text{ V}} \times 1.0\% = 1.0\%$$

此例说明,用级别低的仪表测量有时比级别高的仪表测量相对误差要小,因此测量时要级别和量程二者兼顾。

(三)原理误差与构造误差

按产生误差的原因不同,测量误差可分为原理(或方法)误差与构造(或工具)误差两类。

(1)原理误差:测量原理上的不完善或近似性,所采用的测量方法不完善,或设计仪表时对特性方程式作了一些近似计算,假设了一些常数,或特性方程式中的某些参数与理想的特性方程式中的对应参数不同等原因而引起的误差,都属于原理误差,又称方法误差。

(2)构造误差:仪表在构造上、制造工艺上或调整上不完善而引起的误差属于构造误差,亦称工具误差。

(四)动态误差、稳态误差与静态误差

按被测参数(即仪表与传感器的输入量)在测量过程中变化与否的情况,测量误差可分为静态误差、动态误差与稳态误差。

(1)静态误差:按设计要求,各种系统的输出与输入都有确定的函数关系。实际上,在输入元保持不变(或按一定的规律缓慢变化)时,输出量与其理论值之间也是有误差的,这

种误差称静态误差。

(2)动态误差:在给系统加一个输入信号的瞬间,系统尚达不到相应的正确输出值,要达到正确输出值需要一点过渡时间(或响应时间),这个过程称为过渡过程(或瞬变过程)。在这期间,系统的输出值与相应的正确输出值之差,称为动态误差。

(3)稳态误差:有的系统在过渡过程结束后保持在等速状态下工作,这时系统的误差称为稳态误差。

静态误差与稳态误差都是在过渡过程结束后系统存在的误差(静态误差是稳态误差的一种特例),只有动态误差是在过渡过程结束前的误差。

二、精密度、准确度、精确度、精度

精密度、准确度、精确度、精度四个名词都是误差的反义词,国内外对这几个名词的定义目前尚未完全统一。下面介绍一种较为恰当的定义,以供参考。

精密度亦称精密性。表示在多次重复测量中所测数值的分散程度。偶然误差小,重复测量结果就密集,精密度就高,但精密不一定准确,图1-1便是一种精密度高,而准确度不高的打靶记录。

准确度亦称准确性,表示测量结果与被测量真值的偏离程度。系统误差小,准确度就高,但准确不一定精密。

精确度简称精度,是测量结果的精密与准确程度的综合反映。精确度高,表示系统误差与偶然误差都小。图1-2便是既精密又准确(精确度高)的打靶记录,图1-3则是精确度很差的打靶记录。

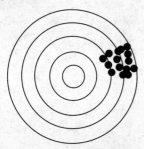

图1-1 精密度高而准确度
不高的打靶记录

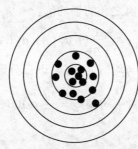

图1-2 既精密又准确的
打靶记录

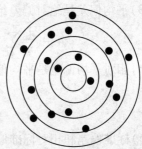

图1-3 精确度很差的
打靶记录

三、偏差定义及分类

一个值减去其参考值,称为偏差。这里的值或一个值是指测量得到的值,参考值是指设定值、应有值或标称值。以测量仪器的偏差为例,它是从零件加工的"尺寸偏差"的概念引申过来的。尺寸偏差是加工零件所得的某一实际尺寸与其要求的参考尺寸或标称尺寸之差。相对于实际尺寸来说,由于加工过程中诸多因素的影响,它偏离了要求的或应有的参考尺寸,于是产生了尺寸偏差,即

尺寸偏差 = 实际尺寸 - 参考尺寸

对于量具也有类似的情况。例如:用户需要一个准确值为 1 kg 的砝码,并将此应有的

值标示在砝码上;工厂加工时由于诸多因素的影响,所得的实际值为 1.002 kg,此时的偏差为 +0.002 kg。而如果在标称值上加一个修正值 +0.002 后再用,则这块砝码就显得没有误差了。这里的示值误差和修正值,都是相对于标称值而言的。现在从另一个角度来看,这块砝码之所以具有 -0.002 kg 的示值误差,是因为加工发生偏差,偏大了 0.002 kg,从而使加工出来的实际值(1.002 kg)偏离了标称值(1 kg)。为了描述这个差异,引入"偏差"这个概念就是很自然的事,即

$$偏差 = 实际值 - 标称值 = 1.002 - 1.000 = 0.002(kg)$$

由此可见,偏差与修正值相等,或与误差等值而反向。应强调指出的是,偏差相对于实际值而言,修正值与误差则相对于标称值而言,它们所指的对象不同。所以,在分析时,首先要分清所研究的对象是什么。还要提及的是,上述尺寸偏差也称实际偏差(简称偏差),而常见的概念还有上偏差(最大极限尺寸与应有参考尺寸之差)、下偏差(最小极限尺寸与应有参考尺寸之差),它们统称为极限偏差。由代表上、下偏差的两条直线所确定的区域,即限制尺寸变动量的区域,通称为尺寸公差带。

偏差分为绝对偏差、相对偏差、平均偏差、相对平均偏差和标准偏差等。

(1)绝对偏差(d_i)是测定值(x_i)与均值($\bar{x}$)之差,即

$$d_i = x_i - \bar{x}$$

(2)相对偏差是绝对偏差与均值之比(常以百分数表示):

$$相对偏差 = \frac{d_i}{x} \times 100\%$$

(3)平均偏差是绝对偏差绝对值之和的平均值:

$$\bar{d} = \frac{1}{n} \sum_{i=1}^{n} |d_i| = \frac{1}{n}(|d_1| + |d_2| + \cdots + |d_n|)$$

(4)相对平均偏差是平均偏差与均值之比(常以百分数表示):

$$相对平均偏差 = \frac{\bar{d}}{x} \times 100\%$$

(5)标准偏差和相对标准偏差。

①差方和亦称离差平方或平方和,是指绝对偏差的平方之和,以 S 表示:

$$S = \sum_{i=1}^{n} (x_i - \bar{x})^2$$

②样本方差用 s^2 或 V 表示:

$$s^2 = \frac{1}{n-1} \sum_{i=1}^{n} (x_i - \bar{x})^2 = \frac{1}{n-1} S$$

③样本标准偏差用 s 或 s_D 表示:

$$s = \sqrt{\frac{1}{n-1} \sum_{i=1}^{n} (x_i - \bar{x})^2}$$

$$= \sqrt{\frac{1}{n-1} S} = \sqrt{\frac{\sum x_i^2 - \frac{(\sum x_i)^2}{n}}{n-1}}$$

④样本相对标准偏差:又称变异系数,是样本标准偏差在样本均值中所占的百分数,记为 C_V:

$$C_V = \frac{s}{\bar{x}} \times 100\%$$

⑤总体方差和总体标准偏差分别以 σ^2 和 σ 表示:

$$\sigma^2 = \frac{1}{N} \sum_{i=1}^{n} (x_i - \mu)^2$$

$$\sigma = \sqrt{\sigma^2} = \sqrt{\frac{1}{N} \sum_{i=1}^{n} (x_i - \mu)^2} = \sqrt{\frac{\sum x_i^2 - \frac{(\sum x_i)^2}{N}}{N}}$$

式中,N 为总体容量;μ 为总体均值。

⑥极差:一组测量值中最大值($x_{\max}$)与最小值($x_{\min}$)之差,表示误差的范围,以 R 表示:

$$R = x_{\max} - x_{\min}$$

四、不确定度表示方法

(一)测量不确定度

表征合理地赋予被测量之值的分散性、与测量结果相联系的参数,称为测量不确定度。

"合理"意指应考虑到各种因素对测量的影响所做的修正,特别是测量应处于统计控制的状态下,即处于随机控制过程中。"相联系"意指测量不确定度是一个与测量结果"在一起"的参数,在测量结果的完整表述中应包括测量不确定度。此参数可以是诸如标准(偏)差或其倍数,或说明了置信水准的区间的半宽度。

测量不确定度从词义上理解,意味着对测量结果可信性、有效性的怀疑程度或不肯定程度,是定量说明测量结果的质量的一个参数。实际上由于测量不完善和人们的认识不足,所得的被测量值具有分散性,即每次测得的结果不是同一值,而是以一定的概率分散在某个区域内的许多值。虽然客观存在的系统误差是一个不变值,但由于我们不能完全认知或掌握,只能认为它是以某种概率分布于某个区域内,而这种概率分布本身也具有分散性。测量不确定度就是说明被测量之值分散性的参数,它不说明测量结果是否接近真值。

为了表征这种分散性,测量不确定度用标准(偏)差表示。在实际使用中,往往希望知道测量结果的置信区间,因此规定测量不确定度也可用标准(偏)差的倍数或说明了置信水准的区间的半宽度表示。为了区分这两种不同的表示方法,分别称它们为标准不确定度和扩展不确定度。

在实践中,测量不确定度可能来源于以下 10 个方面:

(1)对被测量的定义不完整或不完善;

(2)实现被测量的定义的方法不理想;

(3)取样的代表性不够,即被测量的样本不能代表所定义的被测量样本;

(4)对测量过程受环境影响的认识不周全,或对环境条件的测量与控制不完善;

(5)对模拟仪器的读数存在人为偏移;

(6)测量仪器的分辨力或鉴别力不够;

(7)赋予计量标准的值或标准物质的值不准;

（8）引用于数据计算的常量和其他参量不准；

（9）测量方法和测量程序的近似性和假定性；

（10）在表面上看来完全相同的条件下，被测量重复观测值的变化。

由此可见，测量不确定度一般来源于随机性和模糊性，前者归因于条件不充分，后者归因于事物本身概念不明确。这就使测量不确定度一般由许多分量组成，其中一些分量可以用测量列结果（观测值）的统计分布来进行评价，并且以实验标准（偏）差表征；而另一些分量可以用其他方法（根据经验或其他信息的假定概率分布）来进行评价，并且也以标准（偏）差表征。所有这些分量，应理解为都贡献给了分散性。当需要表示某分量是由某原因导致时，可以用随机效应导致的不确定度和系统效应导致的不确定度，而不要用"随机不确定度"和"系统不确定度"这两个业已过时或淘汰的说法。例如，由修正值和计量标准带来的不确定度分量，可以称之为系统效应导致的不确定度。

不确定度当由方差得出时，取其正平方根。当分散性的大小用说明了置信水准的区间的半宽度表示时，作为区间的半宽度取负值显然也是毫无意义的。当不确定度除以测量结果时，称之为相对不确定度，这是个无量纲量，通常以百分数或10的负数幂表示。

在测量不确定度的发展过程中，人们从传统上理解为"表征（或说明）被测量真值所处范围的一个估计值（或参数）"；也有一段时期理解为"由测量结果给出的被测量估计值的可能误差的度量"。这些含义从概念上来说是测量不确定度发展和演变的过程，与现定义并不矛盾，但它们涉及真值和误差这两个理想化的或理论上的概念，实际上是难以操作的未知量，而可以具体操作的则是测量结果的变化，即被测量之值的分散性。

（二）标准不确定度

以标准（偏）差表示的测量不确定度，称为标准不确定度。

标准不确定度用符号 u 表示，它不是由测量标准引起的不确定度，而是指不确定度以标准（偏）差表示，来表征被测量之值的分散性。这种分散性可以有不同的表示方式，例如：用 $\dfrac{\sum\limits_{i=1}^{n}(x_i - \bar{x})^2}{n}$ 表示时，由于正残差与负残差可能相消，反映不出分散程度；用 $\dfrac{\sum\limits_{i=1}^{n}|x_i - \bar{x}|}{n}$ 表示时，则不便于进行解析运算。只有用标准（偏）差表示的测量结果的不确定度，才称为标准不确定度。

当对同一被测量作 n 次测量，表征测量结果分散性的量 s 按下式算出时，称它为实验标准（偏）差：

$$s = \sqrt{\frac{\sum\limits_{i=1}^{n}(x_i - \bar{x})^2}{n - 1}}$$

式中：x_i 为第 i 次测量的结果；$\bar{x}$ 为所考虑的 n 次测量结果的算术平均值。

对同一被测量作有限的 n 次测量，其中任何一次的测量结果或观测值，都可视做无穷多次测量结果或总体的一个样本。数理统计方法就是通过这个样本所获得的信息来推断总体的性质。期望是通过无穷多次测量所得的观测值的算术平均值或加权平均值，又称为总体均值 μ，显然，它只是在理论上存在并可表示为 $\mu = \lim\limits_{n \to \infty} \dfrac{1}{n} \sum\limits_{i=1}^{n} x_i$。

方差 σ^2 则是无穷多次测量所得观测值 x_i 与期望 μ 之差的平方的算术平均值,它也只是在理论上存在并可表示为 $\sigma^2 = \lim\limits_{n \to \infty} \dfrac{1}{n} \sum\limits_{i=1}^{n} (x_i - \mu)^2$。

方差的正平方根 σ 通常被称为标准差,又称为总体标准差或理论标准差;而通过有限次测量算得的实验标准差 s,又称为样本标准差。

s 是单次观测值 x_i 的实验标准差,$s/\sqrt{n}$ 才是 n 次测量所得算术平均值 $\bar{x}$ 的实验标准差,它是 $\bar{x}$ 分布的标准差的估计值。为易于区别,前者用 $s(x)$ 表示,后者用 $s(\bar{x})$ 表示,故有 $s(\bar{x}) = s(x)/\sqrt{n}$。

通常用 $s(x)$ 表征测量仪器的重复性,而用 $s(\bar{x})$ 评价以此仪器进行 n 次测量所得测量结果的分散性。随着测量次数 n 的增加,测量结果的分散性 $s(\bar{x})$ 即与 n 成反比地减小,这是由于对多次观测值取平均后,正、负误差相互抵偿所致。所以,当测量要求较高或希望测量结果的标准差较小时,应适当增加 n;但当 $n > 20$ 时,随着 n 的增加,$s(\bar{x})$ 的减小速率减慢。因此,在选取 n 的多少时应予综合考虑或权衡利弊,因为增加测量次数就会拉长测量时间、加大测量成本。在通常情况下,取 $n \geqslant 3$,$n = 4 \sim 20$ 为宜。另外,应当强调 $s(\bar{x})$ 是平均值的实验标准差,而不能称它为平均值的标准误差。

(三) 总体、样本和平均数

1. 总体和个体

研究对象的全体称为总体,其中一个单位叫个体。

2. 样本和样本容量

总体中的一部分叫样本,样本中含有个体的数目叫此样本的容量,记作 n。

3. 平均数

平均数代表一组变量的平均水平或集中趋势,样本观测中大多数测量值靠近平均数。

(1) 算术均数简称均数,是最常用的平均数,其定义为:

$$\text{样本均数} \ \bar{x} = \frac{\sum x_i}{n}$$

$$\text{总体均数} \ \mu = \frac{\sum x_i}{n} \quad (n \to \infty)$$

(2) 几何均数。当变量呈等比关系时,常需用几何均数表示,其定义为:

$$\bar{x}_g = (x_1 x_2 \cdots x_n)^{\frac{1}{n}} = \lg^{-1}\left(\frac{\sum\limits_{i=1}^{n} \lg x_i}{n} \right)$$

计算酸雨 pH 值的均数,都是计算雨水中氢离子活度的几何均数。

(3) 中位数:将各数据按大小顺序排列,位于中间的数据即为中位数,若为偶数取中间两数的平均值,适用于一组数据的少数呈"偏态"分散在某一侧,使均数受个别极数的影响较大的数据。

(4) 众数:一组数据中出现次数最多的一个数据。

平均数表示集中趋势,当监测数据是正态分布时,其算术均数、中位数和众数三者重合。

(四)正态分布

相同条件下对同一样品测定中的随机误差,均遵从正态分布。正态概率密度函数为

$$\varphi(x) = \frac{1}{\sigma\sqrt{2\pi}}e^{-\frac{(x-\mu)^2}{2\delta^2}}$$

式中:x 为由此分布中抽出的随机样本值;μ 为总体均值,是曲线最高点的横坐标,曲线对 μ 对称;σ 为总体标准偏差,反映了数据的离散程度。

从统计学知道,样本落在对应区间内的概率如表 1-1 所示。

表 1-1　正态分布总体的样本落在对应区间内的概率

区间	落在区间内的概率(%)	区间	落在区间内的概率(%)
$\mu \pm 1.000\sigma$	68.26	$\mu \pm 2.000\sigma$	95.44
$\mu \pm 1.645\sigma$	90.00	$\mu \pm 2.576\sigma$	99.00
$\mu \pm 1.960\sigma$	95.00	$\mu \pm 3.000\sigma$	99.732 97

正态分布曲线说明:①小误差出现的概率大于大误差,即误差的概率与误差的大小有关;②大小相等、符号相反的正负误差数目近于相等,故曲线对称;③出现大误差的概率很小;④算术均值是可靠的数值。

实际工作中,有些数据本身不呈正态分布,但将数据通过数学转换后可显示正态分布,最常用的转换方式是将数据取对数。若监测数据的对数呈正态分布,称为对数正态分布。例如,大气监测中,当 SO_2 颗粒物浓度较低时,数据经实验证明一般呈对数正态分布,有些工厂排放废水的浓度数据也呈对数正态分布。

五、系统误差的检验方法

系统误差是指固定的或服从某确定规律的误差,决定了测定结果的正确度。

在分析测试中,经常遇到这类问题。例如用标样来评价一个分析方法,检验两个实验室或两个分析人员测试结果的一致性,研究测试条件对测试结果的影响,检查空白值等,其实质都是检查系统误差。一个分析实验室要向送检部门报送分析结果,如果分析结果是由几个分析人员或用不同分析方法得到的,应该对不同分析人员或不同分析测定结果之间是否存在系统误差进行检验,只有确认不存在系统误差之后,才能以加权平均值报出结果。

从统计检验的角度来看,检查两组测定值之间是否存在系统误差,就是检验两组测定值的分布是否相同,若相同就认为二者之间不存在系统误差;若不同就认为二者之间存在系统误差。

(一)两组测定间系统误差的检验

1. 符号检验法

若有两总体,从两总体中抽样,各进行 n 次独立测定,得到 n 对一一对应的数据:

$$X_{11}, X_{12}, \cdots, X_{1i}, \cdots, X_{1n}$$
$$X_{21}, X_{22}, \cdots, X_{2i}, \cdots, X_{2n}$$

如果两组测定值之间不存在系统误差,出现 $X_{1i} > X_{2i}$ 与出现 $X_{2i} > X_{1i}$ 的机会是相同的,概率各为 1/2。当 n 足够大时,在 n 对数据中,$X_{1i} > X_{2i}$ 出现的次数 n_+ 与 $X_{2i} > X_{1i}$ 出现的次数 n_- 应该是相等的。但当 n 较小时,由于试验误差的影响,n_+ 与 n_- 不一定相等,但也不应该

相差很大。若将出现 $X_{1i} = X_{2i}$ 的情况不计,令 $n = n_+ + n_-$,n_+ 与 n_- 之中数字较小者 $r = \text{Min}(n_+, n_-)$ 就不应比符号检验表中相应显著性水平 a 和 n 以下的数 S 还小,若 $r \leq S$,则有理由认为这两组测定值之间存在系统误差,做出这一结论的置信度为 $P = (1 - a) \times 100\%$。

出现 $X_{1i} > X_{2i}$ 或 $X_{2i} > X_{1i}$ 的次数 C 是一个随机变量,遵从二项分布(符号检验表就是由二项分布计算出来的),当 n 较大时,由数理统计原理知道,C 近似遵从均值为 $n/2$、标准差为 $\sqrt{n/4}$ 的正态分布,这时可用正态分布的性质来检验。检验统计量为

$$t = \frac{r - \dfrac{n}{2}}{\sqrt{\dfrac{n}{4}}}$$

若取显著性水平 $a = 0.05$,t 值落在区间 $(-1.96, +1.96)$ 内,则认为两总体之间没有显著性差异,如果 t 值落在这个区间以外,则认为两总体之间有显著性差异。两组测定值之间存在系统误差。

符号检验表见表 1-2。

表 1-2 符号检验表(S 值)

n	a		n	a		n	a	
	0.05	0.10		0.05	0.10		0.05	0.10
1	—	—	21	5	6	41	13	14
2	—	—	22	5	6	42	14	15
3	—	—	23	6	7	43	14	15
4	—	—	24	6	7	44	15	16
5	—	0	25	7	7	45	15	16
6	0	0	26	7	8	46	15	16
7	0	0	27	7	8	47	16	17
8	0	1	28	8	9	48	16	17
9	1	1	29	8	9	49	17	18
10	1	1	30	9	10	50	17	18
11	1	2	31	9	10	51	18	19
12	2	2	32	9	10	52	18	19
13	2	3	33	10	11	53	18	20
14	2	3	34	10	11	54	19	20
15	3	3	35	11	12	55	19	20
16	3	4	36	11	12	56	20	21
17	4	4	37	12	13	57	20	21
18	4	5	38	12	13	58	21	22
19	4	5	39	12	13	59	21	22
20	5	5	40	13	14	60	21	23

符号检验法主要适用于连续随机变量。此法的最大优点是简单直观,并且它不要求对检验的分布事先有所了解;它的缺点是精度比较差,没有充分利用数据提供的信息,因为它只是简单地比较测定值的相对大小,而不考虑这些测定值本身的具体数值。符号检验法只适用于测定数据成对的场合。

2. t 检验法

t 检验法比符号检验法的精度高,因此对于正态分布,在有条件时,最好还是使用 t 检验法。t 检验法使用如下式所示的统计量

$$t = \left| \frac{\bar{x}_2 - \bar{x}_1}{\bar{s}} \right| \sqrt{\frac{n_1 n_2}{n_1 + n_2}}$$

式中的 $\bar{s}$ 是合并方差,按下式计算

$$\bar{s} = \sqrt{\frac{(n_1 - 1)s_1^2 + (n_2 - 1)s_2^2}{n_1 + n_2 - 2}}$$

如果由样本值计算的 t 值大于 t 分布表中相应显著性水平 a 和自由度 $f = n_1 + n_2 - 2$ 下的临界值 $t_{a,f}$,则认为两总体之间有显著性差异,即有系统误差存在;反之,结论相反。

今以下面的数据为例,说明如何用 t 检验法来检查系统误差,$n_1 = 10$,$n_2 = 10$,$\bar{x}_1 = 21.757$,$\bar{x}_2 = 21.803$,$s_1^2 = 113.98$,$s_2^2 = 110.56$

$$\bar{s} = \sqrt{\frac{(n_1 - 1)s_1^2 + (n_2 - 1)s_2^2}{n_1 + n_2 - 2}} = 10.6$$

$$t = \left| \frac{\bar{x}_2 - \bar{x}_1}{\bar{s}} \right| \sqrt{\frac{n_1 n_2}{n_1 + n_2}} = \frac{21.803 - 21.757}{10.6} \sqrt{\frac{10 \times 10}{10 + 10}} = 0.0097$$

查 t 分布表(此外略),在 $f = 18$,$t_{0.05,18} = 2.10$ 时,$t < t_{0.05,18}$,说明两组测定值间不存在系统误差。

(二)多组测定间系统误差的检验(F 检验)

多组测定间的系统误差检验,实际上就是用单因素多水平试验的方差分析来检验多个均值之间是否存在显著性差异。

设对某独立变量进行 m 组测定,每组分别进行了 n_1,n_2,…,n_m 次测定,且单次测定的精度是一样的,于是便得到 m 组测定值,见表 1-3,x_i 遵从正态分布。

表 1-3　m 组测定值

第①组	第②组	…	第 m 组
X_{11}	X_{21}	…	X_{m1}
X_{12}	X_{22}	…	X_{m2}
⋮	⋮		⋮
X_{1n}	X_{2n}	…	X_{nm}
$\bar{x}_1$	$\bar{x}_2$	…	x_m

分组因素的方差估计值为

$$\frac{Q_G}{f_G} = \frac{\sum\limits_{i=1}^{m} n_i(\bar{x}_i - \bar{x})^2}{m - 1}$$

试验误差效应方差估计值为

$$\frac{Q_E}{f_E} = \frac{\sum\limits_{i=1}^{m} \sum\limits_{j=1}^{n} (x_{ij} - \bar{x}_i)^2}{\sum\limits_{i=1}^{m} (n_i - m)}$$

检验统计量为

$$F = \frac{Q_G / f_G}{Q_E / f_E}$$

如果由样本值计算的 F 值大于 F 分布表中给定的显著性水平 a 与相应自由度 f_G、f_E 下的临界值 $F_a(f_G, f_E)$，则表示各组测定间有系统误差存在；若 $F < F_a(f_G, f_E)$，则没有明显理由认为各组测定间存在系统误差。

各组测定间系统误差的大小，由下式计算

$$S_B = \sqrt{\frac{\sum\limits_{i=1}^{m} n_i(m - 1)}{\left(\sum\limits_{i=1}^{m} n_i\right)^2 - \sum\limits_{i=1}^{m} n_i^2} \left(\frac{Q_G}{f_G} - \frac{Q_E}{f_E}\right)}$$

单次测定的随机误差由下式计算

$$S_E = \sqrt{\frac{Q_E}{f_E}}$$

第二节　实验数据整理

一、数字修约与取舍

（一）有效数字的位数

数字是分析结果进行记录、计算与交流的形式。它不仅表示结果的大小，而且反映检测的准确程度。在分析上，常用有效数字表示。

由有效数字构成的数值与通常数学上的数值在概念上是不同的。例如：12.3、12.30、12.300 这三个数在数学上是表示相同数值的数。但在分析上，它不仅反应了数字的大小，而且反映了测量这一物体质量时的准确程度。第一个数值表示测量的准确程度为 ± 0.1，相对误差为 $0.1/12.3 \times 100 = 0.8\%$；第二个数值表示测量的准确程度为 ± 0.01，相对误差为 $0.01/12.30 \times 100 = 0.08\%$；第三个数值表示测量的准确程度达到 ± 0.001，相对误差为 $0.001/12.300 \times 100 = 0.008\%$。三个数值反映了三种测量情况，这三个数值的区别就是有效数字位数不同，它们分别是三位有效数字、四位有效数字和五位有效数字。

有效数字，即表示数字的有效意义。它规定一个有效数字只保留最后一位数字是可疑的，或者说是不准确的，其余数字均为确定数字，或者是准确数字。

由有效数字构成的测定值必然是近似值(最后一位数是不准确的),因此在数字的运算时也必须反映出这个情况。

在确定有效数字的位数时,首先必须弄清楚数字"0"的意义,它既作为数字的定位,也可作为有效数字。

(1)非零数字之前的"0"在数值中只起定位作用,不是有效数字。例如0.012,有两位有效数字,"0"的作用只表示非零数字"1"处于小数点后第二位的位置;又如0.008,有一位有效数字,"0"的作用只表示非零数字"8"处于小数点后第三位的位置。所以,以上两个数值,可以改写为 1.2×10^{-2},8×10^{-3}。

(2)非零数字的中间和数值末尾的"0",均为有效数字,计算有效数字的位数时应计算在内。例如,0.102 为三位有效数字;0.120 也是三位有效数字。如果数字末端的"0"不作为有效数字,要改写成用乘以 10^n 来表示。如 12300 取三位有效数字,应写成 1.23×10^4 或 12.3×10^3。

(二)数字修约规则

前面讲过有效数字的概念就是实际能测得的数字。有效数字保留的位数,应根据分析方法和仪器的准确度来确定,一个数字只能是最后一位是可疑的。根据这些原则,数据的记录、数字的运算都不能任意增加或减少有效数字的位数。

我们在实际工作中常会碰到这种情况,一个分析结果常由许多原始数据经过许多步数学运算才得出来,那么在这些运算过程中,中间数字如何记录?最后的结果应保留多少位有效数字呢?要解决这些问题,我们必须了解数字的修约规则和有效数字的运算规则。

各种测量、计算的数据需要修约时,应遵守下列规则:四舍六入五考虑,五后非零则进一,五后皆零视奇偶,五前为偶应舍去,五前为奇则进一。

具体来说,数字修约规则可根据 GB 8170—87 的规定来进行:

(1)在拟舍弃的数字中,若左边第一个数字小于5(不包括5),应舍去;若左边第一个数字大于5(不包括5),则进一。

(2)在拟舍弃的数字中,若左边第一个数字等于5,其右边的数字并非全部为零时,则进一;若右边的数字皆为零,所拟保留的末位数字若为奇数则进一,若为偶数(包括"0")则不进。

(3)所拟舍弃的数字,若为两位以上数字,不得连续进行多次修约,应根据所拟舍弃的数字中左边第一个数字的大小,按上述规定一次修约出结果。

【例1-3】 将下列数据修约到只保留一位小数:
14.342 6、14.263 1、14.250 1、14.250 0、14.050 0、14.150 0

解:按照上述修约规则求解

(1)修约前   修约后
   14.342 6   14.3
因保留一位小数,而小数点后第二位数小于等于4者应予舍弃。

(2)修约前   修约后
   14.263 1   14.3
小数点后第二位数字大于或等于6,应予进一。

(3)修约前   修约后
   14.250 1   14.3

小数点后第二位数字为 5,但 5 的右面并非全部为零,则进一。

(4)修约前　　　　　修约后

　　14.250 0　　　　14.2

　　14.050 0　　　　14.0

　　14.150 0　　　　14.1

【例 1-4】　将 15.454 6 修约成整数。

解:正确的做法:

　　修约前　　　　　修约后

　　15.454 6　　　　15

　　不正确的做法:

　　修约前　　　一次修约　　　二次修约　　　三次修约　　　四次修约

　　15.454 6　　15.455　　　　15.46　　　　15.5　　　　16

(三)有效数字运算规则

在确定了有效数字应保留的位数后,先对各个数据进行修约,然后进行计算,其中规定:

(1)加减法计算的结果,其小数点后保留的位数,应与参加运算各数中小数点后位数最少的相同,例如:$0.012\ 3 + 23.45 + 2.023 = ?$

以上数据中,23.45 的小数点后位数最少(小数点后两位),故运算后的结果应为小数点后两位数。运算前先将各数修约至小数点后两位再多一位,然后相加。

　　修约前　　　　　修约后　　　　　正确计算

　　0.012 3　　　　0.012　　　　　0.012

　　23.45　　　　　23.45　　　　　23.45

　　2.023　　　　　2.023　　　　　$\underline{+2.023}$

　　　　　　　　　　　　　　　　　25.485

修约至小数点后两位为 25.49。也可将所有数值相加后,再修约至小数点后两位。

(2)乘除法计算的结果,其有效数字保留的位数,应与参加运算各数中的有效数字位数最少者相同。例如,求 $1.087\ 94 \times 0.013\ 6 \times 25.32 = ?$ 参加运算的三个数字有效数字位数最少的为 0.013 6,其有效数字为三位,它的相对误差最大,故以此数为标准,确定其他数字的位数,然后相乘(除):$1.09 \times 0.013\ 6 \times 25.3 = 0.375$。如果计算为 0.374 634 就不合理了。

二、离群值的检验与取舍

当对同一量进行多次重复测定时,常常发现一组测定值中某一两个测定值比其余测定值明显偏大或偏小,我们将这种与一组测定值中其余测定值明显偏离的测定值称为离群值。

离群值可能是测定值随机波动的极度表现,即极值,它虽然明显地偏离其余测定值,但仍然是处于统计上所允许的合理误差范围之内,与其他测定值属于同一总体;离群值亦可能是与其余测定值不属于同一总体的异常值。对于离群值,必须首先从技术上设法弄清楚其出现的原因,如果查明确是由检测技术上的失误而引起的,则不管这样的测定值是否为异常值,都应该舍弃,而不必进行统计检验。但是有时由于各原因未必能从技术上找出它出现的原因,在这种情况下,既不能轻易地保留它,也不能随意地舍弃它,而应对它进行统计检验,以便从统计上判明离群值是否为异常值,如果统计检验表明它为异常值,应从这组测定值中将其舍去,只有这样才会使测定结果符合客观实际情况,如果统计检验表明它不是异常值,即便是极值也应该将其保留。如果将本来不是异常值的测定值主观地作为异常值舍弃,表面上看起来得到的测定值精度提高了,但是这是一种虚假的高精度,并非是客观情况的真实反映,因此在考察和评价测定数据本身可靠性时,决不可以将测定值的正常离散与异常值混淆起来。

几乎所有舍弃异常值的准则都是建立在测定值遵从正态分布与随机抽样理论基础之上的。根据检验数据的正态分布特性,在一组检测值中,出现大偏差测定值的概率是很小的,比如偏差大于两倍标准差的测定值出现的概率只有约5%,平均每20次测定中出现一次,偏差大于三倍标准差的测定值出现的概率就更小了,只有约0.3%。即平均每1 000次测定中出现3次。按常规来说,出现大偏差测定值的可能性理应是很小的,而现在竟然出现了,自然不能将其看做是由于随机因素作用而引起的,人们有理由将偏差很大的测定值作为与其余的测定值来源于不同总体的异常值舍弃之。上述两倍标准差与三倍标准差就称为统计上允许的合理误差范围。

在检验分析中,我们经常做多次重复的测定,然后求出平均值。但是多次重复测定的每个数据,是否都可以参加平均值计算呢? 这就得根据情况进行判断。在找出并已消除系统误差的前提下,如果所得到的数据很平行,或是差别不大(因偶然误差引起),都可以参加平均值计算。但是如果数据中出现显著差异,有的数据与正常数据不是来自同一分布总体,是明显歪曲试验结果的测量数据,称为离群数据;有些数据可能会歪曲试验结果,但尚未经检验断定其是离群数据的测量数据,称为可疑数据。

检验离群值的基本思想是,根据被检验的一组测定值是由同一正态总体随机取样得到的假设,给定一个合理的误差界限(两倍或三倍标准差),相应于误差界限的某一特定小概率出现的测定值,在统计上应称为随机因素效应的临界值,凡其偏差超过误差界限的离群值,就认为它不属于随机误差范畴,而是来自于不同总体,于是就可以将其作为异常值舍弃。上面所说的特定小概率在统计检验上称显著性水平,它表示"将本来不是异常值而作异常值舍弃"风险的概率,在检测工作中一般选取显著性水平为0.05。

在数据处理时,必须剔除离群数据以使测定结果更符合客观实际。正确数据总有一定的分散性,如果人为地删除一些误差较大但并非离群的测量数据,由此得到精密度很高的测量结果并不符合客观实际。因此,对可疑数据的取舍必须遵循一定的原则。

测量中发现明显的系统误差和过失误差,由此而产生的数据应随时剔除。而可疑数据的取舍应采用统计方法判别,即离群数据的统计检验。检验的方法很多,现介绍最常用的三种。

(一)狄克逊(Dixon)检验法

此法适用于一组测量值的一致性检验和剔除离群值,本法中对最小可疑值和最大可疑值进行检验的公式因样本的容量(n)不同而异,检验方法如下:

(1)将一组测量数据按从小到大顺序排列为 $x_1, x_2, \cdots, x_n$,x_1 和 x_n 分别为最小可疑值和最大可疑值。

(2)按表1-4计算式求 Q 值。

(3)根据给定的显著性水平(a)和样本容量(n),从表1-5查得临界值(Q_a)。

(4)若 $Q \leqslant Q_{0.05}$,则可疑值为正常值;若 $Q_{0.05} < Q \leqslant Q_{0.01}$,则可疑值为偏离值;若 $Q >$

$Q_{0.01}$，则可疑值为离群值。

【例 1-5】　一组测量值按从小到大顺序排列为：14.65、14.90、14.90、14.92、14.95、14.96、15.00、15.01、15.01、15.02。检验最小值 14.65 和最大值 15.02 是否为离群值？

表 1-4　狄克逊检验统计量 Q 计算公式

n 值范围	可疑数据为最小值 x_1 时	可疑数据为最大值 x_n 时	n 值范围	可疑数据为最小值 x_1 时	可疑数据为最大值 x_n 时
3 ~ 7	$Q = \dfrac{x_2 - x_1}{x_n - x_1}$	$Q = \dfrac{x_n - x_{n-1}}{x_n - x_1}$	11 ~ 13	$Q = \dfrac{x_3 - x_1}{x_{n-1} - x_1}$	$Q = \dfrac{x_n - x_{n-2}}{x_n - x_2}$
8 ~ 10	$Q = \dfrac{x_2 - x_1}{x_{n-1} - x_1}$	$Q = \dfrac{x_n - x_{n-1}}{x_n - x_2}$	14 ~ 25	$Q = \dfrac{x_3 - x_1}{x_{n-2} - x_1}$	$Q = \dfrac{x_n - x_{n-2}}{x_n - x_3}$

解： 检验最小值 $x_1 = 14.65$，$n = 10$，$x_2 = 14.90$，$x_{n-1} = 15.01$

$$Q = \frac{x_2 - x_1}{x_{n-1} - x_1} = \frac{14.90 - 14.65}{15.01 - 14.65} = 0.69$$

查表 1-5，当 $n = 10$，给定显著性水平 $a = 0.01$ 时，$Q_{0.01} = 0.597$。

$Q > Q_{0.01}$，故最小值 14.65 为离群值应予剔除。

检验最大值 $x_n = 15.02$

$$Q = \frac{x_n - x_{n-1}}{x_n - x_2} = \frac{15.02 - 15.01}{15.02 - 14.90} = 0.083$$

查表 1-5 可知，$Q_{0.05} = 0.477$。

$Q < Q_{0.05}$，故最大值 15.02 为正常值。

表 1-5　狄克逊检验临界值 (Q_a)

n	显著性水平 (a)		n	显著性水平 (a)		n	显著性水平 (a)	
	0.05	0.01		0.05	0.01		0.05	0.01
3	0.941	0.988	11	0.576	0.679	19	0.462	0.547
4	0.765	0.889	12	0.546	0.642	20	0.450	0.535
5	0.642	0.780	13	0.521	0.615	21	0.440	0.524
6	0.560	0.698	14	0.546	0.641	22	0.430	0.514
7	0.507	0.637	15	0.525	0.616	23	0.421	0.505
8	0.554	0.683	16	0.507	0.595	24	0.413	0.497
9	0.512	0.635	17	0.490	0.577	25	0.406	0.489
10	0.477	0.597	18	0.475	0.561			

（二）格鲁勃斯（Grubbs）检验法

此法适用于检验多组测量值均值的一致性和剔除多组测量值中的离群均值，也可用于检验一组测量值一致性和剔除一组测量值中的离群值，方法如下：

（1）有 I 组测定值，每组 n 个测定值的均值分别为 $\bar{x}_1, \bar{x}_2, \cdots, \bar{x}_i, \cdots, \bar{x}_I$，其中最大均值记为 $\bar{x}_{max}$，最小均值记为 $\bar{x}_{min}$。

（2）由 n 个均值计算总均值($\bar{x}$)和标准偏差($s_{\bar{x}}$)：

$$\bar{x} = \frac{1}{I}\sum_{i=1}^{I}\bar{x}_i \qquad s_{\bar{x}} = \sqrt{\frac{1}{I-1}\sum_{i=1}^{I}(\bar{x}_i - \bar{x})^2}$$

（3）可疑均值为最大值($\bar{x}_{max}$)时，按下式计算统计量(T)：

$$T = \frac{\bar{x}_{max} - \bar{x}}{s_{\bar{x}}}$$

（4）根据测定值组数和给定的显著性水平(a)，从表1-6查得临界值(T)。

表1-6　格鲁勃斯检验临界值(T)

I	显著性水平		I	显著性水平		I	显著性水平	
	0.05	0.01		0.05	0.01		0.05	0.01
3	1.153	1.155	11	2.234	2.485	19	2.532	2.854
4	1.463	1.492	12	2.285	2.550	20	2.557	2.884
5	1.672	1.749	13	2.331	2.607	21	2.580	2.912
6	1.822	1.944	14	2.371	2.695	22	2.603	2.939
7	1.938	2.097	15	2.409	2.705	23	2.624	2.963
8	2.032	2.221	16	2.443	2.747	24	2.644	2.987
9	2.110	2.322	17	2.475	2.785	25	2.663	3.009
10	2.176	2.410	18	2.504	2.821			

（5）若 $T \leq T_{0.05}$，则可疑均值为正常均值；若 $T_{0.05} < T \leq T_{0.01}$，则可疑均值为偏离均值；若 $T > T_{0.01}$，则可疑均值为离群均值，应予剔除，即剔除含有该均值的一组数据。

【例1-6】　10个实验室分析同一样品，各实验室5次测定的平均值按大小顺序为：4.41、4.49、4.50、4.51、4.64、4.75、4.81、4.95、5.01、5.39。检验最大均值5.39是否为离群均值？

解：

$$\bar{x} = \frac{1}{10}\sum_{i=1}^{10}\bar{x}_i = 4.746$$

$$s_{\bar{x}} = \sqrt{\frac{1}{10-1}\sum_{i=1}^{10}(\bar{x}_i - \bar{x})^2} = 0.305$$

$$\bar{x}_{max} = 5.39$$

则统计量

$$T = \frac{\bar{x}_{max} - \bar{x}}{s_{\bar{x}}} = \frac{5.39 - 4.746}{0.305} = 2.11$$

当 $I = 10$，给定显著性水平 $a = 0.05$ 时，查表1-6得临界值 $T_{0.05} = 2.176$。

因 $T < T_{0.05}$，故5.39为正常均值，即均值为5.39的一组测定值为正常数据。

（三）"3S"检验法

可疑值的检验除了上述两种方法，还有一种简便易行的取舍方法，称为"3S"检验法或"3倍偏差与标准差比值"法。"3S"检验法指可疑值的偏差与标准差的比值，若3S > 3，可疑值可以舍去。应该指出，这里的测量值算术平均值不包括可疑值。

【例 1-7】 在某分析中测得一组数据如下:25.24、25.30、25.18、25.56、25.23、25.35、25.32。检验最大值 25.56 是否为离群值?

解:先求出去掉可疑值后的平均值 $\bar{x}=25.27$,再求出标准差 $s=\sqrt{\dfrac{\sum\limits_{i=1}^{n}(x_i-\bar{x})^2}{n-1}}=0.064$,再求出可疑值的偏差与标准差的比值:$\dfrac{25.56-25.27}{0.064}=4.53$。

因 $4.53>3$,故 25.56 应弃去。

三、测量结果的处理

对被测量进行了一列等精度的测量之后,应根据所测得的一组数据 $x_1,x_2,\cdots,x_n$ 计算出算术平均值 $\bar{x}$ 和随机误差,最后给出测量结果,其处理过程一般为:

(1)将测量得到的一列数据 $x_1,x_2,\cdots,x_n$ 排列成表。

(2)求出这一列测量值的算术平均值 $\bar{x}$:

$$\bar{x}=\frac{1}{n}\sum_{i=1}^{n}x_i$$

(3)求出对应的每一测量值的剩余误差 $\Delta\bar{x_i}$:

$$\Delta\bar{x_i}=x_i-\bar{x}$$

(4)求出标准误差 $\hat{\sigma}$:

$$\hat{\sigma}=\sqrt{\frac{1}{n}\sum_{i=1}^{n}(x_i-\bar{x})^2}$$

(5)判别有无异常数据。如发现有异常数据 x_i,则剔除 x_i 这一数据,然后重复(1)~(4)步骤,再判定有无异常数据,一直到无异常数据为止。

(6)剔除异常数据后,计算出算术平均值 $\bar{x}$ 的标准误差 $\hat{S}$:

$$\hat{S}=\frac{\hat{\sigma}}{\sqrt{n}}$$

式中:n 为不包括异常数据的测量次数。

(7)写出测量结果:

$$\bar{x}\pm3\hat{S}$$

以上介绍的求算术平均值和标准偏差的方法仅是数理统计中的"数字特征法",实际中还有其他估算法,如需要请参阅数理统计书籍的有关章节。

四、监测结果的表述

对一个试样某一指标的测定,其结果表达方式一般有如下几种。

(一)用算术均值($\bar{x}$)代表集中趋势

测定过程中排除系统误差和过失误差后,只存在随机误差,根据正态分布的原理,当测定次数无限多($n\rightarrow\infty$)时的总体均值(μ)应与真值(x_t)很接近,但实际上只能测定有限次数。因此,样本的算术均值是代表集中趋势表达监测结果的最常用方式。

(二)用算术均值和标准偏差表示测定结果的精密度($\bar{x}\pm s$)

算术均值代表集中趋势,标准偏差表示离散程度。算术均值代表性的大小与标准偏差的大小有关,即标准偏差大,算术均值代表性小,反之亦然,故而监测结果常以($\bar{x}\pm s$)表示。

(三)用($\bar{x}\pm s,C_V$)表示结果

标准偏差大小还与所测均值水平或测量单位有关。不同水平或单位的测定结果之间,其标准偏差是无法进行比较的,而变异系数是相对值,故可在一定范围内用来比较不同水平或单位测定结果之间的变异程度。例如,用镉试剂法测定镉,当镉含量小于 0.1 mg/L 时,最大相对偏差和变异系数分别为 7.3% 和 9.0%。

五、均数置信区间和"t"值

均数置信区间是考察样本均数($\bar{x}$)与总体均数(μ)之间的关系,即以样本均数代表总体均数的可靠程度。从正态分布曲线可知,68.26% 的数据在 $\mu\pm\sigma$ 区间中,95.44% 的数据在 $\mu\pm2\sigma$ 区间中。正态分布理论是从大量数据中列出的。当从同一总体中随机抽取足够量的大小相同的样本,并对它们测定得到一批样本均数时,如果原总体是正态分布,则这些样本均数的分布将随样本容量(n)的增大而趋向正态分布。

样本均数的均数符号为 $\bar{x}$,样本均数的标准偏差符号为 $s_{\bar{x}}$。标准偏差只表示个体变量值的离散程度,而均数标准偏差是表示样本均数的离散程度。

均数标准偏差的大小与总体标准偏差成正比,与样本含量的平方根成反比。

$$s_{\bar{x}} = \frac{s}{\sqrt{n}}$$

由于总体标准偏差不可知,故只能用样本标准偏差来代替,这样计算所得的均数标准偏差仅为估计值,均数标准偏差的大小反映抽样误差的大小,其数值愈小,则样本均数愈接近总体均数,以样本均数代表总体均数的可靠性就愈大;反之,均数标准偏差愈大,则样本均数的代表性愈不可靠。

样本均数与总体均数之差对均数标准偏差的比值称为 t 值。

$$t = \frac{\bar{x}-\mu}{s_{\bar{x}}}$$

移项得:
$$\mu = \bar{x} - t\cdot s_{\bar{x}} = \bar{x} - t\frac{s}{\sqrt{n}}$$

根据正态分布的对称性特点,应写成
$$\mu = \bar{x} \pm t\frac{s}{\sqrt{n}}$$

式中右面的 $\bar{x}$、s 和 n 由测定可得,t 与样本容量(n)和置信度有关,而后者可以直接按要求指定。当 n 一定时,要求置信度愈大则 t 愈大,其结果的数值范围愈大。而置信度一定时,n 愈大 t 值愈小,数值范围愈小。置信水平不是一个单纯的数学问题。置信度过大反而无实用价值。例如 100% 的置信度,则数值区间为($-\infty$,$+\infty$),通常采用 90%~95% 置信度$(0.10 \sim 0.05)$。

六、实验数据整理方法

实验数据整理的一般方法有列表法、绘图法及回归分析法。

(一)列表法

列表法即将函数值随自变量变化测得的数据列在表格中的方法。此方法的优点是简明实用。

1.列表法的要点

(1)表格名称要简明、完备,各项的名称、单位要清晰。主项一般是实验中可直接测量的物理量,如压力、温度等;副项表示因变量,如热容量、导热系数等。

(2)主项中的自变量应按递增或递减的规律排列且同一项目有效数字的位数应一致,且应用科学计数法表示数据。

(3)自变量的间距应选适当,即两相邻数值之差不可过大或过小。

(4)关于有效数字位数,一般均假定自变量无误差。函数的有效数字位数则取决于实验的精确度。

(5)原始数据最好与处理结果并列在一张表上以资参考,并把处理方法在表下注明。

2.列表的插值法

在实际测量中,测量的次数往往是有限的,也就是说,测量的结果不可能是连续的,而在实际使用中出现的变量往往是随机的,其值在表中可能是找不到的,这就需要用内插法,常用方法有比例法、多项式差分法。

1)比例法

当内插间距较小时,可把对应的函数值变化视为线性的,如图1-4所示。当$x_1 - x_2 = \Delta x$ 相对较小时,与x_1,x_2 相应的a,b 之间的函数曲线可视为直线,因而x_{1-2}的对应函数值y_{1-2}为

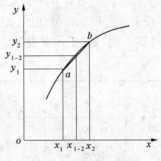

$$y_{1-2} = y_1 + \frac{x_{1-2} - x_1}{x_2 - x_1}(y_2 - y_1)$$

当$y = f(x)$为非线性函数时,这种方法是近似的,其误差随插值间距及函数形式而变。当欲得到较准确的值时,应采用下述方法。

图1-4 图例法示意图

2)多项式差分法

当实验数据x、y 之间的关系可用一多项式表示时,可求出多项式的各阶差分。表1-7 所列的实验数据x、y 之间的函数关系为$y = x^2$。

分别求出函数的一阶差分 Δy、二阶差分 $\Delta^2 y$ 和三阶差分 $\Delta^3 y$,从表1-7 中可以看出其二、三阶差分均为常数。可以证明三阶多项式的三阶差分为常数,n 阶多项式的 n 阶差分为常数。反之,当 $\Delta^m y$ 趋近于常数时,选 m 阶多项式作为插值公式误差较小。这一性质对插值公式的选用有指导意义。

表 1-7　服从函数关系为 $y=x^2$ 的实验数据 x、y 及其差分

x	y	一阶差分 Δy	二阶差分 $\Delta^2 y$	三阶差分 $\Delta^3 y$
0	0			
1	1	$1-0=1$		
2	4	$4-1=3$	$3-1=2$	$2-2=0$
3	9	$9-4=5$	$5-3=2$	$2-2=0$
4	16	$16-9=7$	$7-5=2$	

3. 插值公式

下面简介牛顿内插公式和拉格朗日内插公式。

1）牛顿内插公式

当求出 $y=f(x)$ 的各阶差分后，函数 y 的内插值可直接由这些差分与原函数值的组合来表示：

$$y_n = y_0 + n\Delta y_0 + \frac{n(n-1)}{2!}\Delta^2 y_0 + \frac{n(n-1)(n-2)}{3!}\Delta^3 y_0 + \cdots \tag{1-3}$$

其中：

$$n = \frac{x-x_0}{\Delta x}$$

式中：Δx 为自变量间距；x_0 为自变量初值；x 为拟求函数值的对应自变量的值；y_0 为原函数值；Δy_0、$\Delta^2 y_0$、$\cdots$ 为 y_0 的各阶差分；y_n 为与 x 相对应的函数值，即插值。

按上述多项式差分性质，y_n 中函数差分的阶数应取到该阶差分等于常数为准。

【例 1-8】 某工质黏度随温度变化的数据如表 1-8 所示。求 $t=25\ ℃$ 时的 μ 值。

表 1-8　某工质黏度随温度变化及其差分的数据

$t(℃)$	μ	一阶差分 $\Delta\mu$	二阶差分 $\Delta^2\mu$	三阶差分 $\Delta^3\mu$	四阶差分 $\Delta^4\mu$
20	1.005 0				
		$-0.047\ 1$			
22	0.957 9		$+0.003\ 4$		
		$-0.043\ 7$		$-0.000\ 2$	
24	0.914 2		$+0.003\ 2$		$-0.000\ 2$
		$-0.040\ 5$		$-0.000\ 4$	
26	0.873 7		$+0.002\ 8$		0.000 0
		$-0.037\ 7$		$-0.000\ 4$	
28	0.836 0		$+0.002\ 4$		
		$-0.035\ 3$			
30	0.800 7				

解： 由表中数据可知，$\Delta t=2$，$t_0=20$ 时，三阶微分近于常数，于是牛顿插值公式为

$$\mu_{25} = \mu_{20} + \frac{25-20}{2}\Delta\mu_{20} + \frac{2.5\times(2.5-1)}{2\times 1}\Delta^2\mu_{20} + \frac{2.5\times(2.5-1)\times(2.5-2)}{3\times 2\times 1}\Delta^3\mu_{20}$$

$$= 1.005\ 0 + 2.5\times(-0.047\ 1) + 1.875\times 0.003\ 4 + 0.312\ 5\times(-0.002)$$

$$= 0.893\ 0$$

采用比例法:

$$\mu_{25} = \mu_{24} + \frac{25 - 24}{26 - 24}(\mu_{26} - \mu_{24})$$

$$= 0.914\,2 + \frac{1}{2} \times (0.873\,7 - 0.914\,2)$$

$$= 0.894\,0$$

可以证明牛顿内插公式较准确。

2)拉格朗日内插公式

假定函数的多项式形式为

$$y = A(x - b)(x - c)\cdots(x - n) + B(x - b)(x - c)\cdots(x - n) +$$
$$C(x - a)(x - b)(x - d)\cdots(x - n) \tag{1-4}$$

式中,a、b、c、d、$\cdots$、n 是自变量 x 的已知数,A、B、C 为常数:

$$\begin{cases} A = \dfrac{y_a}{(a - b)(a - c)\cdots(a - n)} \\[3mm] B = \dfrac{y_b}{(b - a)(b - c)\cdots(b - n)} \\[3mm] C = \dfrac{y_c}{(c - a)(c - b)\cdots(c - n)} \end{cases} \tag{1-5}$$

将 A、B、C 值代入式(1-4),则拉格朗日插值公式为

$$y = y_a \frac{(x - b)(x - c)\cdots(x - n)}{(a - b)(a - c)\cdots(a - n)} + y_b \frac{(x - b)(x - c)\cdots(x - n)}{(b - a)(b - c)\cdots(b - n)}$$
$$+ \cdots y_c \frac{(x - a)(x - b)(x - d)\cdots(x - n)}{(c - a)(c - b)\cdots(c - n)}$$

式中:$y_a, y_b, \cdots, y_n$ 为 x 为 a、b、$\cdots$、n 时的函数值;x 为指定的自变量;y_x 为与自变量相对应的函数值。

(二)绘图法

将函数值随自变量变化测得的数据描绘在坐标系中,然后做成拟合的曲线。其优点是形象直观,便于比较,容易显示出最高点、最低点、转折点和周期性等。

1.绘图法的基本步骤和规则

1)坐标率和比例尺的选择

直线是所有曲线中最简单的一种。选择坐标系时,在可能的情况下,对变量作适当变换,使所得图形为一条直线。可选择下面一种坐标,使得图形最为简单:

(1)以 $x - y$ 作图。

(2)以 $\lg x - y$ 作图。

(3)以 $\lg x - \lg y$ 作图。

(4)以 $x^2 - y$ 作图。

(5)以 $x - \dfrac{1}{y}$ 或 $\dfrac{1}{x} - y$ 作图。

另外,比例尺选择也很重要,其选择不当,函数曲线的形状会受到影响,对以下几点应予以注意:

（1）为了表示出全部有效数字，以保证测量精度完整地体现于图形上，y 的分度要适中。图 1-5 为两种极端情况。图 1-5(a) 为分度过细，图 1-5(b) 为分度过粗。

（2）坐标的分度要便于迅速、简便地读数，便于计算。

（3）选择适当的比例尺，尽量使曲线斜率近于 1。图 1-6 是同一组实验数据而比例尺不同的曲线，显然图 1-6(b) 比较合适。

（4）图线要布满坐标纸全部面积，使布局均匀合理。

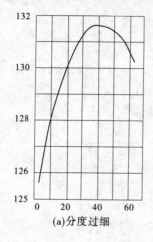
(a)分度过细

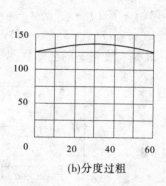
(b)分度过粗

图 1-5　坐标分度的影响

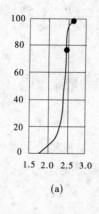
(a)

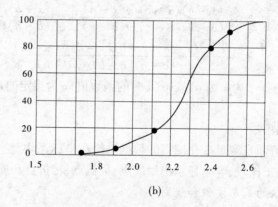
(b)

图 1-6　比例尺的影响

2）坐标轴、坐标分度值的设计

一般选纵坐标代表函数值，横坐标代表自变量。每一坐标轴都应标上名称与单位，并在纵坐标的左方和横坐标的下方，每隔一定距离标出该变值的数量。所标数值的位数应与原始数据的有效数字位数相同，例如原始数据为两位有效数字时，则应以 2.0 代替 2。数值标法应力求整齐划一。

3）图上要合理地标出原始数据

由于这些数据从实验测量或计算而来，因而总有一定的误差。在坐标图上用点表示这些数据时，点的周围要画上圆圈或矩形，如图 1-7 所示，以表示无论自变量或函数都有误差，而用矩形或圆的面积大致表示误差大小，圆心或矩形中心则代表其算术平均值。图 1-7 中，

ab、$a'b'$分别表示函数的极端值。

在同一张图上表示不同数据时,可用不同符号,如△、□、○等加以区别。

4)恰当绘制曲线

由于数据存在误差,容易将各点连为折线,这是不对的,而应做出一条相当平滑的拟合曲线,如图1-8所示。为了正确地表达实验结果,绘图时应注意如下问题:

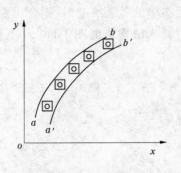

图1-7　数据的标出

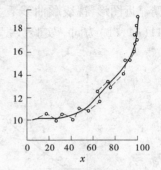

图1-8　曲线的连接

(1)曲线应力求光滑而均匀、细而清晰,一般只有少数转折点,不应有间断点和异常点。

(2)曲线不必通过所有点。一般两端点的精确度较差,作图时可不作为主要依据。曲线应与所有点尽量接近,而且曲线两旁点的数量分布近似相等。

(3)曲线上的某些重要点,如极值点等,应特别注意。一般来说,在极值点或异常点附近应增加测量数据。如图1-9所示,○-○-○-所示曲线上极值点附近的数据较多,极值点易于确定,而×-×-×所示曲线,因测点太少,可能歪曲曲线的形状(如图中虚线所示)。

图1-10中 A 点离数据群较远。对 A 点进行处理时应在此点附近补做一些测点,如果这些点均落在曲线上或曲线附近,则 A 点属于差错点,可以剔除;若非如此,则应考虑其他物理原因。

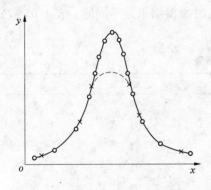

图1-9　数据数目对极值点的影响

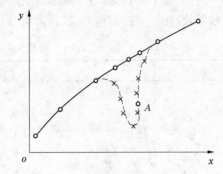

图1-10　离散数群点的处理

作图时,根据上述方法,绘出初步拟合曲线,然后经过校正,再确定最后曲线。

5)对曲线加以说明

图形作好后,应在每一图形下标明图的意义与名称。必要时在图后或图上附以说明,如实验条件、数据的分类等。

2. 曲线的拟合和校正方法

根据实验数据绘出初步曲线后还需予以拟合和校正,方可提高其精度。下面仅就目测修匀法、分组平均法作一简介。

1) 目测修匀法

该法适合于数据离散度较小,或对实验曲线要求不太高的场合。斜视法最为简便,使用时眼睛靠近图形,视线顺曲线看去,当各处光滑过渡、无斜率的显著突变时,则合乎要求。图 1-11(a)、(b) 为同一实验数据所绘出的两条曲线,用斜视法检查时图 1-11(a)不合乎要求。

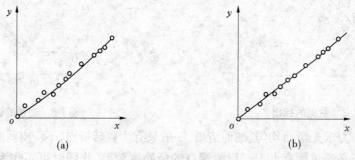

(a)   (b)

图 1-11　斜视检查法

2) 分组平均法

当实验数据离散度较大,或对实验曲线要求较高时,可采用分组平均法。首先通过图像分析找出函数式,再利用最小二乘法拟合,最后绘出图形来,但其过于繁杂,失去了图解的特点,故常采用分组平均法作图。

该法是按顺序将自变量 x 及函数 y 的数据分为若干组,然后求出各组的算术平均值 $\overline{x_i}$、$\overline{y_i}$,再依据各组的平均值来作图。实质上是对数据进行了一次平差过程,削弱了随机误差的影响,但如何分组是至关重要的。

例如,表 1-9 中的 x、y 的数据采用不同的分组方法时所得结果是不同的。表 1-10 是分组效果较好的一种,其他方法,读者可自行试试。

表 1-9　x、y 的实验数据表

n	x	y	n	x	y
1	6	10.3	11	84	13.3
2	17	11.0	12	85	14.4
3	24	10.1	13	87	14.5
4	34	10.9	14	91	14.0
5	36	10.2	15	92	15.6
6	45	10.8	16	94	15.0
7	51	11.4	17	96	15.8
8	55	11.1	18	97	17.0
9	74	13.8	19	98	18.1
10	76	12.2	20	99	19.0

表 1-10　某一分组平均法的 $\bar{x}_i$、$\bar{y}_i$ 数据表

组别	1		2		3		4	
x 的区间	50 ~ 69		70 ~ 84		85 ~ 94		95 ~ 100	
	x	y	x	y	x	y	x	y
数据	51	11.4	74	13.8	85	14.4	96	15.8
	55	11.1	76	12.2	87	14.5	97	17.0
			84	13.3	91	14.0	98	18.1
					92	15.6	99	19.0
					94	15.0		
$\sum$	106	22.5	234	39.3	449	73.5	390	69.9
N	2		3		5		4	
平均	53.00	11.25	78.00	13.10	89.80	14.70	97.50	17.48

还有一种是取相邻两点数据平均的方法,该法用目测可代替计算。连接两相邻点的连线的中点绘制曲线。还可以取三点或四点的形心来平均,甚至于有些点两点平均,有些点三点平均,如图 1-12 所示。

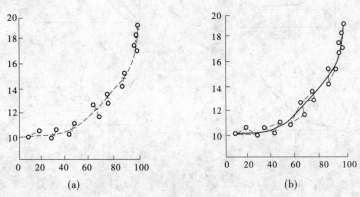

图 1-12　二点及三点平均作图法

(三)公式法(回归分析法)

公式法又称回归分析法,它是把实验数据整理成经验公式,简明、紧凑,便于使用,且进行微分积分连续求值及理论探索方便。经验公式可分为两类:一类可以用理论加以解释,称为有理经验公式,如果其中某些系数可以用理论推导的方法得出,这类公式就是理论公式,如热辐射的斯蒂芬 - 玻尔兹曼定律;另一类为无理经验公式,公式中的某些系数为定数,而这个定数无法用理论加以解释。

1. 公式法的基本方法及步骤

把实验数据整理成经验公式的方法有两种:一是对根据实验数据所绘的图形进行分析判断,以确定公式的具体形式,然后根据图线的斜率、截距等确定公式中的各项常数;二是利用数据进行计算。一般说来(除周期函数外),可将数据整理成多项式形式,并用各种逼近

计算方法,计算出各项常数,求出公式的具体形式。两种方法各有优缺点,当实验误差较大时,采用第一种方法较好。

实际中常常把两种方法结合使用,整理与归纳经验公式的步骤如下:

(1)在对实验数据进行误差分析与处理后绘出实验曲线,然后根据现象的物理实质和图线的形状判断曲线函数类型,看函数是递增的,还是递减的,有无极值,存在不存在峰顶与凹谷,以及 $x\to\infty$ 时,y 是否趋于 ∞ 等。

(2)由实际情况选择适当的函数表达式,并对所选函数表达式进行初步的检验,一般可用多项式逼近。

(3)对经检验确认合理的函数表达式,采用恰当的方法求解方程的系数与常数。

(4)最后,经验公式建立后,一般应将所测的原始数据代入此公式,检查计算结果与实验结果的偏离程度。如偏离很大,则应检查整理过程是否有错误,或者对经验公式进行适当的修正。

2. 数学模型的建立

把实验数据的图形与以下已知的函数曲线(见图 1-13)相比较。找出相近图形的函数作为数学模型来探讨。

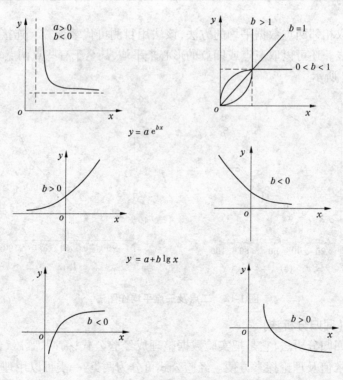

图 1-13 某些函数关系的图形

下面我们按以上方法,就一元线性回归分析、多元线性回归分析分别进行讨论。

$$\frac{1}{y} = ax^b$$

1)一元线性回归分析

a. 概述

假设两变量间的关系为

$$\hat{y} = A + Bx$$

式中：$\hat{y}$ 为变量 y 的回归值；A、B 为待定系数，又称回归系数。

图 1-14 为某实验所得到的因变量 y 随自变量 x 的 n 组测量值 (x_i, y_i)，且假定自变量 x_i 不存在测量误差。回归分析的内容就是根据这 k 组测量值来确定回归系数 A 和 B。

回归分析中使用的数理统计方法为最小二乘方法，它的含义是使各组测量值 (x_i, y_i) 在 y 方向上对于回归值 $\hat{y}$ 的偏差 $(y_i - \hat{y})$ 的平方和为最小。

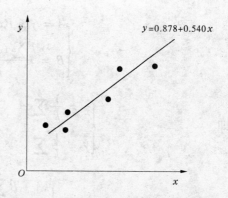

图 1-14　某实验因变量与自变量关系示意图

若令偏差（一般称剩余偏差）为 V_i，即

$$V_i = y_i - \hat{y}_i = y_i - (A + Bx_i)$$

令偏差的平方和为

$$Q = \sum_{i=1}^{k} V_i^2 = \sum_{i=1}^{k} \left[y_i - (A + Bx_i) \right]^2$$

要使 Q 获得最小值，只要满足：

$$\begin{cases} \dfrac{\partial Q}{\partial A} = 0 \quad \text{和} \quad \dfrac{\partial Q}{\partial B} = 0 \\[2mm] \dfrac{\partial^2 Q}{\partial A^2} > 0 \quad \text{和} \quad \dfrac{\partial^2 Q}{\partial B^2} > 0 \end{cases}$$

(1-6)

(1-7)

由于

$$\begin{cases} \dfrac{\partial^2 Q}{\partial A^2} = 2k > 0 \\[2mm] \dfrac{\partial^2 Q}{\partial B^2} = 2 \sum_{i=1}^{k} x_i^2 \end{cases}$$

因此，当

$$\begin{cases} \dfrac{\partial Q}{\partial A} = 0 \\[2mm] \dfrac{\partial Q}{\partial B} = 0 \end{cases}$$

时有

$$\begin{cases} \dfrac{\partial Q}{\partial A} = -2 \sum_{i=1}^{k} (y_i - \hat{y}) = -2 \sum_{i=1}^{k} (y_i - A - Bx_i) = 0 \\[2mm] \dfrac{\partial Q}{\partial B} = -2 \sum_{i=1}^{k} \left[(y_i - \hat{y}) x_i \right] = -2 \sum_{i=1}^{k} (y_i - A - Bx_i) x_i = 0 \end{cases}$$

又

$$\begin{cases} kA + B \sum_{i=1}^{k} x_i = \sum_{i=1}^{k} y_i \\[2mm] A \sum_{i=1}^{k} x_i + B \sum_{i=1}^{k} x_i^2 = \sum_{i=1}^{k} (x_i y_i) \end{cases}$$

$$\begin{cases} A = \bar{y} - B\bar{x} \\ B = \dfrac{k\sum(x_iy_i) - (\sum x_i)(\sum y_i)}{k\sum x_i^2 - (\sum x_i)^2} \end{cases}$$

即
$$\begin{cases} \bar{x} = \dfrac{1}{k}\sum x_i \qquad （即为 x_i 的平均值） \\ \bar{y} = \dfrac{1}{k}\sum y_i \qquad （即为 y_i 的平均值） \end{cases}$$

$$\begin{cases} kA + B\sum_{i=1}^{k} x_i = \sum_{i=1}^{k} y_i \\ A\sum_{i=1}^{k} x_i + B\sum_{i=1}^{k} x_i^2 = \sum_{i=1}^{k}(x_iy_i) \end{cases}$$

$$\begin{cases} A = \bar{y} - B\bar{x} \\ B = \dfrac{k\sum(x_iy_i) - (\sum x_i)(\sum y_i)}{k\sum x_i^2 - (\sum x_i)^2} \end{cases} \qquad (1\text{-}8)$$

式中：
$$\begin{cases} \bar{x} = \dfrac{1}{k}\sum x_i \qquad （即为 x_i 的平均值） \\ \bar{y} = \dfrac{1}{k}\sum y_i \qquad （即为 y_i 的平均值） \end{cases}$$

若令
$$\begin{cases} S_{xx} = \sum x_i^2 - \dfrac{1}{k}(\sum x_i)^2 = \sum(x_i - \bar{x})^2 \\ S_{yy} = \sum y_i^2 - \dfrac{1}{k}(\sum y_i)^2 = \sum(y_i - \bar{y})^2 \\ S_{xy} = \sum x_iy_i - \dfrac{1}{k}(\sum x_i)(\sum y_i) = \sum(x_i - \bar{x})(y_i - \bar{y}) \end{cases} \qquad (1\text{-}9)$$

则式(1-8)可写为

$$\begin{cases} A = \bar{y} - B\bar{x} \\ B = \dfrac{S_{xy}}{S_{xx}} \end{cases} \qquad (1\text{-}10)$$

b. 一元线性回归分析的检验

由式(1-10)求出回归系数 A、B 之后,我们可以写出回归方程：

$$\hat{y} = A + Bx$$

然而,回归方程能否与实验有着良好的拟合呢? 要回答这个问题,就要引入回归方程拟合程度的检验。为此用一个量值大小的指标来描述两个变量之间线性相关的密切程度,这个指标是 R,其数学表达式为

$$R = \frac{\frac{1}{k}\sum(x_i - \bar{x})(y_i - \bar{y})}{\sqrt{\frac{1}{k}\sum(x_i - \bar{x})^2 \frac{1}{k}(y_i - \bar{y})^2}}$$

$$= \frac{\sum(x_i - \bar{x})(y_i - \bar{y})}{\sqrt{\sum(x_i - \bar{x})^2(y_i - \bar{y})^2}}$$

$$R = \frac{S_{xy}}{\sqrt{S_{xx}S_{yy}}} \tag{1-11}$$

R 的数值在 -1 和 1 之间变化。R 的绝对值越接近 1，实验数据和回归直线就拟合得越好。$R = \pm 1$ 时，则所有实验点都落在回归直线上。当 $R = 1$ 时，两变量为正相关，即 y 随 x 的增大而增大；当 $R = -1$ 时，两变量为负相关，即 y 随 x 的增大而减少。当 $R \approx 0$ 时，则实验数据 (x_i, y_i) 沿回归直线两侧分散，也就是说，回归直线毫无实用意义。回归直线与相关系数关系可参阅图 1-15(a) ~ (d)。

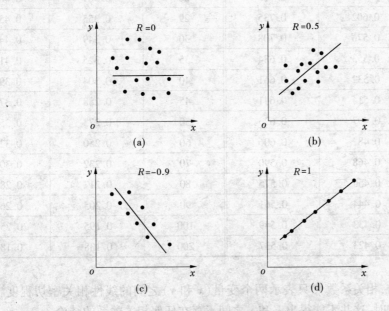

图 1-15　回归直线与相关系数关系

现在我们问 R 的绝对值为多大时才可用回归直线来近似地表征变量 x 和 y 之间的线性关系呢？

实际中把可用回归直线来表示 x 和 y 的关系所对应的 R 值称为相关系数显著值。相关系数 R 的显著值与测量组数 k 有关，表 1-11 给出了对应不同的 k 值，在危险率 $a = 0.05$ 和 $a = 0.01$ 时相关系数达到显著时的最小 R 值。

例如，当测量组数 k 为 10 时（即 $k - 2 = 8$）和当 R 的绝对值大于等于 0.632 时，则我们就说它在危险率 $a = 0.05$ 的水平上显著（即用回归直线表示的可靠程度是 95%）。如果 R 的绝对值大于等于 0.765，则说它在危险率 $a = 0.01$ 的水平上显著（即用回归直线表示的可靠程度为 99%）。

因此,我们用回归分析的方法找到了直线方程之后,还必须计算出相关系数 R 的数值,然后根据测量组数 k 在表 1-11 中查出 R 的显著值,做出拟合程度的判别。

表 1-11　相关系数检验表

$k-2$	a		$k-2$	a	
	0.05	0.01		0.05	0.01
	R			R	
1	0.997	1.000	21	0.413	0.526
2	0.950	0.990	22	0.404	0.515
3	0.878	0.959	23	0.396	0.505
4	0.811	0.917	24	0.388	0.496
5	0.754	0.874	25	0.381	0.487
6	0.707	0.834	26	0.374	0.473
7	0.666	0.798	27	0.367	0.470
8	0.632	0.765	28	0.361	0.463
9	0.602	0.735	29	0.355	0.456
10	0.576	0.708	30	0.349	0.449
11	0.553	0.684	35	0.325	0.418
12	0.532	0.661	40	0.304	0.393
13	0.514	0.641	45	0.288	0.372
14	0.497	0.623	50	0.273	0.354
15	0.482	0.606	60	0.250	0.325
16	0.468	0.590	70	0.232	0.302
17	0.456	0.575	80	0.217	0.283
18	0.444	0.561	90	0.205	0.267
19	0.433	0.549	100	0.195	0.254
20	0.423	0.537	200	0.138	0.181

最后必须指出,相关系数 R 只表示两个变量(x 和 y)之间的线性相关密切程度。当 R 值很小甚至等于零时,这并不能得出 x 和 y 之间不存在任何相关关系的结论。

【例 1-9】　若测得一组数据,如表 1-12 及图 1-14 所示。试回归成直线方程 $y = A + Bx$。

表 1-12　某组测量数据及相关计算

x_i	y_i	$x_i y_i$	x_i^2
1.0	1.2	1.2	1.0
1.6	2.0	3.2	2.56
3.4	2.4	8.16	11.56
4.0	3.5	14.0	16.0
5.2	3.5	18.20	27.04
$\sum x_i = 15.2$	$\sum y_i = 12.6$	$\sum x_i y_i = 44.76$	$\sum x_i^2 = 58.16$

解:将表 1-12 中计算数据代入式(1-8),得

$$B = \frac{k\sum(x_iy_i) - (\sum x_i)(\sum y_i)}{k\sum x_i^2 - (\sum x_i)^2} = 0.540$$

$$A = \bar{y} - B\bar{x} = 0.878$$

所以,直线方程为

$$y = 0.878 + 0.540x$$

相关系数:

$$R = \frac{S_{xy}}{\sqrt{S_{xx}S_{yy}}} \approx 0.94$$

由于 $k = 5$,$k - 2 = 3$,由表 1-11 查得危险率 $a = 0.05$ 时相应的相关系数 R 显著值为 0.878,因此直线方程在危险率 $a = 0.05$ 的情况下线性相关显著。但当 $a = 0.01$ 时从表 1-11 中查得 R 的显著值为 0.959。因此,直线方程在危险率 $a = 0.01$ 时线性相关不显著,即要求回归直线的可靠程度达 99%,那么实验数据就不能用回归直线来表示了。

c. 利用线性变换的一元线性回归分析

在许多实验中,变量之间的关系并非线性的,但仅需适当变换就可以转化为线性方程,则前面介绍的公式仍可使用。

【例 1-10】 试将式(1-12)变换为线性方程式。

$$y = ax^B \tag{1-12}$$

解:对式(1-12)两边取对数:

$$\ln y = \ln a + B\ln x$$

再令

$$\begin{cases} Y = \ln y \\ A = \ln a \\ X = \ln x \end{cases}$$

则有

$$Y = A + BX \tag{1-13}$$

则式(1-13)为一线性方程,利用式(1-8)就可求出 A、B 的数值,然后再求出 a 的值为 $a = e^A$。其他类似的可以变换的关系式见表 1-13。

表 1-13 非线性方程可线性化方程的变换关系式

非线性方程	线性化方程	线性化变量	
		Y	X
$y = a + b\ln x$	$Y = a + bX$	y	$\ln x$
$y = ax^b$	$\ln y = \ln a + b\ln x$	$\ln y$	$\ln x$
$y = 1 - e^{-ax}x$	$\ln\dfrac{1}{1-y} = ax$	$\ln\dfrac{1}{1-y}$	x
$y = a + b\sqrt{x}$	$Y = a + bX$	y	$\sqrt{x}$
$y = a + \dfrac{b}{x}$	$Y = a + bX$	y	$\dfrac{1}{x}$
$y = e^{(a+bx)}$	$\ln y = a + bx$	$\ln y$	x
$e^y = ax^b$	$y = \ln a + b\ln x$	y	$\ln x$

d. 两变量都具有测量误差的一元线性回归分析

前面讨论了自变量 x_i 不存在测量误差（或误差可忽略）的一元线性回归问题，而把测量误差完全仅归在 y 方向，实际中不仅 y 方向，而且 x 方向也同样存在测量误差。

现假定 y 方向不存在测量误差，将误差归结在 x 方向，则 x 对 y 的回归直线为

$$x = A + By$$

$$\begin{cases} A = \bar{x} - B\bar{y} \\ B = \dfrac{S_{xy}}{S_{yy}} \end{cases} \tag{1-14}$$

S_{xy}、S_{yy} 的定义同前。

就例 1-10 我们可求出 x 对 y 回归直线的回归系数为

$$\begin{cases} A = -1.080\ 9 \\ B = 1.635\ 3 \end{cases}$$

所以

$$\hat{x} = -1.080\ 9 + 1.635\ 3y$$

然后转化为

$$\hat{y} = A + Bx$$

得

$$\hat{y} = 0.661 + 0.611\ 5\ x$$

可见与回归方程中

$$\hat{y} = 0.878 + 0.540x$$

相比较，两者的回归系数不同，然而两线的交点为 $(\bar{x}, \bar{y})$。这说明对一组测量值 (x_i, y_i) 分别做出 y 对 x 以及 x 对 y 的两条最佳回归直线，两条线均通过 $(\bar{x}, \bar{y})$ 点，如图 1-16 所示。

对同一组测量值 (x_i, y_i) 两个最小二乘解的存在，这就提出了实验中需判断的问题。

（1）如果两变量中一个变量（如 x）的测量误差可以忽略，则应采用另一个变量（y）对该变量（x）的回归直线。

（2）若两个变量的测量误差大体相当，则应采用图 1-16 所示两条回归线的平均线。

（3）若两个变量的测量误差都不能忽略不

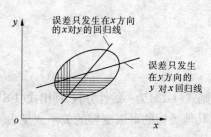

图 1-16　x 对 y 回归和 y 对 x 回归示意图

计，但其中一个变量的测量误差比另一个要大，则所采用的中间线应偏向误差大的变量对另一个变量的回归直线。

实际中以上三种情况都会遇到，因此求经验公式时应加以区别，从而使所求的经验公式能较好地符合实验情况。

2）多元线性回归分析

实际中因变量往往受多个自变量的影响，我们把因变量 y 受多个自变量影响的回归分析称为多元回归分析。多元回归分析有多元线性回归分析和多元非线性回归分析，在此仅讨论常用的多元线性回归分析。

设影响因变量 y 的自变量有 m 个 $(u_1, u_2, \cdots, u_m)$，通过测量得相应的 k 组测量值为

$$[y(t), u(1,t), u(2,t), \cdots, u(m,t)]$$

式中: t 为测量序号的角标, $t = 1, 2, \cdots, k$。

则多元线性回归方程可表示为

$$\hat{y}(t) = B_0 + B_1 u(1,t) + B_2 u(2,t) + \cdots + B_m u(m,t) \qquad (1-15)$$

根据最小二乘法要使误差平方和 Q:

$$Q = [(y_1 - \hat{y}_1)^2 + (y_2 - \hat{y}_2)^2 + \cdots + (y_k - \hat{y}_k)^2] \qquad (1-16)$$

为最小, 我们只要把式(1-15)对 B_0、B_1、$\cdots$、B_m 分别求偏导, 令其等于零, 经整理后得方程为

$$\begin{cases} kB_0 + \sum_{t=1}^{k} u(1,t)B_1 + \sum_{t=1}^{k} u((2,t)B_2 + \cdots + \sum_{t=1}^{k} u(m,t)B_m = \sum_{t=1}^{k} y(t) \\ \sum u(1,t)B_0 + \sum [u(1,t)u(1,t)B_1] + \cdots + \sum [u(1,t)u(m,t)B_m] = \sum u(1,t)y(t) \\ \qquad\qquad\qquad\qquad \vdots \\ \sum u(m,t)B_0 + \sum [u(m,t)u(1,t)B_1] + \cdots + \sum [u(m,t)u(m,t)B_m] = \sum u(m,t)y(t) \end{cases}$$

若用 $A(I,J)$ 来表示上述方程中的系数阵, 则上述方程改写为

$$\begin{cases} A(0,0)B_0 + A(0,1)B_1 + A(0,2)B_2 + \cdots + A(0,m)B_m = A(0,m+1) \\ A(1,0)B_0 + A(1,1)B_1 + A(1,2)B_2 + \cdots + A(1,m)B_m = A(1,m+1) \\ \qquad\qquad\qquad\qquad \vdots \\ A(m,0)B_0 + A(m,1)B_1 + A(m,2)B_2 + \cdots + A(m,m)B_m = A(m,m+1) \end{cases} \qquad (1-17)$$

式中:

$$\begin{cases} A(I,J) = \sum_{t=1}^{k} [u(I,t)u(J,t)] \\ A(I,m=1) = \sum_{t=1}^{k} [u(I,t)y(t)] \end{cases} \qquad (1-18)$$

式中: I、$J = 0, 1, \cdots, m$; k 为测量组数; m 为自变量个数; t 一般为 $1, 2, \cdots, k$; $u(I,t)$ 为第 I 个自变量的第 t 次测量值。

并令 $u(0,t) = 1$, 这样, 式(1-17)可用一个通式加以表示:

$$\sum_{I=0}^{m} B_I \cdot \sum_{t=1}^{k} [u(I,t)u(J,t)] = \sum_{t=1}^{k} [u(I,t)y(t)] \qquad (1-19)$$

通过上面讨论, 我们就可以根据 k 组测量值分别代入式(1-18), 求得式(1-19)的系数阵, 然后解此方程求得回归方程系数 B_0、B_1、B_2、$\cdots$、B_m。

至于回归方程与测量数据点之间的符合程度, 同样可以类似于多项式回归分析中的 F 检验来进行判别。

第二章 消防工程基本测量

实验技术是建立在测量的基础之上,通过一定的测量手段和测量方法人们便可获得想知道的未知参数,在消防工程所涉及的实验与测定中,需要测量大量的空气温湿度、烟气密度、尺寸等参数和工况等,而完成这些参数及工况的测定需要比较精确的测量仪表和正确的使用方法。本章主要介绍消防工程常用的仪表及其操作方法。

第一节 测量概述

一、被测参数

在实验中往往必须知道某个物理量在某一时刻数值的大小,因此必须对它进行检测,通常把需要检测的物理量称为被测参数。

按被测参数随时间的变化关系,把被测参数分为静态参数和动态参数。把在整个测量过程中数值大小始终不随时间而变的参数称为静态参数。例如,周围环境的大气压力、稳定工况下定风量空调系统的送风量等均不随时间变化。严格地说,这些数值并非绝对恒定不变,只是在测量的时间间隔内其数值变化甚微,可以忽略不计。把在整个测量过程中,随时间不断改变数值的被测量称为动态参数。例如空调系统开启或关闭时,系统送风量及送风温度等参数均随时间变化。这些参数与时间的变化呈函数关系,可以是周期性的,也可以是随机的。

二、测量过程

利用热电偶测温时,把热电偶置于被测介质中,并用补偿导线将它与电位差计连起来,由于热电偶的热电效应,使得电位差计有一定的毫伏读数,从而把温度信号转换为电信号,再通过查相应的热电偶毫伏对照表,可得出被测温度值。又如用弹簧压力表测压力时,把受力弹簧产生的位移通过杠杆传动机构的传递和放大,使压力表指针偏转,并与表盘上的测压单位相比较而显示出被测压力的数值。上述测量,尽管使用仪表的原理各不相同,但它们的被测参数都要经过一次或多次的信号能量转换,使之变为便于测量的信号能量形式,最后由指针或数字形式显示出测量结果。因此,仪表的测量过程就是被测信号以能量形式进行一次或多次不断转换和传递的过程,以及与相应测量单位进行比较的过程。

三、一次仪表和二次仪表

在测量过程中直接感受被测参数的变化并转换为某一信号(能量)变化的仪表,称为一次仪表,又称传感器。例如,热电偶测温中的热电偶,弹簧压力表中的弹簧管都属一次仪表。接受一次仪表的输出信号,将其放大或转换为其他信号,最后显示出测量结果的仪表,称为二次仪表。例如,热电偶配套的电位差计以及压力表中的杠杆传动机构、指针和标尺都属二次仪表。

一次仪表和二次仪表可以组合为一个整体,如压力表、水银温度计等;也可以将一次仪表、二次仪表分别做成独立的仪表,如热电偶测温系统、涡轮流量计等。

四、测量方法分类

(一)直接测量

直接测量就是被测参数直接与测量单位进行比较,其测量结果又可直接从测量仪表上获得的测量。直接测量又可分为直读法和比较法两类。直读法可以直接从测量仪表上读得被测量的结果,如压力表等。其优点是使用方便,但一般精度较差。比较法不能直接从测量仪表上读得测量结果,一般要使用标准量具,因此测量手续比较麻烦,但测量仪表本身的误差以及其他某些误差则往往在测量过程中被抵消,故测量精度较直读法高。例如在测量时,使被测量的作用与已知量(量具)的作用效应互相抵消(平衡),以致总的效应减到零,这样就可以肯定被测量等于这个已知量。用电位差计来测量热电偶测温时产生的电势则是如此。

(二)间接测量

间接测量就是不直接测量被测量,而是通过测量与被测量有一定关系的其他一个或几个物理量,然后,由它们之间的函数关系算出被测量的数值。例如用毕托管测风道内风的流速时,通过用毕托管测动压 P_d,再由 $P_d = \dfrac{v^2 \rho}{2}$ 计算空气流速,即 $v = \sqrt{\dfrac{2P_d}{\rho}}$ (m/s)。

五、常用仪表

在消防工程所涉及的实验与测定中,需要测量大量的空气温湿度、烟气密度、尺寸等参数和工况等,而完成这些参数及工况的测定需要比较精确的测量仪表和正确的使用方法。

按测量的参数分类,常用的建筑环境与设备工程测试仪表大体有:

(1)温度测量仪表:包括膨胀式温度计(液体、固体膨胀)、热电式温度计、电阻式温度计等。

(2)相对湿度测量仪表:包括普通干湿球温度计、通风干湿球温度计、毛发湿度计、电阻湿度计等。

(3)流速测量仪表:包括叶轮风速仪、热电风速仪等。

(4)流量测量仪表:包括转子流量计、进口流量管(双纽线集流器)、孔板流量计、喷嘴流量计、涡轮流量计等。

(5)烟气测量仪表:包括奥氏气体分析仪、烟气测试仪等。

另外,常用的测量重量、时间及电工仪表等在这里不再一一叙述。某些特殊用途的仪表将在有关的实验及测试中加以介绍。

各种测量仪表所测参数和仪表的结构与原理都不相同,而它们不论采用什么原理,其被测参数一般都要经过一次或多次的信号能量形式的转换,最后得到便于测量的信号能量形式,或指针摆动,或液面位移,或数字显示将被测参数表现出来。

为了保证测定的精确度,使仪表按技术要求工作,仪表应定期或使用前进行校验,以确保其准确度和灵敏度。

在使用仪器、仪表前,应仔细阅读有关产品样本及使用说明,以指导我们既能准确、顺利地完成测定,又能保证仪表的正常工作。

第二节　常用温度测量仪表

一、温度的基本概念和测温仪表分类

物质受热程度用其温度表述,温度不能像长度、重量、时间等物理量能直接测量,它是通过观察某些测温物质(如水银、热电偶等)在受热时物理性质的变化而间接确定的。温度常以符号 t 或 T 表示,单位分别为国际实用摄氏温标(℃)和绝对温度(热力学温度)的开氏温标(K),两者的关系为

$$t = T - 273.15 \tag{2-1}$$

测定温度的仪表,当测量范围在 550 ℃以下时叫做低温温度计,通称为温度计;在 550 ℃以上时叫做高温温度计,通称为高温计。按照它们构成的物理性质和作用原理又可分为接触式(测温元件与被测物体接触)和非接触式(测温元件与被测物体不接触),其原理和分类如表 2-1 所示。接触式测温仪表结构简单,成本低,精确可靠,但滞后性较大,测量上限低。非接触式测温仪表测量上限高,且可以测量运动中物体的温度,但误差较大。

表 2-1　温度测量仪表的原理和分类

测量方式	测量原理		仪表名称
接触式	体积或压力随温度变化	固体热膨胀	双金属温度计
		液体热膨胀	玻璃液体温度计
			压力式(充液体)温度计
		气体热膨胀	压力式温度计
	热电势随温度变化	廉金属热电偶	铜－康铜、镍－铬－镍硅等
		贵金属热电偶	铂－硅、铂－铀热电偶等
	电阻随温度变化	金属热电阻	铂－铜－镍电阻
		半导体热敏电阻	锗、碳、金属氧化物等半导体热敏电阻
非接触式	辐射测温	亮度法	光学高温计
		辐射法	辐射温度计(热电堆)

二、玻璃管液体温度计

液体温度计是由玻璃管内所充液体(如水银、酒精等)受热膨胀、受冷收缩来测量温度的。当周围温度变化时,玻璃管内的液体因体积变化而使液面上升或下降,这样可以从标度尺上读出代表温度数值。它是膨胀式温度计的一种,叫液体膨胀式温度计。

液体温度的变化引起的体积变化为

$$\Delta V = \alpha_V V \Delta t \tag{2-2}$$

式中:ΔV 为液体的体积变化,m^3;α_V 为液体的体积膨胀系数,$m^3/(m^3 \cdot ℃)$;V 为液体体积,m^3;Δt 为液体温度变化,℃。

通常水银温度计的测温范围为 – 30 ~ + 700 ℃,酒精温度计的测温范围为 – 100 ~75 ℃。本专业温度测定多用水银温度计,下面重点加以介绍。

(一)水银温度计

常用的水银温度计如图 2-1 所示。它主要由温包、毛细管、膨胀器、标尺等组成。按结构不同分为棒式温度计(见图 2-1(a))和内标式温度计(见图 2-1(b))。

水银温度计刻度分度值有 2.0 ℃、1.0 ℃、0.5 ℃、0.2 ℃、0.1 ℃等,还有可用于高精度测量的分度值 0.05 ℃、0.02 ℃、0.01 ℃等。

水银温度计具有足够的精度且构造简单、价格便宜,所以应用相当广泛。它的缺点主要有:由于水银的膨胀系数小,致使其灵敏度较低;玻璃管易损坏,无法实现远距离测量;热惰性大等。

水银温度计的使用似乎很容易,但是许多人尤其是初学者往往因使用不当,造成不应有的测量误差。使用水银温度计测温时应注意如下事项:

(1)按所需要的测温范围和精度要求选择相应温度计,并进行校验。当所测温度不明时,宜用较高测温范围的温度计进行快速测量,密切注视液柱变化情况,从而确定被测温度范围,再选择合适的温度计。

(2)因为水银温度计的热惰性大,所以水银温度计一般应置于被测介质中 10 ~ 15 min 后才能读数。

(3)观测温度值时,人体应离开温度计,更不要对着温包呼气,读值的那一刻应屏住呼吸。有时因光线和角度等原因不得不用手扶持时,一定要扶持温度计的上部。

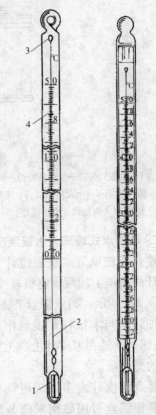

(a)棒式温度计 (b)内标式温度计

图 2-1 水银温度计
1—温包;2—毛细管;
3—膨胀器;4—标尺

(4)为了消除人体温度对测温的影响,读数时要快,并且要先读小数后读大数。这是因为一般棒式温度计和内标式温度计对外界干扰的波动总是反映在小数的范围内。例如被测水银温度计测温度为 18.3 ℃,应先读 0.3 ℃,然后再读 18 ℃,这样较为准确。另外,读数时应使我们的眼睛和刻度线、水银面保持在一条直线上,以免因眼睛位置高低而产生读值的误差。

(5)有时温度计的水银柱会断开,形成断柱,此时可采取如下办法恢复:

①冷却法。将温度计温包置于冰水中,使水银全部回到温包里,断柱即可消除。

②加热法。将温包置于热水中慢慢加热,水银柱升高并进入膨胀器内部,在水银柱升高的过程中断柱即可消除,这时应立即从热水中取出温度计。要注意的是,水银不能充满膨胀器内部,否则将胀坏温度计。

用以上方法消除断柱后,温度计应校验以后方可再用。玻璃管水银温度计的校验通常在恒温水浴中进行。把它们的指示值与标准水银温度计的指示值作比较,给出修正值。校验装置如图 2-2 所示。

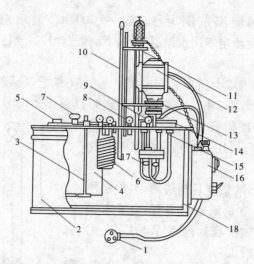

图 2-2　水浴恒温器结构简图

1—电源插头;2—筒体外壳;3—恒温筒上下活动支架;4—恒温筒;5—恒温筒加水盖;6—冷凝管;
7—恒温筒盖子;8—水泵进水口;9—水泵出水口;10—水银温度计;11—电接点水银温度计;12—水泵电动机;
13—水泵;14—电加热元件接线盒;15—电加热器(外附保护管);16—电子继电器;17—搅拌器;18—保温层

(二)电接点式玻璃管水银温度计

电接点式玻璃管水银温度计是在普通水银温度计的基础上加两根电极接点制成的,其构造如图 2-3 所示。钨丝接点 7 烧结在温度计下部毛细管中与水银柱 6 接触作为电接点的固定端,钨丝 5 插在温度计上部毛细管中作为电接点的另一端。

电接点温度计大多做成可调式。可调式是上部那根钨丝可用磁钢来调节其插入毛细管的深度,即可调节控制的温度值。以恒定加热温度为例,当被加热介质的温度达到控制温度时,水银柱上升到该位置即与上部那根钨丝接触,由继电器控制使加热器停止工作,当温度下降,低于控制温度时,水银柱下降与上部那根钨丝分开,由继电器控制使加热器投入工作,经反复动作,控制温度值保持在一个允许范围内。

三、双金属温度计

双金属温度计也是膨胀式温度计,是固体式膨胀温度计。通常做成自记式温度计,广泛用于室内外温度的测定。

温度的变化引起固体长度的变化为

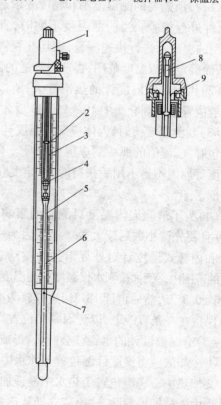

图 2-3　电接点式玻璃管水银温度计

1—磁钢;2—指示铁;3—螺旋杆;4—钨丝引出端;
5—钨丝;6—水银柱;7—钨丝接点;
8—调节控制温度值的铁芯;9—引出接线柱

$$\Delta l = \alpha_1 l \Delta t \qquad (2\text{-}3)$$

式中：Δl 为固体的长度变化，m；α_1 为固体的线膨胀系数，m/(m·℃)；l 为固体的长度，m；Δt 为固体温度变化，℃。

双金属温度计的感温元件是由两种线膨胀系数不同的金属片焊接或挤压在一起构成的。当周围空气温度发生变化时，双金属片因膨胀的程度不等便会出现弯曲，其弯曲程度与空气温度变化的大小成正比。双金属自记式温度计的原理如图 2-4 所示。双金属片弯曲后所产生的位移通过杠杆 3 带动记录笔 4 将所测温度的连续变化记录在记录纸上。

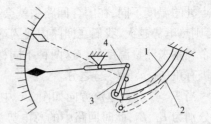

图 2-4　双金属自记式温度计原理图
1—金属片(有较大膨胀系数的)；
2—金属片(有较小膨胀系数的)；
3—杠杆；4—记录笔

双金属自记式温度计如图 2-5 所示。双金属片的一端固定于支架上，另一端与调节机构和传动机构连接并带动指针。调节机构可使指针的位置与实际温度相符。底盘和记录笔内的机械传动部分可使记录筒按时间均匀地旋转，这样可记录到一日或一周的空气温度变化曲线图。它的测量范围为 −35 ～ +40 ℃。

根据双金属片的特性，它还被应用于诸如空调房间的双位调节、某些机电设备的过流保护上。

(1)使用时，仪器水平放置于测点处，应防止其他热源的干扰。长期测定室外温度时应置于百叶箱内，临时测定应采取遮阳措施，还应避免无关人员随意触动。

(2)记录纸在填写测定时间后平整牢固地装在记录笔上，防止在测定中记录纸移位。记录笔与记录纸靠得不要太紧，以免引起记

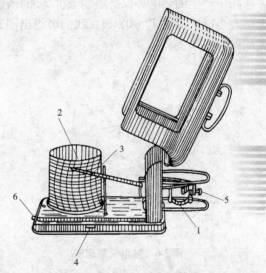

图 2-5　双金属自记式温度计
1—双金属片；2—自记钟；3—记录笔；
4—笔档手柄；5—调节螺丝；6—按钮

录的误差，应随时注意笔内有无墨水，将笔尖对正测量时刻的标线，上足自记钟发条，即可开始测量记录。

(3)双金属片应保持清洁，防止弄脏，并禁止碰撞。仪器在出厂时一般均做过校验，但随时间的增加、频繁的搬动等原因，其指示温度会出现误差。所以，在使用前应用分度值为 0.1 ℃的水银温度计进行校验，如果存在误差可调整调节螺丝，使指示温度值与水银温度计示值相符。

因该仪器一般为自记式或周记式，因此自记钟走时不准会使测定产生很大的误差，所以也应随时用标准钟校验自记钟。自记钟内有调节针，可将走时调快或调慢，直到调准。

四、热电偶温度计

(一)热电效应和热电偶测温原理
热电偶作为测温元件，它与测量仪表组成的测温系统称为热电偶温度计。

将 A、B 两种不同材质的金属导体的两端焊接成一个闭合回路,如图 2-6 所示。若两个接点处的温度不同,在闭合回路中就会有电流产生,这种现象称为热电效应。两点间温差越大,则热电势越大,我们在回路内接入毫安表,它将指示出热电势的数值。热电偶就是根据这个关系来测量温度的。这两种不同材质的金属导体的组合体就称为热电偶,热电偶的热电极有正(+)、负(−)之分。

当 $T_1 > T_2$ 时,电流方向如图 2-6 中箭头所示,在热端(T_1)和冷端(T_2)所产生的等位电势分别为 E_1、E_2,此时回路中的总电势为

$$E = E_1 - E_2 \tag{2-4}$$

当热端温度 T_1 为测量点的实际温度时,为了使 T_1 与总电势 E 之间具有一定关系,我们令冷端温度 T_2 不变,即 $E_2 = K$(常数),这样回路中的总电势为

$$E = E_1 - K \tag{2-5}$$

回路中产生的热电势仅是热端温度 T_1 的函数。

当冷端温度 $T_2 = 0\ ℃$ 时,我们可得出图2-7这样的热电势 – 温度特性曲线($E - t$ 特性曲线图)。

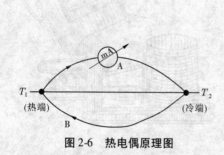

图 2-6　热电偶原理图

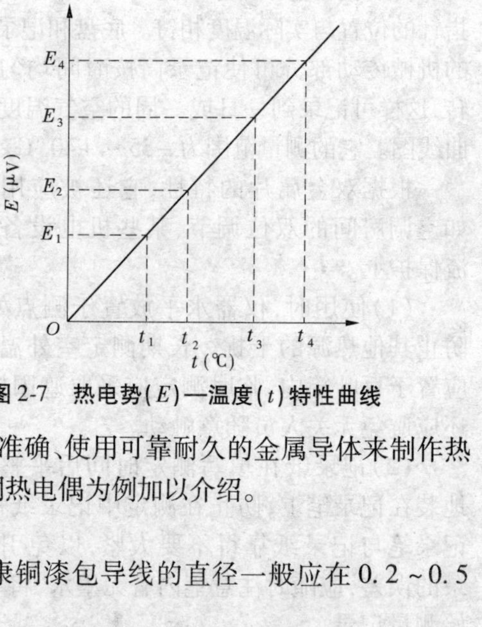

图 2-7　热电势(E)—温度(t)特性曲线

根据上述原理,我们可以选择到许多反应灵敏、准确、使用可靠耐久的金属导体来制作热电偶。本专业测温用热电偶种类较多,现以铜 – 康铜热电偶为例加以介绍。

(二)铜 – 康铜热电偶

为了测温方便,又要保证使用强度,选用铜和康铜漆包导线的直径一般应在 0.2 ~ 0.5 mm。

热电偶焊接前,应将漆包线端部长度约 5 mm 的绝缘漆皮和氧化层用细砂纸轻轻磨掉,把两根导线端头对齐并在一起扭一个节即可进行焊接。绞缠的圈数不宜超过两圈,否则将引起测量误差。热电偶的制作常用以下两种方法。

1. 电弧焊接法

如图 2-8 所示。先准备一台调压器。找两个废旧的 1 号干电池取出碳棒(或用直径相近的碳棒),将碳棒一端磨成锥体,另一端用导线拧紧在碳棒上并接到调压器的输出端。调压器的输入端接电源,输出电压调到 20 V 左右。两根碳

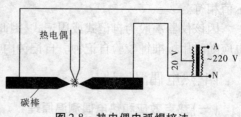

图 2-8　热电偶电弧焊接法

棒水平放在工作台上,中间留有间隙,将待焊的热电偶端头放在碳棒中间,两只碳棒向热电偶缓缓靠近,当产生弧光时两根导线熔化形成光滑无孔的球形焊接点,这样即焊好一个热电偶。

因焊接时弧光十分刺激人的眼睛,所以应戴上墨镜。工作电压过高,会使热电偶头部产生气孔或者焊接不牢;工作电压过低,金属熔化不好也会使焊接不牢。因此,要边焊边用放大镜检查,随时调整,不合格的焊头可剪掉重新焊接。若想得到比较理想的热电偶,需在焊接过程中不断摸索总结经验。

2. 锡焊接法

锡焊接法与一般用电烙铁、焊锡焊接导线的方法相同,但只许使用焊药而严禁使用"锻水"。焊点要小并且力求圆滑。

锡焊制作的热电偶性能相对比较稳定,因焊头比较牢固而不易损坏。但一般操作者难以达到对焊点的要求。

制作好的热电偶,为防止漆皮磨破造成短路,应用两种颜色的塑料套管保护起来。

一般热电偶测温具有结构简单、使用方便、测量精度高、测量范围广等优点。我们常用的铜－康铜热电偶测温范围为 $-200 \sim +200\ ^{\circ}\mathrm{C}$,当热端温度为 $100\ ^{\circ}\mathrm{C}$ 时,它所产生的热电势为 $4.1\ \mathrm{mV}$,也就是温度变化 $1\ ^{\circ}\mathrm{C}$ 时,热电势变化为 $0.041\ \mathrm{mV}(41\ \mu\mathrm{V})$。它的热惯性小,能较快地反映被测温度的变化。热电偶测温最大的特点是可以远距离传送和自动记录,并且可以把多个热电偶通过转换开关接到仪表上进行集中检测。

对于本专业特定的测温范围,铜－康铜热电偶所产生的热电势较小,用毫伏计不易准确测量,所以与铜－康铜热电偶配用的二次仪表通常为高精度的电位差计。

(三)电位差计

电位差计测量热电势的原理如图 2-9 所示。它由热电偶 E_t、检流计 G、工作电源 E,可调电阻 R 组成。当热电偶 E_t 感温产生热电势时,电流 I_t 经 $E_t^+ - G - A - B - E_t^-$ 形成闭合回路,这时检流计 G 的指针会发生偏移。

将工作电源 E 接通,工作电流 I 经 $E^+ - A - G - E_t^- - B$ 形成闭合回路,其结果也会使检流计 G 的指针在上述偏移的基础上再作正向或反向的偏移,这说明了 I 和 I_t 不平衡,是 $I > I_t$ 或者 $I < I_t$ 的结果。若要使检流计 G 的指针在零点不动,则需依热电势的大小来改变 B 在可调电阻 R 上的位置,也就是使电阻 R 产生的平衡电压降与所测热电势相等。此时,热电势为

$$E_t = IR_{AB} \tag{2-6}$$

当已知 R_{AB},工作电流 I 为定值时,即可按式(2-6)求出热电势。这就是电位差计(或称平衡补偿法)测量热电势的原理。

为使工作电流 I 保持定值,电位差计设计了电流标准化电路,如图 2-10 所示,增加了标准电池 E_b 和对工作电流进行调节的可调电阻 R_b。

为使工作电流 I 保持定值,用标准电池 E_b 对工作电源 E 的电流进行校准。方法是先将开关 K 打到 1 的位置,调节电阻 R_b,使检流计 G 的指针为零,这时标准电池的电势为

$$E_b = IR_K \quad 或 \quad I = \frac{E_b}{R_K} \tag{2-7}$$

再将开关 K 移到 2 的位置,断开标准电池 E_b,开始测量热电偶 E_t 的热电势。调节电阻 R 的触点 B,同样使检流计 G 的指针为零,此时,热电偶的热电势为

$$E_t = IR_{AB} \qquad (2\text{-}8)$$

将式(2-7)代入式(2-8)得

$$E_t = \frac{E_b}{R_K}R_{AB} \qquad (2\text{-}9)$$

使用电位差计时，E_b、$\dfrac{R_{AB}}{R_K}$ 都可为已知，E_t 很容易从仪器的刻度盘上读出。这就是电位差计测量热电势的一般原理。

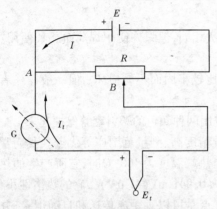

图 2-9　电位差计测量热电势原理（一）

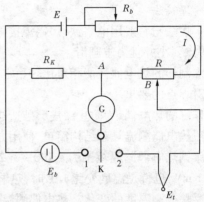

图 2-10　电位差计测量热电势原理（二）

常用的高精度电位差计最小分度值可到 0.001 mV，即 1 μV。用电位差计测量热电势应有检流计、标准电池、冰水保温瓶等配合。接线时需注意，当测量 0 ℃以上温度时，铜为正极，康铜为负极；测量 0 ℃以下温度时，由于热端的温度低于冷端的温度，故正、负极需对调。

（四）热电偶校验

焊接好的热电偶，因材质的差异、焊点质量的差异，每支热电偶产生的热电势也不尽相同，所以热电偶在使用之前必须进行校验。校验时，我们可以为每支热电偶绘出其 $E - t$ 特性曲线图，以供测温时使用。

校验时应准备好水恒温器、电位差计、冰水保温瓶、标准水银温度计（分度为 0.1 ℃ 或 0.01 ℃）、坐标纸等。

有关装置和仪表按图 2-11 所示连接。电位差计接热电偶时请注意不要把极性接错。热电偶的冷端放在装有冰水混合物的保温瓶内，瓶内温度由标准温度计校到 0 ℃。若温度偏高就倒出一点水，加点冰块；反之，若温度偏低就取出点冰块，直到稳定在 0 ℃为止。将热电偶的热端（测温端）与标准温度计一起放到水恒温器中。做好上述准备后即可开启恒温器，使温度自动控制并稳定在某一温度值，这时我们可以从电位差计上读到热电偶对应于该温度产生的热电势值。校验可以从低温开始，如 0 ℃、5 ℃、10 ℃、15 ℃、…，其间隔可因需要而设定，温度值并不一定要求为整数，只要拉开间隔且达到稳定即可。温度值由标准温度计读出。这样，对于一个热电偶来说就可以取得一组与不同温度对应的热电势值。若同时

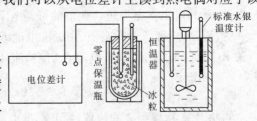

图 2-11　热电偶校验装置示意图

校验多个热电偶,需将它们编号,分别测量和记录,千万不要搞混。

各个数据测得后,在坐标纸上确定纵坐标为热电势(E)、横坐标为温度(t),即可画出一条热电偶 $E-t$ 特性曲线。

有一支热电偶,经校验后得出的数据列于表 2-2 中,按要求画出 $E-t$ 特性曲线,如图 2-12 所示。

表 2-2　某热电偶校验后 $E-t$ 数据

$t(℃)$	0	5	11.4	14	16	18	19	20	21	22	25
$E(\mu V)$	0	232	472	568	644	720	756	792	832	870	980

使用校好的热电偶测量温度时,只要测得热电势值就可从 $E-t$ 图中查出相应的温度值来。

五、电阻温度计

电阻温度计由热电阻和指示或自动记录温度的仪表组成。

热电阻测温是由导体或半导体在温度变化时其本身电阻值也随着发生变化的特性来实现的。

多数金属的电阻值随温度的升高而增加。多数电解质、半导体和绝缘体的电阻值随温度的升高而减小。电阻值的变化与温度之间保持一定的关系,如图 2-13 所示。这样,当我们将电阻随温度变化而变化的等值关系确定后就可以根据电阻值测得温度值。

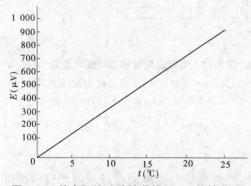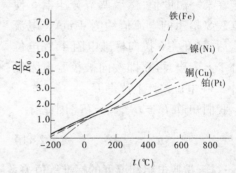

图 2-12　热电阻校验特性曲线($E-t$ 特性曲线)　　图 2-13　金属的电阻值随温度变化而变化的曲线

通常制作热电阻的材质,其电阻值与温度的等值关系可由下式表示:

$$R_t = R_0(1 + At + Bt^2) \tag{2-10}$$

式中:R_t 为所用材质在温度为 t 时的电阻值,Ω;R_0 为所用材质在温度为 0 ℃时的电阻值,Ω;A、B 为所用材质的特性常数。

(一)铂热电阻

一般热电阻温度计适用于中、低温且热惰性较大场合的测量,其测温范围为 $-20 \sim +500$ ℃。它测温精度高,并可进行远距离和多点测量。它的灵敏度不及热电偶,不适用于波动大、时间常数小的测温对象。铂、铜等热电阻配套使用的二次仪表有比率计、不平衡电桥、自动平衡电桥及铂电阻数字温度计等。

热电阻的精度等级和有关参数见表 2-3。

表 2-3　热电阻的精度等级和有关参数

分度号	0 ℃时电阻值(Ω)	电阻比 $\dfrac{R_{100}}{R_0}$	精度等级	0 ℃时电阻值允许误差(基本误差)(%)
BA1	46.00	1.391 ± 0.000 7	I	± 0.05
BA1	46.00	1.391 ± 0.001	II	± 0.1
BA2	100.00	1.391 ± 0.000 7	I	± 0.05
BA2	100.00	1.391 ± 0.01	II	± 0.1
G	53.00	1.425 ± 0.001	II	± 0.05
G	53.00	1.425 ± 0.002	III	± 0.1

要注意选用的热电阻的分度号应与仪表相对应。

校验电阻温度计的仪器和设备有标准水银温度计(-500 ~ +500 ℃,分度为 0.1 ℃)、恒温水浴、标准电阻(200 Ω 或 1 000 Ω)、电位差计(精度在 0.01 mV 以上)、毫安表(0 ~ 10 mA)、调压器、切换开关及连接导线等。

仪器及装置的连线如图 2-14 所示。用恒温器 1 将电阻温度计 2 加热,并使之恒定在某一温度值,然后调节分压器 5 使毫安表 8 指示的电流值约为 4 mA。电流稳定后,将开关 6 拨向标准电阻 4,在电位差计 7 上读出,再立即拨向被校验电阻温度计 2,在电位差计上读得 U_t。

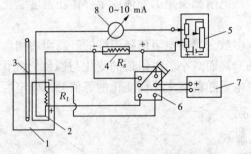

图 2-14　电阻温度计校验接线示意图
1—恒温器;2—被校验电阻温度计;3—标准温度计;
4—标准电阻(R_s);5—调节分压器;6—开关;
7—电位差计;8—毫安表

我们知道,$U_s = IR_s$,$U_t = IR_t$,因此有

$$R_t = \frac{U_t}{U_s} R_s \qquad (2-11)$$

这样,按照电阻和温度的标准等值关系换算出的温度值与标准温度计示值比较后即可求出电阻温度计的误差。

为保证校验的准确,在同一温度下重复测定的次数一般不得少于 3 次,取其平均值。

(二)半导体热敏电阻

半导体热敏电阻通常由锰、镍、铜、钴、铁等金属氧化物的混合物烧结而成。其形状如图 2-15所示。一般半导体热敏电阻都具有很高的负电阻温度系数,它比一般金属电阻的温度系数大得多。如以氧化镁和氧化镍做配料制成的热敏电阻,其温度系数在 25 ℃ 时为 -4.4×10^{-2} ℃,而铂的温度系数在 25 ℃时为 $+0.39 \times 10^{-2}$ ℃。从图 2-16

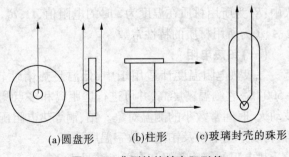

(a)圆盘形　　(b)柱形　　(c)玻璃封壳的珠形
图 2-15　典型的热敏电阻形状

中曲线 1 可以看出当热敏电阻的温度为 $-100 \sim$ $+400\ ℃$ 时,曲线 2 表示的铂电阻的阻值变化就小多了。曲线 1 显示热敏电阻的与温度的关系是非线性关系。对于一般的热敏电阻,电阻与温度的关系式可用下式表示:

$$R_T = R_{T_0}e^{B\left(\frac{1}{T}-\frac{1}{T_0}\right)} \qquad (2\text{-}12)$$

式中:R_T 为温度为 T 时的电阻值,Ω;R_{T_0} 为温度为 T_0 时的电阻值,Ω;e 为常数,$e = 2.718$;B 为常数(与热敏电阻的材料、制作工艺有关)。

由于热敏电阻的温度系数大,具有比热电阻更大的输出信号,因而被广泛地应用于中、低温的测量。

常用的半导体点温计,其测量范围分为 $0 \sim 50$ ℃、$0 \sim 100$ ℃、$0 \sim 150$ ℃等几种,分度有 0.5 ℃、1.0 ℃、1.5 ℃等。

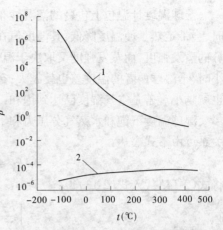

图 2-16　电阻率(ρ) – 温度(t)特性曲线
1—氧化镁和氧化镍做配料制成的热敏电阻的特性曲线;2—金属铂的特性曲线

第三节　相对湿度测量仪表

大气(空气)是由干空气、水蒸气两部分组成的。为了区别于绝对干燥的空气,又把它称为湿空气。湿度是表征湿空气物理性质的一个非常重要的参数。

相对湿度是指空气中水蒸气的实际含量接近于饱和的程度,又称饱和度,它以百分数来表示:

$$\varphi = \frac{P_q}{P_{qb}} \times 100\% \qquad (2\text{-}13)$$

式中:P_q 为湿空气中水蒸气分压力,Pa;P_{qb} 为同温度下湿空气的饱和水蒸气分压力,Pa。

空气的相对湿度与人体的舒适与健康及某些工业产品的质量都有着密切的关系。为此,准确地测定和评价空气的相对湿度是十分重要的。常用的测量仪表有普通干湿球温度计、通风干湿球温度计、毛发湿度计、电阻湿度计等。

一、普通干湿球温度计

取两支相同的温度计,一支温度计保持原状,它可直接测出空气的温度,称之为干球温度;另一支温度计的温包上包有脱脂纱布条,纱布的下端浸在盛有蒸馏水的容器里,因毛细作用纱布会保持湿润状态,它测出的温度称之为湿球温度。将它们固定在平板上并标以刻度,附上计算表,这样就组成了普通干湿球温度计,如图 2-17 所示。

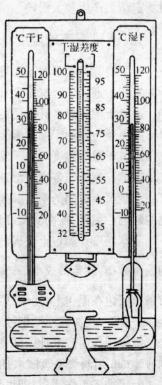

图 2-17　普通干湿球温度计

湿球温度计温包上包裹的潮湿纱布中的水分与空气接触时产生热湿交换。当水分蒸发时,会带走热量使温度降低,其温度值在湿球温度计上表示出来。温度降低的多少取决于水分的蒸发强度,而蒸发强度又取决于温包周围空气的相对湿度。空气越干燥即相对湿度越小时,干湿球两者的温度差也就越大;空气越湿润即相对湿度越大时,干湿球两者的温度差也就越小。若是空气湿度已达到饱和,干湿球温度差等于零。

湿球温度下饱和水蒸气分压力和干球温度下水蒸气分压力之差与干湿球温度差之间的关系可由下式表达:

$$P_s - P_q = A(t - t_s)B \tag{2-14}$$

将式(2-14)代入式(2-13)得:

$$\varphi = \left[\frac{P_s - A(t - t_s)B}{P_{qb}}\right] \times 100\% \tag{2-15}$$

式中:φ 为相对湿度(%);P_s 为湿球温度下饱和水蒸气分压力,Pa;P_q 为湿空气的水蒸气分压力,Pa;A 为与风速有关的系数,$A = 0.000\,01\left(65 + \dfrac{6.75}{v}\right)$;$t$ 为空气的干球温度,℃;t_s 为空气的湿球温度,℃;B 为大气压力,Pa;P_{qb} 为同温度下湿空气的饱和水蒸气分压力,Pa;v 为流经湿球的风速,m/s。

这样,在测得干湿球温度后,通过计算或查表、图,便可求得被测空气的相对湿度。

普通干湿球温度计的使用、校验与玻璃液体温度计相同。

普通干湿球温度计结构简单,使用方便。但周围空气流速的变化,或存在热辐射时都将对测定结果产生较大影响。

二、通风干湿球温度计

为了消除普通干湿球温度计因周围空气流速不同和存在热辐射时产生的测量误差,设计并生产了通风干湿球温度计。

通风干湿球温度计选用两支较精确的温度计,分度值在 0.1~0.2 ℃。其测量空气相对湿度的原理与普通干湿球温度计相同。

通风干湿球温度计有手动式(风扇由发条驱动)和电动式(风扇由微电机驱动)。手动式干湿球温度计与普通干湿球温度计的主要差别是,在两支温度计的上部装有一个小风扇,可使在通风管道内的两支温度计温包周围的空气流速稳定在 2~4 m/s,消除了空气流速变化的影响。另外,在两支温度计温包部位还装有金属保护套管,以防止热辐射的影响。

湿球温度计温包上包裹的纱布是测定湿球温度的关键。纱布应用干净、松软、吸水性好的脱脂纱布,纱布裁成小条,宽度约为温包周长的 $1\frac{1}{4}$ 倍,长度比温包长 20~30 mm。将纱布条单层包在温包上,用细线扎紧温包上端后,缠绕至纱布条下部,以保证纱布条不散开。装保护套管时,注意不要把纱布条挤成团。使用中注意不要弄脏纱布,并经常更换纱布。

像使用普通温度计一样,应提前 15~30 min 将通风干湿球温度计放置于测定场所。观测前 5 min 用滴管将蒸馏水加到纱布条上,不要把水弄到保护套管壁上,以免通风通道堵塞。上述准备工作完毕,即可将风扇发条上满,一般 2~4 min 后通道内风速达到稳定后就可以读取温度值了。

测得干湿球温度后,按仪器所附相对湿度计算表查出被测空气的相对湿度,也可以用前面介绍过的公式进行计算。

三、毛发湿度计

脱脂处理过的人发,其长度可随周围空气湿度变化而伸长或缩短。利用这个特性制作的毛发湿度计有指示型和记录型两种。现以记录型为例,其工作原理如图2-18所示。毛发束1一般由40~42根毛发组成,它固定在有可调螺丝的支架上。当毛发束因周围空气的湿度变化而发生形变时,这个形变由小钩2经弧片4、5传递给记录笔6,将相对湿度的变化连续记录下来。

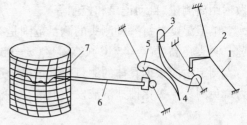

图2-18 自记式毛发湿度计工作原理
1—毛发束;2—小钩;3—平衡锤;4、5—弧片;
6—记录笔(指针);7—自动记录筒

自记式毛发湿度计能自动记录空气相对湿度的变化,有日记式和周记式两种。测量范围为$\varphi = 30\% \sim 100\%$。毛发作为湿度敏感元件具有构造简单、工作可靠、价廉与少维护等特点,适用于环境空气温度为$-35 \sim +45$ ℃的不含酸性和油腻气体并对精度要求不高($\varphi = \pm 5\%$)的测定中。但毛发也有感湿反应慢,相对湿度与输出位移量间变化不呈线性关系,使用时间过长会出现变形老化等缺点。

使用中的注意事项除参见双金属温度计的有关要求外,还应注意以下几点:

(1)防止毛发老化变质,毛发湿度计不宜在70 ℃以上的环境中使用。

(2)为保护毛发,切忌用手触摸。如果毛发被弄脏了,可用毛笔蘸蒸馏水轻轻洗刷干净。移动时动作要轻,防止将毛发震断。

(3)长期不用或搬运时,应将毛发束从小钩上摘下来,使之放松。

(4)毛发湿度计在使用前可用通风干湿球温度计进行校验。用毛笔蘸上蒸馏水将毛发全部润湿,反复数次后使指示值大约达到$\varphi = 95\%$,等待一段时间后,指示值下降并稳定在某一数值。这时用通风干湿球温度计测得的同一状态下空气的相对湿度做比较,若毛发湿度计存在误差,可调整调节螺丝改变毛发束的松紧程度,使指示值与之相符。

四、电阻湿度计

电阻湿度计是由测头和指示仪表两部分组成的。

金属盐氯化锂(LiCl)在空气中具有很强的吸湿性,而吸湿量又与空气的相对湿度有关。空气的相对湿度越大,氯化锂吸湿也越多;反之,空气的相对湿度越小,氯化锂吸湿也越少。同时,氯化锂的导电性能也随之变化。氯化锂吸湿越多其阻值越小,吸湿越少其阻值越大。氯化锂电阻湿度计就是根据这个特性制成的。其测头如图2-19所示。它是在有机玻璃圆形支架上平行缠绕两根铂或铱丝,外表涂上氯化锂溶液形成氯化锂薄膜层。两根电阻丝并不接触,仅靠氯化锂盐层导电形成回路。当测头置于被测空气中,相对湿度变化时,氯化锂中的含水量也要变化,随之两根电阻丝间的电阻也发生

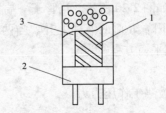

图2-19 电阻湿度计测头
1—电阻丝;2—底座;3—金属保护罩

变化,将其输入显示仪表即可得出相应的相对湿度值。

电阻湿度计测头一般分成几种不同的量程,它测量反应快、灵敏度高,测量范围较大,可做远距离测量、自动记录和控制等。

电阻湿度计每一种测头的测量范围是有限的且互换性差,长时间使用后存在老化的问题。测头在高温($t = 45\ ℃$)、高湿区($\varphi = 95\%$)使用时易于损坏。

测定中应根据具体的测量要求选择合适的测头,除注意使用要求外,还需做定期更换。为避免测头上氯化锂盐溶液发生电解,电极两端应接交流电而不允许使用直流电。

第四节　压力测量仪表

本专业范围内各种系统和设备的实验研究、运行调试等都要对其中介质的压力进行测定。压力是本专业所用介质中的一个重要的热工参数。

工程上将垂直作用在物体单位面积上的压强称为压力。压力分绝对压力、工作压力,其关系为

$$p = P - B \tag{2-16}$$

式中:p 为工作压力,也称表压,Pa;P 为绝对压力,Pa;B 为大气压力,Pa。

压力测量仪表以大气压力为基准,测量大气压力的仪表称为气压计;测量超过大气压力的仪表称为压力计;测量小于大气压力的仪表称为真空计,但我们通常将它们简称为压力计或压力表。压力计根据使用要求的不同有指示、记录、远传变送、报警、调节等多种型式。按其测压转换原理又有平衡式、弹簧式和压力传感器等几种类型。压力表的精度等级从0.005 级到4.0 级,应根据测定的目的、要求做适当的选择。某些压力计又需与测压管配合使用。

本节将对常用的几种压力计(压力表)加以介绍。

一、液柱式压力计

液柱式压力计是以一定高度的液柱所产生的静压力与被测介质的压力相平衡来测定压力值的。常用工作液体有水、水银、酒精等。因其构造简单,使用方便,广泛应用于正、负压和压力差的测量中,在 $\pm 1.013\ 25 \times 10^5$ Pa 的范围内有较高的测量准确度。

(一)U形管压力计

U形管压力计是将一根直径相同的玻璃管弯成 U形,管中充以工作液体(水或水银等),如图 2-20 所示。当管子一端为被测压力 P,另一端为大气压力 B,且 $P > B$ 时,P 侧的液柱下降,B 侧的液柱上升。当两侧压力达到平衡时,由流体静力学可知,等压面在 2—2处,其平衡方程式为

$$P = B + \rho g(h_1 + h_2) = B + \rho g h \tag{2-17}$$

被测工作压力为

$$p = P - B = \rho g h \tag{2-18}$$

式中:P 为被测绝对压力,Pa;B 为大气压力,Pa;ρ 为工作液体的密度,kg/m³;g 为重力加速度,m/s²,$g = 9.806\ 653$;h_1、h_2 分别为管中工作液体上升和下降的高度,m;h 为液柱高差,m;p 为被测工作压力(表压力),Pa。

从上述公式可以看出,当管内工作液体的密度为已知时,被测压力的大小即可由工作液体柱的高差 h 来表示。

当使用 U 形管压力计测量液体压力时(如图 2-21 所示),应考虑工作液体上面液柱产生的压力,若两侧管中工作液体上面液体的密度分别为 ρ_1、ρ_2,对等压面 2—2 平衡方程式为

$$P + \rho_1 g(H + h) = B + \rho_2 gH + \rho gh \tag{2-19}$$

其工作压力为

$$p = P - B = (\rho_2 - \rho_1)gH + (\rho - \rho_1)gh \tag{2-20}$$

式中: ρ_1、ρ_2 为工作液体上面液体的密度,kg/m^3 ;H 为测压点距 B 侧工作液体面的垂直距离,m ;其余符号意义同前。

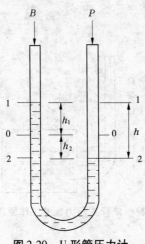

图 2-20　U 形管压力计

P—被测压力;B—大气压力

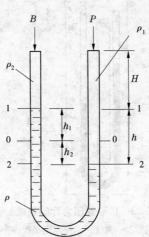

图 2-21　测量液体时 U

形管压力计平衡原理图

若测量同一种介质的压力差,因 $\rho_1 = \rho_2$,式(2-20)可写为

$$\Delta p = (\rho - \rho_1)gh \tag{2-21}$$

式中: Δp 为两侧压力之差,Pa。

U 形管压力计的组成如图 2-22 所示,标尺零位在中间。U 形管压力计的测量范围,以水为工作液体时一般为 $0 \sim \pm 7.8 \times 10^3$ Pa,以水银为工作液体时一般为 $0 \sim \pm 1.07 \times 10^5$ Pa。它适于测量绝对值较大的全压、静压,不适于测量绝对值较小的动压。

测压前首先将工作液体充入干净的 U 形管压力计中,调整好液面高度,使之处于零位。选择距测压点较近且不受干扰、碰撞的地方将 U 形管压力计垂直悬挂牢固。

测量时,将被测点的压力用胶管接到压力计的一个接口,另一个接口与大气相通;若测量压差,将两个测点的压力分别接到压力计的两个接口上。读数时,视线应与液面平齐,液面以顶部凸面或凹面的切线为准。测定完毕,应将工作液体倒出。

由于 U 形管压力计两侧玻璃管的直径难以保证完全一样,图 2-20 和图 2-21 中 $h_1 \neq h_2$,因此,必须分别读取两边的液面高度值,然后相加得到 h。这样消除了两侧管子截面不等带来的误差,但两次读数又增加了读值的误差。

(二)单管式压力计

为了克服 U 形管压力计测压时需两次读数的缺点,出现了方便读数、减少读数误差的

单管式压力计。

单管式压力计的工作原理与 U 形管压力计相同。它以一个截面面积较大的容器取代了 U 形管中的一根玻璃管,如图 2-23 所示。因为

$$h_1 f = h_2 F$$

所以

$$h_2 = h_1 \frac{f}{F} \qquad\qquad (2\text{-}22)$$

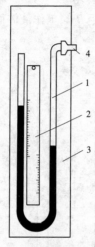

图 2-22　U 形管压力计的组成

1—U 形玻璃管;2—刻度尺;3—固定平板;4—接头

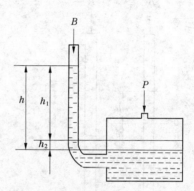

图 2-23　单管式压力计的工作原理

将式(2-18)代入式(2-22),得

$$p = \rho g h = \rho g(h_1 + h_2) = \rho g h_1 \left(1 + \frac{f}{F}\right) \qquad (2\text{-}23)$$

由于 $F \gg f$,故 $\dfrac{f}{F}$ 可忽略不计,式(2-23)可写成:

$$p = \rho g h_1 \qquad\qquad (2\text{-}24)$$

式中: h_1、h_2 分别为工作液体在玻璃管内上升和在大容器内下降的高度,m; f、F 分别为玻璃管和大容器的截面积,m^2。

因此,当工作液体密度一定时,只需一次读取玻璃管内液面上升的高度 h_1,即可测得压力值。

单管式压力计的组成如图 2-24 所示。测量玻璃管接在容器底部,标尺零位在下部。

单管式压力计的测量范围,以水为工作液体时一般为 $0 \sim \pm 1.47 \times 10^4$ Pa,以水银为工作液体时一般为 $0 \sim \pm 2.0 \times 10^5$ Pa。

使用方法与 U 形管压力计相同。测量负压时,被测压力与玻璃管相接,容器接口通大气,读值为负值。

多管压力计是将数根玻璃管接至同一较大容器上,可同时测量多点的压力值。

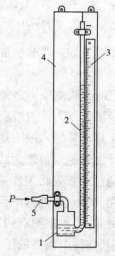

图 2-24　单管式压力计的组成

1—容器;2—测量管;

3—刻度尺;4—底板;

5—连接管

(三) 斜管式压力计

因U形管压力计和单管式压力计不能测量微小压力,为此出现了斜管式压力计。它是将单管式压力计垂直设置的玻璃管改为倾斜角度可调的斜管,如图2-25所示,所以也常称它为倾斜式微压计。

当被测压力P与较大容器相通时,容器内工作液面下降,液体沿斜管上升的高度为

$$h = h_1 + h_2 = l\sin\alpha + h_2 \qquad (2-25)$$

因为

$$lf = h_2F$$

所以

$$h = l\left(\sin\alpha + \frac{f}{F}\right) \qquad (2-26)$$

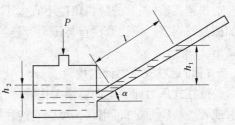

图2-25　斜管式压力计原理图

被测压力为

$$p = \rho gh = \rho gl\left(\sin\alpha + \frac{f}{F}\right) \qquad (2-27)$$

式中:l为斜管中工作液体向上移动的长度,m;α为斜管与水平面的夹角;f、F分别为玻璃管和大容器的截面面积,m^2。

从式(2-27)中得知,当工作液体密度ρ不变时,其在斜管中的长度即可表示被测压力的大小。斜管式压力计的读数比单管式压力计的读数放大了$\dfrac{1}{\sin\alpha}$倍,因此可测量微小压力的变化。常用的斜管式压力计的构造和组成如图2-26所示。通常斜管可固定在五个不同的倾斜角度位置

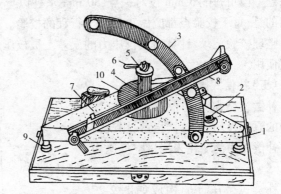

图2-26　斜管式压力计的构造和组成

1—底板;2—水准器;3—弧形支架;4—加液盖;
5—零位调节旋钮;6—多向阀手柄;7—游标;
8—倾斜测量管;9—脚螺丝;10—容器

上,可以得到五种不同的测量范围。工作液体一般选用表面张力较小的酒精。

对于同一斜管式压力计,可取K为

$$K = \rho g\left(\sin\alpha + \frac{f}{F}\right) \qquad (2-28)$$

式中:K为仪器常数。

K值一般定为0.2、0.3、0.4、0.6、0.8五个,分别标在斜管压力计的弧形支架上。此时,式(2-27)可写为

$$p = Kl \qquad (2-29)$$

斜管式压力计结构紧凑,使用方便,适宜于在周围气温为10~35 ℃,相对湿度不大于80%,且被测气体对黄铜、钢材无腐蚀的场合使用,其测量范围为0~±2.0×10^3 Pa,由于斜管的放大作用提高了压力计的灵敏度和读数的精度,最小可测量到1 Pa的微压。

使用前首先将酒精($\rho = 0.81 \text{ g/cm}^3$)注入压力计的容器内,调好零位。压力计应放置平稳,以水准气泡调整底板,保证压力计的水平状态。根据被测压力的大小,选择仪器常数 K,并将斜管固定在支架相应的位置上。按测量的要求将被测压力接到压力计上,可测得全压、静压和动压。

根据实验,斜管的倾斜角度不宜太小,一般以不小于 15°为宜,否则读数会困难,反而增加测量的误差。应注意检查与压力计连接的橡皮管各接头处是否严密,测定完毕应将酒精倒出。

(四)液柱式压力计的校验

液柱式压力计除定期更换工作液体,清洗测量玻璃管外,一般不需要校验。如有特殊要求或者需精确测量,可用 0.5 级标准液柱式压力计与被校压力计比较,计算出误差。

将标准压力计和被校压力计注入相同的工作液体,均调好零位。U 形管压力计、单管式压力计应保证垂直放置,斜管式压力计应保证水平放置。用三通接头和橡皮管将标准压力计和被校压力计连接。加压校验时,U 形管压力计、单管式压力可每隔 50 mm 水柱校对一点;对于斜管式压力计可分几段进行,25 mm 水柱以下这一段每 1 mm 都应校对,25～80 mm 水柱这一段可每隔 5 mm 校对一点,80 mm 水柱以上这一段可每隔 10 mm 校对一点。应当指出的是,每个校验点都应做正反两个行程的校验。

整理校验记录,计算出被校压力的误差。被校压力计的精度不应超过 1 级,否则不宜再继续使用。

(五)补偿式微压计

补偿式微压计是根据 U 形管连通器的原理,以光学仪器指示,用改变液位补偿压力的变化来测量空气压力的。

补偿式微压计的构成如图 2-27 所示。在可动容器 1 与固定容器 2 之间用橡皮管相连成为连通器。转动旋转头 6 可使可动容器 1 在微动螺杆 5 上升降,移动的高度可从标尺 17 和游标尺 18 上读出。固定容器中装有金属顶针 11,我们通过反射镜 13 可以看到顶针及其在工作液中的倒影,其图像如图 2-28 所示。

补偿式微压计测量范围为 0～1.5×10^3 Pa,读数精确,灵敏度高,最小可以测到 0.1 Pa。但它惯性较大,反应较慢,调节时需要的时间较长,不宜测量波动较大的压力变化。通常可用以校验其他压力计。

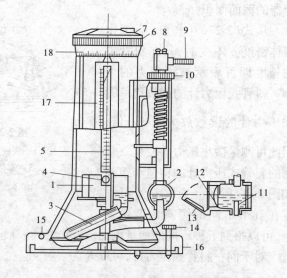

图 2-27　补偿式微压计结构图

1—可动容器;2—固定容器;3—橡皮管;4—负压接头;
5—微动螺杆;6—旋转头;7—圆顶塞头;8—封闭螺丝;
9—正压接头;10—螺帽;11—金属顶针;12—透镜;
13—反射镜;14—底脚螺丝;15—水准泡;
16—底座;17—标尺;18—游标尺

使用时,首先以水准气泡调整底板,使压力计处于水平位置。将可动容器调至最底位置,也就是负压接头 4 上的刻线和游标尺 18 均对准零位。打开封闭螺丝 8 注入工作液体(通常为蒸馏水)的同时观察反射镜 13 中顶针的图像变化,当图像接近于图 2-28(a)时,停止加水,将螺丝拧紧。待图像稳定以后,调节螺帽 10,使固定容器略有升降,最终使图像达到图 2-28(a)所示,此时两容器中液面高度相等,且零位也已经调好。根据测量的需要,将被测压力与补偿式微

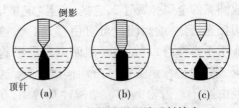

图 2-28 补偿式微压计反射镜中
可能出现的三种图像

压计连接,正压或较大压力接至正压接头 9,也就是接到固定容器上;负压或较小压力接至负压接头 4,也就是接到可动容器上。当测量压力时,固定容器内的液面下降,工作液体流入可动容器内使其液面上升,原有的平衡图像改变,固定容器内顶针露出水面成为图 2-28(b)所示那样。这时,我们一边观察镜中图像.一边慢慢地顺时针转动旋转头,使可动容器升高,让工作液体流回固定容器中,当液面升到某一位置时,反射镜中又重现了图 2-28(b)中的图像。这是可动容器升高后液体产生的压力与被测压力平衡的结果。此时,我们读取的标尺和游标尺上的数值便是被测压力值。

由于补偿式微压计反应较慢,测定中一定要耐心仔细,动作不可过急。当出现图 2-28(c)所示的图像时,说明压力补偿过大,也就是可动容器的位置过高,需逆时针转动旋转头,降低可动容器 1 便可恢复正常图像。

二、弹簧式压力计

弹性元件受外力作用时会产生变形,同时也产生了反抗外力的弹性力,当两者平衡时,变形即停止。我们知道,弹性变形与外力的大小成一定的函数关系。弹簧式压力计即是将弹性元件感受到的压力信号转换为机械或电气信号来测量压力的。

(一)膜盒式压力计

我们常用的膜盒式压力计是空盒气压表。它是利用一组有较大变形挠度的真空膜盒随着大气压力变化而产生纵向变形的原理制成的,主要测量大气压力。压力计有自记式和便携式两种。

自记式空盒气压表使用环境温度为 $-10 \sim +40$ ℃,利用调整装置可在 $8.7 \times 10^4 \sim 10.5 \times 10^4$ Pa 范围内记录气压变化。

便携式空盒气压表工作原理与自记式空盒气压表相同。它的压力感应真空膜盒通过传动机构带动指针可在度盘上直接指示出当时当地的大气压力值。整套机构装在塑料壳里,然后放入特制的皮盒中,所以便于携带。

仪表的测量范围为 $8.0 \times 10^4 \sim 10.64 \times 10^4$ Pa,使用环境温度为 $-10 \sim +40$ ℃,测量误差不大于 2.0×10^2 Pa,仪表最小分度值为 1.0×10^2 Pa。

仪器放置需平稳,并保证其水平状态,防止因倾斜而造成的测量误差。读值时,应先轻轻敲敲外壳或玻璃,以便消除传动机构间存在的摩擦。

(二)弹簧管式压力计

弹簧管式压力计有单圈和多圈之分,它是在力的平衡基础上将压力信号转换为指针位移来显示被测压力的。单圈弹簧管式压力计如图 2-29 所示。表中有一根截面为椭圆形并弯

成圆弧的金属弹簧管 2,它的一端固定并与被测压力接通,另一端封闭但可自由移动。当被测压力作用于弹簧管以后,管子截面由椭圆形趋向于圆形,刚度增大,弹簧管自由端伸展外移,这个位移经由连杆 3、齿轮 4、5,带动指针 6 转动,在刻度盘 7 上指出被测压力的值。指针转角的大小与压力的大小成正比。

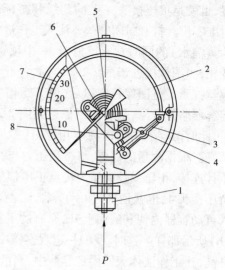

图 2-29　单圈弹簧管式压力计示意图
1—固定端;2—弹簧管;3—连杆;4—扇形齿轮;
5—中心齿轮;6—指针;7—刻度盘;8—扇形齿轮轴

弹簧管式压力计结构简单,使用方便,应用广泛,可作高、中、低压的测量。其测量范围在 0 ~ 9.81×10^8 Pa,精度等级为 0.5 ~ 2.5 级。

使用时,应根据被测压力的大小选择适当的弹簧管式压力计,压力计的安全系数应在允许范围内。必须注意被测介质的化学性质,例如测量氨气的压力时,应采用不锈钢弹簧管;测量氧气的压力时,严禁沾污油脂,以确保安全。

弹簧管式压力计的校验,是将被校压力计与标准压力计在压力表校验台上在产生某一定值压力下进行比较。为保护标准压力计,并使被校压力计达到足够的精确度,所选标准压力计比被校压力计的测量上限高出三分之一,精度等级高三倍。

第五节　流量测量仪表

气体和液体无固定形状且易于流动,我们称之流体。流体在单位时间内流过管道或设备某一横截面的数量称为流量。流量以体积单位表示的为体积流量,m^3/h;流量以质量单位表示的为质量流量,kg/h。质量流量与体积流量的关系为

$$G = \rho L \tag{2-30}$$

式中:G 为流体的质量流量,kg/h;ρ 为流体的密度,kg/m^3;L 为流体的体积流量,m^3/h。

其中密度 ρ 是随流体的状态参数而变化的,所以我们在给出体积流量的同时也应给出流体的状态参数。

流量的测量有直接法和间接法。直接法是以标准体积和标准时间为依据,准确测量出某一时间内流过的流体总量,计算出单位时间的平均流量。间接法是通过测量与流量有对应关系的物理变化而求出流量,这是工程上和科学实验中常采用的方法。间接法测量流量的仪表有很多,大体分为容积式和速度式两大类。

本节主要就本专业常用的几种速度式流量计加以介绍。

一、差压式流量计

差压式流量计是根据流体流动节流时,因流速的变化在节流装置前后产生压差来测量流量的。这个压差的大小随流量而变化,可由实验确定流量与压差之间的关系。

(一)转子流量计

转子流量计是恒压差变截面流量计,它在测量过程中保持节流装置前后的压差不变,而节流装置的流通面积随流量而变化。

转子流量计如图2-30所示。它由一个向上渐扩的圆锥管和在管内随流量大小而上下浮动的转子(也称浮子)组成。当流体流经转子与圆锥管之间的环形缝隙时,因节流产生的压力差$(P_1 - P_2)$的作用使转子上浮。当作用于转子的向上力与转子在流体中的重力相平衡时,转子就稳定在管中某一位置。此时,若加大流量,压差就会增加,转子随之上升,因转子与圆锥管间的流通面积的增大从而又使压差减小,恢复到原来的数值,这时转子却已平衡于一个新的位置了。若流量减小,上述各项变化亦相反。总之,在测量过程中,因转子位置的变化而使环形流通面积发生了变化;因转子的重量是不变的,无论其处于任何位置,其两端的压差也是不变的。转子流量计就是利用转子平衡时位置的高低直接刻度流量值的。

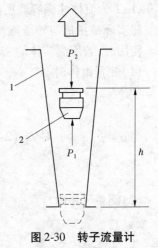

图2-30 转子流量计
1—锥形管;2—转子

经分析,转子流量计的流量方程为

$$L = h[\varepsilon\alpha\pi(R + r)\tan\varphi]\sqrt{\frac{2}{\rho}\Delta P} \tag{2-31}$$

$$\Delta P = \frac{V}{f}(\rho_j - \rho)g \tag{2-32}$$

式中:L为被测流体的流量;h为转子平衡位置的高度;ε为流体膨胀修正系数;α为流量系数;R、r分别为圆锥管h处截面半径和转子直径最大处的截面半径;φ为圆锥管的夹角;ρ、ρ_j分别为流体和转子的密度;ΔP为转子两端的压差;V为转子的体积;f为转子的最大截面面积。

转子流量计中转子的材料依被测流体的化学性质而定,有铜、铝、铅、不锈钢、塑料、硬橡胶、玻璃等。圆锥管的材料,直读式多用玻璃管(又称为玻璃转子流量计),远传式多用不锈钢的。

转子流量计是非标准化仪表,通常经实测来标记刻度值,标尺标以流量单位,如m^3/h等。转子流量计适宜测量各种气体、液体和蒸气等的流量。其测量范围,对液体可从每小时十几升到几百立方米,对气体可达几千立方米。其基本测量误差为刻度最大值的$\pm 2\%$左右。转子流量计应垂直安装,不允许有倾斜,被测流体应自下而上,不能反向,必须注意转子直径最大处是读数处。使用时应缓慢旋开控制阀门,以免突然开启转子急剧上升而损坏玻璃管。

转子流量计出厂时已经标定。标定时,水的参数为$T_0 = (273 + 20)℃$,$P_j = 101\ 325\ Pa$,$\rho = 998\ kg/m^3$,$\mu = 1.0 \times 10^{-3}\ Pa \cdot s$。空气的参数为$T_0 = (273 + 20)℃$,$\varphi = 80\%$,$P_j = 101\ 325\ Pa$,$\rho = 1.2\ kg/m^3$,$\mu = 1.73 \times 10^{-6}\ Pa \cdot s$。

转子流量计的校验,通常是使标态的水(或空气)流过流量计,测出水(或空气)注满容器所需的时间,按式(2-31)求出实际流量值:

$$L_1 = \frac{60V}{T} \tag{2-33}$$

或
$$L_2 = \frac{3.6V}{T} \qquad (2\text{-}34)$$

式中：L_1 为经过流量计的实际流量，L/min；L_2 为经过流量计的实际流量，m³/h；V 为容器的体积，L；T 为流体注满容器所需的时间，s。

将实际流量值与转子流量计指示值进行比较，从而可确定被校转子流量计的误差。

使用时，若所测流体的密度、温度、压力与标定状态不同，应予以修正。

（1）测量液体时

$$L = L_N \sqrt{\frac{\rho_0(\rho_j - \rho)}{\rho(\rho_j - \rho_0)}} \qquad (2\text{-}35)$$

当 $\rho_j \gg \rho_0$、$\rho_j \gg \rho$ 时，式（2-35）可简化为

$$L = L_N \sqrt{\frac{\rho_0}{\rho}} \qquad (2\text{-}36)$$

（2）测量气体时

$$L = L_N \sqrt{\frac{\rho_0}{\rho}} \sqrt{\frac{P_0 T}{P T_0}} \qquad (2\text{-}37)$$

当被测气体与标定气体密度相同时，式（2-37）可简化为

$$L = L_N \sqrt{\frac{P_0 T}{P T_0}} \qquad (2\text{-}38)$$

式中：L 为实际流量值；L_N 为刻度流量值（标定流量值）；ρ_0 为标定时介质的密度；ρ_j 为转子的密度；ρ 为被测介质的密度；P_0 为标态空气的绝对压力；T_0 为标态空气的绝对温度；P 为被测空气的绝对压力；T 为被测空气的绝对温度。

（二）进口流量管

进口流量管是装在进风管端部测量空气流量的装置。当气体进入管道时，经过渐缩的进口流量管的曲面而逐步加速，此时静压降低，我们可以根据这个压差的变化计算出流量的变化。由此可知，进口流量管亦属节流差压式流量计。

其装置如图 2-31 所示。进口流量管端部做成喇叭形集流器，另一端与负压管道相连，在测压孔处可接压力计测量该处的静压。

列出 0—0、1—1 两断面间的伯努里方程：

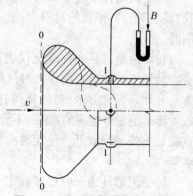

图 2-31　进口流量管装置示意图

$$B = P_j + \frac{\rho v^2}{2} + \zeta \frac{\rho v^2}{2} \qquad (2\text{-}39)$$

$$v = \frac{1}{\sqrt{1 + \zeta}} \sqrt{\frac{2}{\rho}(B - P_j)} \qquad (2\text{-}40)$$

令

$$\alpha = \frac{1}{\sqrt{1 + \zeta}} \qquad (2\text{-}41)$$

流量方程为

$$L = \alpha F \sqrt{\frac{2}{\rho}(B - P_j)} \qquad (2\text{-}42)$$

式中：B 为大气压力，Pa；P_j 为测孔处测得的静压，Pa；ρ 为被测气体的密度，kg/m³；v 为气体流速，m/s；ζ 为进口流量管的阻力系数；α 为流量系数，一般为 0.970 ~ 0.995；L 为气体流量，m³/s；F 为进口流量管接管的截面面积，m²。

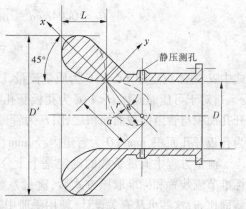

图 2-32　双纽线形进口流量计结构

进口流量管的曲面有圆弧形和双纽线形等，一般常采用双纽线形，这是因为双纽线能较均匀光滑地过渡到所接管段上，其结构如图 2-32 所示。

双纽线极坐标方程为

$$r^2 = a^2\cos 2\theta \tag{2-43}$$

设计制作中一般取 $\theta = 0 \sim 45°$，$a = (0.6 \sim 0.8)D$，$L = (0.7 \sim 0.9)D$，$D' = (1.85 \sim 2.13)D$。静压测孔在距管口 $(0.25 \sim 0.3)D$ 处。

进口流量管制作加工应精细，内表面要求光滑，与直管相接处不得有凸起，以便保证流场均匀，流量系数稳定。

（三）孔板流量计和喷嘴流量计

孔板、喷嘴、文丘里管等是将被测流体的流量转换为压差的节流装置。对于这一类的差压式流量计，由于使用时间较长，已经取得了丰富的经验与资料，并对其设计、计算、制作、使用均已标准化。

流体流经节流装置，例如孔板时，其现象如图 2-33 所示。当流体遇到节流装置时，流体的流通面积突然缩小使流束收缩，在压头的作用下流体的流速增大，在节流孔后，由于流通面积又变大，使得流束扩大，流速降低。与此同时，节流装置前后流体的静压力出现压力差 ΔP，$\Delta P = P_1 - P_2$，并且 $P_1 > P_2$，这就是节流现象。流体的流量越大，节流装置前后的压差也就越大。因此，我们即可通过测得压差来求得流量的大小。

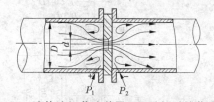

图 2-33　流体流经节流装置——孔板时的节流现象

不可压缩流体的体积流量方程式为

$$L = \alpha F_0 \sqrt{\frac{2(P_1 - P_2)}{\rho}} \tag{2-44}$$

质量流量方程式为

$$G = \alpha F_0 \sqrt{2\rho(P_1 - P_2)} \tag{2-45}$$

式中：L 为流经节流装置的体积流量，m³/s；G 为流经节流装置的质量流量，kg/s；α 为流量系数，一般由实验确定；F_0 为节流装置开孔截面面积，m²；ρ 为流体的密度，kg/m³；P_1、P_2 分别为节流装置前后的静压，Pa。

在工程中为了简化计算，给出实用流量方程。如孔板为

$$L = 0.04\alpha\varepsilon d^2 \sqrt{\frac{\Delta P}{\rho}} = 0.04\alpha\varepsilon m D^2 \sqrt{\frac{\Delta P}{\rho}} \tag{2-46}$$

$$G = 0.04\alpha\varepsilon d^2 \sqrt{\rho\Delta P} = 0.04\alpha\varepsilon m D^2 \sqrt{\rho\Delta P} \tag{2-47}$$

$$m = \frac{F_0}{F} = \frac{d^2}{D^2} \tag{2-48}$$

式中：L 为体积流量，$\mathrm{m^3/h}$；G 为质量流量，$\mathrm{kg/h}$；ε 为流体膨胀校正系数，对于不可压缩流体 $\varepsilon = 1$，对于可压缩流体 $\varepsilon < 1$；d 为孔板开孔直径，mm；ΔP 为孔板前后的静压差，Pa；m 为孔板开孔面积与管道内截面面积之比；F 为管道内截面面积，$\mathrm{mm^2}$；F_0 为孔板开孔面积，$\mathrm{mm^2}$；D 为管道内径，mm。

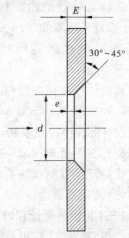

流量方程中流量系数的确定是个十分重要的问题。当采用标准节流装置和标准取压方式后，流量系数取决于雷诺数 Re 和截面比 m，这些可从有关设计、使用手册中查出。

常用的标准孔板是一块开有与管道同心的圆孔且直角入口边缘非常尖锐的金属薄板，如图 2-34 所示。用于不同管道直径的标准孔板，其结构呈几何相似。一般孔板边缘厚度 $e = (0.005 \sim 0.02)D$（管道内径），当孔板厚度 $E > 0.02D$ 时，出口侧应有一个向下游扩散开的光滑锥面，其斜角应在 $30° \sim 45°$。安装孔板时与管道轴线的垂直偏差不得超过 $\pm 1°$。

标准喷嘴是由两个圆弧曲面构成的入口收缩部分和与之相接的圆筒形喉口部分组成的，如图 2-35 所示。用于不同管道直径的标准喷嘴，其结构也呈几何相似。

图 2-34　标准孔板

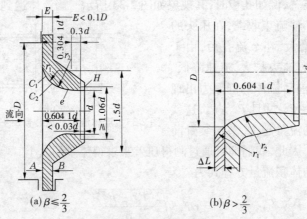

图 2-35　标准喷嘴

喷嘴型线包括进口端面 A、下游侧端面 B、第一圆弧曲面 C_1、第二圆弧曲面 C_2、圆筒形喉部 e、喉部出口边缘保护槽 H 等几部分。

型线 A、C_1、C_2、e 之间必须相切，不能有不光滑部分，C_1、C_2 的圆弧半径 r_1、r_2 的加工公差为：

当 $\beta \leqslant 0.5$ 时　　$r_1 = 0.2d \pm 0.022d$，$r_2 = \dfrac{d}{3} + 0.03d$

当 $\beta > 0.5$ 时　　$r_1 = 0.2d \pm 0.006d$，$r_2 = \dfrac{d}{3} + 0.01d$

其中,$\beta = \dfrac{d}{D}$,即 β 为孔口直径 d 与管道直径 D 之比。

当 $\beta > \dfrac{2}{3}$ 时,直径为 $1.5d$ 将大于管道内径 D,应将喷嘴上游侧端面去掉一部分,即图 2-35(b)中的 ΔL 部分,ΔL 为

$$\Delta L = \left[0.2 - \left(\frac{0.75}{\beta} - \frac{0.25}{\beta^2} - 0.5225 \right)^{\frac{1}{2}} \right] d \qquad (2\text{-}49)$$

喷嘴厚度 $E < 0.1D$。保护槽 H 的直径至少为 $1.06d$,轴向长度最大为 $0.03d$。根据国际标准化组织(ISO)的建议,对于单个喷嘴的空气流量计算式为

$$L = 1.41CF_n \sqrt{\frac{2}{\rho_n} \Delta P_n} \qquad (2\text{-}50)$$

$$G = 2CF_n \sqrt{\Delta P_n \rho_n} \qquad (2\text{-}51)$$

式中:L 为流经喷嘴的空气体积流量,$\mathrm{m^3/s}$;G 为流经喷嘴的空气质量流量,$\mathrm{kg/s}$;C 为喷嘴的流量系数;F_n 为喷嘴喉口面积,$\mathrm{m^2}$;ρ_n 为空气的密度,$\mathrm{kg/m^3}$;ΔP_n 为喷嘴前后的静压差,Pa。

采用标准节流装置时,应注意以下几点:①被测流体应是单相的、均匀的、无旋转并且是满管、连续、稳定的流动;②流束与管道轴线平行;③所接管道应是直的圆形管道;④节流装置前后应有足够长度,具体可参阅有关资料。

二、涡轮流量计

涡轮流量计是由流量变送器和运算仪器、显示仪表组成的。涡轮流量变送器的结构如图 2-36 所示。当流体经过变送器时,涡轮叶片 5 旋转。磁 – 电转换器 6 装在壳体上,有磁阻式和感应式两种。磁阻式是把磁钢放在感应线圈内,涡轮叶片用导磁材料制成,当涡轮旋转时,磁路中的磁阻发生周期性的变化,感应出脉冲电信号。感应式是在涡轮内腔中放一磁钢,它的转子叶片用非磁性材料制成。磁钢与转子一同旋转,在固定于壳体上的线圈内感应出电信号。目前,因磁阻式装置比较简单可靠,应用较为广泛。

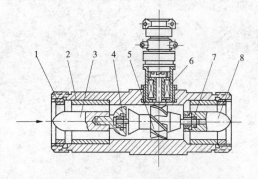

图 2-36 涡轮流量变送器结构图

1—紧固环;2—壳体;3—前导流器;4—止推片;
5—涡轮叶片;6—磁 – 电转换器;7—轴承;8—后导流器

感应电信号的频率与被测流体的体积流量成正比。涡轮流量变送器的特性一般以 f – Q 或 K – Q 关系曲线来表示,如图 2-37 所示。涡轮流量计仪器常数为

$$K = \frac{f}{Q} \qquad (2\text{-}52)$$

式中:K 为仪器常数,次/L;f 为输出信号频率,次/s;Q 为体积流量,L/s。

理想的 K – Q 特性曲线应是一条水平直线,但由于各种阻力矩的存在,使它呈一曲线。仪器适用的流量范围,应选在特性曲线的线性部分,变送器最好工作在流量上限的 50% 以上,从而避免较大的测量误差。仪器常数 K 通常由厂家标定后给出。

涡轮流量计的显示仪表,通常为脉冲频率测量和计数的仪表,可将涡轮流量变送器输出

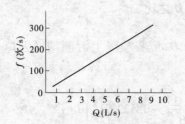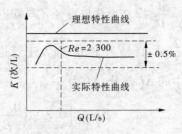

图 2-37 $f-Q$、$K-Q$ 特性曲线

的单位时间内的脉冲总数按瞬时流量和累计流量显示出来。

由于涡轮流量计的信号能远距离传送、精度高、反应快、量程宽、线性好,涡轮变送器具有体积小、耐高压、压力损失小等特点,它得到了广泛的应用。

涡轮流量变送器应水平安装,在仪器前应装设过滤器。为保证流场稳定,流量变送器前后应有 15 倍的变送器内径的直管段。

第三章　建筑火灾

第一节　建筑火灾安全相关概念及其分类

一、相关概念

（1）建筑物。通常是指供人们生活、学习、工作、居住以及从事生产和各种文化、社会活动的房屋。建筑是人类赖以生存的物质基础。

（2）火灾。火促进了人类进步，给人类带来了文明，火对人类的发展起了巨大的推动作用。然而，若火失去控制就会给人类带来灾害，这就是火灾。根据国家消防术语标准的规定，火灾是指在时间或空间上失去控制的燃烧所造成的灾害。根据该定义，火灾应当包括以下三层含义：①必须造成灾害，包括人员伤亡或财物损失等；②该灾害必须是由燃烧造成的；③该燃烧必须是失去控制的燃烧。要确定一种燃烧现象是否是火灾，应当根据以上各个条件去判断。

（3）建筑火灾。建筑火灾是指因建筑物起火而造成的灾害。在世界各国的火灾事故中，建筑火灾的起数和损失均居于首位。这是因为自古至今，人们在建筑中居住、生活、学习，在建筑中工作、生产、娱乐。随着国民经济的发展，民用住宅建筑、大型公共建筑和各类高层建筑及工业建筑不断增多，加之建筑本身、建筑装修及其内部可燃物的存在，发生建筑火灾的概率也随之增大。为把各种火灾隐患消灭在萌芽状态，就必须在建筑设计、施工过程中落实防火措施。

（4）可燃物。在火灾中发生燃烧放出热量的物质，可分为气相、液相和固相三种形态，它们具有不同的燃烧特点。可燃气体容易与空气混合，如果在燃烧前两者已发生混合，则称之为预混燃烧；如果两者边混合边燃烧，则称之为扩散燃烧。在火灾中常发生非均匀混合的预混燃烧。液体和固体可燃物是凝聚态物质，其燃烧过程通常是：在受到外界加热的情况下它们的温度升到一定值，于是蒸发生成可燃蒸气，或发生热分解析出可燃气体，进而发生气相扩散燃烧。燃烧后期一般还存在固定碳燃烧阶段，此阶段的长短由固定碳的量决定。

（5）点燃。在可燃物上可发生持续燃烧的最低温度称为燃点。这时可燃物损失的热量小于它获得的热量。可燃物着火燃烧有点燃和自燃两种形式。点燃是用外部热源将可燃物点燃，小火焰、电火花、炽热物体都是典型的外部热源。

（6）自燃。在某些特定空间内，在没有明火作用的情况下，由可燃物析出或产生的可燃气体与氧气混合后达到一定温度所发生的燃烧，这时不需要其他外部热源供应热量。各种物质都有自己的自燃点，但它们的自燃点并不是固定不变的，而是随着氧化过程中析出的热量和向外导出的热量而有所变动。

（7）闪点。在规定条件下，用指定点火源点燃可燃物，其表面出现的短时气相火焰的最低温度称为闪点。达到闪点时可燃物并未着火，但表明已接近危险状态，因此它是表示火灾安全的重要指标。这一概念主要用于表示液体可燃物的火灾安全性能。

（8）有焰燃烧。燃烧过程中出现人眼可见的气相火焰，这是可燃气体和可燃蒸气的燃烧特点。

（9）无焰燃烧。是指不出现明火焰的燃烧过程。固体可燃物刚开始燃烧能够大量发烟但尚不出现明火燃烧过程，这种燃烧还常称为阴燃。

（10）自动熄火。用外部热源将可燃物点燃，然后将火源移走，而在可燃物上无法维持燃烧过程，称为自动熄火。

（11）爆炸。是指物质由一种状态迅速转变为另一种状态，并在很短的时间内放出大量能量的过程。爆炸可分为物理爆炸和化学爆炸两类，前者是由于容器内生成或充入的气体过多，致使容器内压力过大、超过容器所能承受的极限压力而发生的爆炸；后者是由于容器内的物质发生化学反应，迅速产生大量气体及较高的温度所造成的爆炸。

（12）爆炸极限。爆炸极限是指可燃的气体、蒸气或粉尘与空气混合后，遇火源产生爆炸的最高或最低的浓度，分为上限和下限。可燃气体、蒸气的爆炸极限通常用可燃气体、蒸气与空气的体积百分比来表示。能发生爆炸的最高浓度叫做爆炸上限，能发生爆炸的最低浓度叫做爆炸下限。当这种爆炸性混合物的浓度高于爆炸上限或低于下限时，都不会发生着火或爆炸。

（13）氧指数。氧指数又称临界氧浓度或极限氧浓度。即指在规定条件下，试样在氧氮混合气流中，维持平稳燃烧所需要的最低氧气浓度，以氧所占的体积百分比的值表示。它是用来对塑料、树脂、织物、油漆、木材及其他固体材料的可燃性或阻燃性进行评价和分类的一个特性指标。由于固体可燃物的燃烧通常都是在大气环境下与空气中的氧结合进行的，故固体物质氧指数的大小是决定物质可燃性的重要因素。一般说来，氧指数越小，其越易燃，故火灾危险性也越大。

（14）燃烧体。是指用燃烧材料做成的构件。燃烧材料是指在空气中受到火烧或高温作用时立即起火或微燃，且火源移走后仍继续燃烧或微燃的材料。

（15）非燃烧体。指用非燃烧材料做成的构件。非燃烧材料是指在空气中受到火烧或高温作用时不起火、不微燃、不碳化的材料，如建筑中采用的天然和人工的无机矿物材料及金属材料。

（16）难燃烧体。指用难燃烧材料做成的构件或用燃烧材料做成而用非燃烧材料做保护层的构件。难燃烧材料是指在空气中受到火烧或高温作用时难起火、难微燃、难碳化，当火源移走后燃烧或微燃立即停止的材料。如沥青混凝土、用有机物填充的泥凝土、水泥刨花板和经过防火处理的木材等。

（17）耐火极限。对任一建筑构件，在耐火试验炉中按规定的火灾温升曲线（标准时间—温度曲线）进行耐火试验，从受到火的作用时起，到失去支持能力、或完整性被破坏、或失去火作用时止的这段时间称为该构件的耐火极限，用小时表示。

（18）火灾分级。根据1996年国家发布的《火灾统计管理规定》，我国将火灾分为特大火灾、重大火灾和一般火灾三级，只要达到其中一项就认为达到该级火灾。

二、分类

火灾发生的必要条件是可燃物、热源和氧化剂（多数情况下为空气）。火灾可以从不同的角度进行分类,如根据燃烧对象、损失严重程度、起火直接原因和火灾发生地点等分类。

(一)按燃烧对象分类

根据火灾中燃烧物的特征,可把火灾划分为 A、B、C、D 四类。

(1)A 类火灾。指普通固体可燃物燃烧而引起的火灾。固体可燃物是火灾中最常见的燃烧对象主要有木材及木制品、纤维板、棉布、合成纤维、化工原料、装饰材料等,种类极其繁杂。

(2)B 类火灾。指一切可燃液体和可熔化的固体物质燃烧引起的火灾。可燃液体主要有酒精、苯、乙醚、丙酮、原油、汽油、煤油、柴油、重油、动植物油等。

(3)C 类火灾。指可燃气体燃烧引起的火灾。如天然气、煤气、氢气、丙烷等可燃气体物质引起的火灾。

(4)D 类火灾。指可燃金属引起的火灾。如锂、钠、钙、镁、锌、铝等可燃金属引起的火灾,由于它们处于薄片状、颗粒状或熔融状态时很容易着火,故称它们为可燃金属。可燃金属引起的火灾之所以从 A 类火灾中分离出来,单独作为 D 类火灾,是因为这些金属在燃烧时,燃烧热很大,为普通燃料的 5～20 倍,火焰温度较高,有的甚至达到 3 000 ℃以上,并且在高温下金属性质活泼,能与水、二氧化碳、氮、卤素及含卤化合物发生化学反应,使常用灭火剂失去作用,必须采用特殊的灭火剂灭火。

(二)按火灾损失严重程度分类

(1)特大火灾。指死亡 10 人以上(含 10 人),重伤 20 人以上,死亡、重伤 20 人以上,受灾 50 户以上,烧毁财物损失 100 万元以上的火灾。

(2)重大火灾。指死亡 3 人以上(含 3 人),重伤 10 人以上,死亡、重伤 10 人以上,受灾 30 户以上,烧毁财物损失 30 万元以上的火灾。

(3)一般火灾。指不具备以上条件的火灾。

(三)按起火直接原因分类

(1)放火:如刑事放火,精神病人、智障人放火,自焚。

(2)违反电气安装安全规定:电器设备安装不合规定,导线保险丝不合格,避雷设备、排除静电设备未安装或不符合规定要求。

(3)违反电气使用安全规定:电器设备超负荷运行、导线短路、接触不良、静电放电以及其他原因引起电器设备着火。

(4)违反安全操作规定:在进行气焊、电焊操作时,违反操作规定;在化工生产中出现超温、超压、冷却中断、操作失误而又处理不当;在储存、运输化学危险品时,发生摩擦、撞击、混存、遇水、遇酸、遇碱、遇热等。

(5)吸烟:乱扔烟头、火柴杆。

(6)生活用火不慎:炉灶、燃气用具、煤气炉发生故障或使用不当。

(7)玩火:小孩玩火,燃放烟花、爆竹。

(8)自燃:物质受热;煤堆垛过大、过久而易受潮、受热;化学危险品遇水、遇空气,相互接触、撞击、摩擦自燃。

(9)自然灾害:静电、雷击、风灾、地震及其他自然灾害。

(10)其他:不属于以上 9 类的其他原因,如战争等。

(四)从火灾的发生地点分类

从火灾的发生地点分类可分为地上建筑火灾、地下建筑火灾、水上火灾、森林火灾、草原火灾以及外空间火灾等。

第二节　火灾燃烧基础

由于任何一起火灾的发生都是由于失去控制的燃烧所致。所以,若要懂得预防火灾、控制火灾、扑灭火灾的道理,就必须了解和掌握火灾条件下的燃烧原理。

一、燃烧的概念

大量的科学实验证明,燃烧是可燃物与氧化剂作用发生的放热反应,通常伴有火焰、发光和(或)发烟的现象。燃烧是一种化学反应,物质在燃烧前后本质发生了变化,生成了与原来完全不同的物质。燃烧不仅在氧存在时能发生,在其他氧化剂中也能发生,甚至燃烧得更加激烈,例如,氢气与氯气混合见光即爆炸。燃烧反应通常具有如下三个特征。

(一)通过化学反应生成了与原来完全不同的新物质

物质在燃烧前后性质发生了根本变化,生成了与原来完全不同的新物质。由燃烧或热解作用而产生的全部物质称为燃烧产物。通常指燃烧生成的气体、热量、可见烟等。燃烧生成的气体一般指一氧化碳、氰化氢、二氧化碳、丙烯醛、氯化氢、二氧化硫、二氧化氮等。燃烧产物的数量、组成等随物质的化学组成及温度、空气的供给情况等的变化而不同。化学反应是这个反应的本质。如:木材燃烧后生成木炭、灰烬以及 CO_2 和 H_2O(水蒸气)。但并不是所有的化学反应都是燃烧,比如生石灰遇水:$CaO + H_2O \rightarrow Ca(OH)_2 +$ 热量。可见,生石灰遇水是化学反应并发热,这种热可以成为一种着火源,但它本身并不是燃烧。

(二)放热

凡是燃烧反应都有热量生成。燃烧是一种放热的化学氧化过程,在这种过程中放出的能量以热量的形式出现,并形成热气的对流、辐射,这是因为燃烧反应都是氧化还原反应。氧化还原反应在进行时总是有旧键的断裂和新键的生成,断键时要吸收能量,成键时又放出能量。在燃烧反应中,断键时吸收的能量要比成键时放出的能量少,所以燃烧反应都是放热反应。但是,并不是所有的放热都是燃烧。如在日常生活中,电炉电灯既可发光又可放热,但断电之后,电阻丝仍然是电阻丝,它们都没有化学变化,所以它并不属于燃烧。

(三)发光和(或)发烟

大部分燃烧现象都伴有光和烟的现象,但也有少数燃烧只发烟而无光产生。烟是由燃烧或热解作用所生成的悬浮在大气中可见的固体和(或)液体颗粒的总称,其粒径一般在 $0.1 \sim 10$ μm。燃烧发光的主要原因是燃烧时火焰中有白炽的碳粒等固体粒子和某些不稳定(或受激发)的中间物质的生成所致。

二、燃烧的分类

任何事物的分类都必须有一定的前提条件,不同的前提条件有不同的分类方法,不同的分类方法会有不同的分类结果。

(一)按引燃方式分类

燃烧按引燃方式的不同可分为点燃和自燃两种:

(1)点燃。指通过外部的激发能源引起的燃烧,也就是火源接近可燃物质,局部开始燃烧,然后开始传播的燃烧现象。物质由外界引燃源的作用而引发燃烧的最低温度称为引燃温度,用摄氏度(℃)表示。点燃按引燃方式的不同又可分为局部引燃和整体引燃两种。如人们用打火机点燃烟头,用电打火点燃灶具燃气等都属于局部引燃;而熬炼沥青、石蜡、松香等易熔固体时温度超过了引燃温度的燃烧就属于整体引燃。这里还需要注意的一点是,有人将由于加热、烘烤、熬炼、热处理或者由于摩擦热、辐射热、压缩热、化学反应热的作用而引发的燃烧划为受热自燃,实际上这是不对的,因为它们虽然不是靠明火的直接作用而引发的燃烧,但它仍然是靠外界的热源而引发的,而外界的热源本身就是一个引燃源,故仍应属于点燃。

(2)自燃。指在没有外界着火源作用的条件下,物质靠本身内部的一系列物理、化学变化而发生的自动燃烧现象。其特点是靠物质本身内部的变化提供能量。物质发生自燃的最低温度称为自燃点,也用"℃"表示。

(二)按燃烧时可燃物的状态分类

按燃烧时可燃物所呈现的状态可分为气相燃烧和固相燃烧两种。可燃物的燃烧状态并不是指可燃物燃烧前的状态,而是指燃烧时的状态。如乙醇在燃烧前为液体状态,在燃烧时乙醇转化为蒸气,其状态为气相。

(1)气相燃烧。指燃烧时可燃物和氧化剂均为气相的燃烧。气相燃烧是一种常见的燃烧形式。如汽油、酒精、丙烷、蜡烛等的燃烧都属于气相燃烧。实质上,凡是有火焰的燃烧均为气相燃烧。

(2)固相燃烧。指燃烧进行时可燃物为固相的燃烧。固相燃烧又称表面燃烧。如木炭、焦炭的燃烧就属于此类。只有固体可燃物才能发生此类燃烧,但并不是所有固体的燃烧都属于固相燃烧,对在燃烧时分解、熔化、蒸发的固体,都不属于固相燃烧,仍为气相燃烧。

(三)按燃烧现象分类

燃烧按现象的不同可分为着火、阴燃、闪燃、爆炸四种。

(1)着火,亦称起火,指以释放热量并伴有烟或火焰或两者兼有为特征的燃烧现象。着火是经常见到的一种燃烧现象,如烧饭用煤火炉、木材燃烧、油类燃烧、煤气的燃烧等都属于这一类型的燃烧。其特点是:一般可燃物燃烧需要着火源引燃;再就是可燃物一经点燃,在外界因素不影响的情况下,可持续燃烧下去直到燃烧完为止。任何可燃物的燃烧都需要一个最低的温度,这个温度称为引燃温度。可燃物不同,引燃温度也不同。

(2)阴燃,指物质无可见光的缓慢燃烧,通常产生烟和温度升高的迹象。阴燃是可燃固体由于供氧不足而形成的一种缓慢的氧化反应,其特点是有烟而无火焰。

(3)闪燃,指可燃液体表面上蒸发的可燃蒸气遇火源产生的一闪即灭的燃烧现象。闪燃是液体燃烧特有的一种燃烧现象,但是少数可燃固体在燃烧时也有这种现象。

(4)爆炸,指由于物质急剧氧化或分解反应,产生温度、压力增加或两者同时增加的现象。爆炸按其燃烧速度传播的快慢分为爆燃和爆轰两种:燃烧以亚音速传播的爆炸为爆燃;燃烧以冲击波为特征,以超音速传播的爆炸为爆轰。

三、燃烧的本质

燃烧是可燃物质与氧化剂进行反应的结果,但由于氧化反应的速度不同,或成为剧烈的氧化还原反应,或成为一般的氧化还原反应。剧烈氧化的结果是放热、发光,成为燃烧;而一般氧化反应速度慢,虽然也放出热量,但能随时散发掉,反应达不到剧烈的程度,因而没有火焰、发光和(或)发烟的现象,则不是燃烧。燃烧的基本特征表现为:放热、发光、发烟、伴有火焰等。

连锁反应理论认为燃烧是一种游离基的连锁反应,是目前被广泛承认并且较为成熟的一种解释气相燃烧机理的燃烧理论。连锁反应又叫链式反应,它是由一个单独分子游离基的变化而引起一连串分子变化的化学反应。游离基又称自由基,是化合物或单质分子在外界的影响下分裂而成的含有不成对价电子的原子或原子团,是一种高度活泼的化学基团,一旦生成即诱发其他分子迅速地一个接一个地自动分解,生成大量新的游离基,从而形成了更快、更大的蔓延、扩张、循环传递的连锁反应过程,直到不再产生新的游离基为止。但是如果在燃烧过程中介入抑制剂抑制游离基的产生,连锁反应就会中断,燃烧也就会停止。连锁反应一般有链引发、链传递、链终止三个阶段。自由基如果与器壁碰撞形成稳定分子,或两个自由基与第三个惰性分子相撞后失去能量而成为稳定分子,则连锁反应终止。连锁反应还按链传递的特点不同,分为单链反应和支链反应两种。

连锁反应的终止,除器壁销毁和气相销毁外,还可向反应中加入抑制剂。如现代灭火剂中的干粉和卤代烷等,都属于抑制型的化学灭火剂。

综上所述,可燃物质的多数燃烧反应不是直接进行的,而是经过一系列复杂的中间阶段,不是氧化整个分子,而是氧化连锁反应中的自由基、游离基的连锁反应,把燃烧的氧化还原反应展开,进一步揭示了有焰燃烧氧化还原反应的过程。从连锁反应的三个阶段看,其特点是:链引发要依靠外界提供能量;链传递可以在瞬间自动地连续不断地进行;链终止则只要销毁一个游离基,就等于剪断了一个链,就可以终止链的传递。

四、燃烧的要素和条件

燃烧是一种很普遍的自然现象,但燃烧也并不是在任何情况下都可以发生的,而是必须在具备了一定的要素和条件下才能发生。

(一)燃烧的要素

燃烧的要素是指制约燃烧发生和发展变化的内部因素。由燃烧的本质可知,制约燃烧发生和发展变化的内部因素有以下两个。

1. 可燃物

可燃物是指在标准状态下的空气中能够燃烧的物质。广义地讲,凡是能够燃烧的物质都是可燃物。但是有些物质在通常情况下不燃烧,而在一定的条件下才能够燃烧。例如,大家熟知的铁和铜,在通常情况下谁也不会认为它们是可燃物,但在一些特殊的条件下,它们又都能燃烧。如赤热的铜和铁在纯氯气或纯氧气中都能发生剧烈的燃烧。在这种条件下,我们完全可以说,铁和铜都是可燃物,但通常条件下,它们都不总是处于氧气或氯气中,而是处于含氧量为21%的大气中,因而它们在大气中不会发生燃烧,故一般不能称之为可燃物。所以,通常所说的可燃物,是指在标准状态下的空气中能够燃烧的物质。如酒精、汽油、甲烷、木材、棉花、氢气等都是可燃物。可燃物大部分为有机物,少部分为无机物。有机物大部分都含有 C、H、O 等元素,有的还含有少量的 S、P、N 等。可燃物在燃烧反应中都是还原剂,是不可缺少的一个重要要素,是燃烧得以发生的内因,没有可燃物的燃烧,燃烧也无从谈起。

2. 助燃物(氧化剂)

氧化剂指具有强氧化性、与可燃物质相结合能够导致燃烧的物质。它是燃烧得以发生

的必需的要素,否则燃烧不能发生。氧化剂的种类较多,按其状态可分为如下类型:

(1)气体。如氧气、氯气等,都是气体氧化剂,都是能够与可燃物发生剧烈氧化还原反应的物质。

(2)液体或固体化合物。如硝酸钾等硝酸盐类,高氯酸、氯酸钾等氯的含氧酸及其盐类,高锰酸钾、高锰酸钠等高锰酸盐类,过氧化钠、过氧化钾等过氧化物类等。

(二)燃烧的条件

燃烧是一种同时伴有放热和发光效应的剧烈的氧化反应。放热、发光、生成新物质是燃烧现象的三个特征。燃烧的条件是指制约燃烧发生和发展变化的外部因素,通过对燃烧机理的分析,能使发生燃烧的条件有以下两个:

(1)可燃物与氧化剂作用并达到一定的数量比例,且未受化学抑制。实践观察发现,在空气中的可燃物(气体或蒸气)数量不足时,燃烧是不能发生的。例如,在室温20 ℃的同样条件下,用火柴去点汽油和煤油时,汽油立刻燃烧起来,而煤油却不燃。煤油为什么不能燃烧呢? 这是因为煤油在室温下蒸气数量不多,还没有达到燃烧的浓度;其次,如果空气(氧气)不足,燃烧也不能发生,如当空气中的氧含量降低到14% ~ 16%时,多数可燃物就会停止燃烧。对于有焰燃烧,燃烧的游离基还必须未受化学抑制,使链式反应能够进行,燃烧才能持续下去。

(2)足够能量和温度的引燃源与之作用。不管何种形式的热能都必须达到一定的强度才能引起可燃物质燃烧,否则燃烧便不会发生。能够引起可燃物燃烧的热能源称为引燃源。引燃源根据其能量来源不同,可分为如下几种类型:

①明火焰。明火焰是最常见而且是比较强的着火源,它可以点燃任何可燃物质。火焰的温度根据不同物质一般在700 ~ 2 000 ℃。

②炽热体。炽热体是指受高温作用,由于蓄热而具有较高温度的物体(如炽热的铁块、烧红了的金属设备等)。炽热体与可燃物接触引起着火有快有慢,这主要取决于炽热体所带的热量和物质的易燃性、状态,其点燃过程是从一点开始扩及全面的。

③火星。火星是在铁与铁、铁与石、石与石的强力摩擦、撞击时产生的,是机械能转为热能的一种现象。这种火星的温度根据光测高温计测量,约有1 200 ℃,可引燃可燃气体或液体蒸气与空气的混合物,也能引燃棉花、布匹、干草、糠、绒毛等固体物质。

④电火花。指两电极间放电时产生的火花,两电极间被击穿或者切断高压接点时产生的白炽电弧,以及静电放电火花和雷击、放电的火花等。这些电火花都能引起可燃性气体、液体蒸气和易燃固体物质着火。由于电气设备的广泛使用,这种火源引起的火灾所占的比例越来越大。

⑤化学反应热和生物热。指由于化学变化或生物作用产生的热能。这种热能如不及时散发掉,就能引起着火甚至爆炸。

⑥光辐射热。指太阳光、凸玻璃聚光热等。这种热能只要具有足够的温度,就能点燃可燃物质。

实践观察可知,着火源温度越高,越容易引起可燃物燃烧。几种常见的着火源温度,如表3-1所示。

表 3-1　几种常见的着火源的温度

着火源名称	火源温度(℃)	着火源名称	火源温度(℃)
火柴焰	500～650	气体灯焰	1 600～2 100
烟头中心	700～800	酒精灯焰	1 180
烟头表面	250	煤油灯焰	780～1 030
机械火星	1 200	植物油灯焰	500～700
煤炉火焰	1 000	蜡烛焰	640～940
烟囱飞火	600	焊割焰	2 000～3 000
石灰与水反应	600～700	汽车排气管火星	600～800

不同的可燃物质燃烧时所需要的温度和热量是不同的。例如,从烟囱冒出来的炭火星,温度约为 600 ℃,若这火星落在易燃的柴草和刨花上即能引起燃烧,这说明这种火星所具有的温度和热量能够引燃柴草和刨花这些物质。若这些火星落在了大块的木头上,就会很快地熄灭,不能引起燃烧,这说明这种火星虽有相当高的温度,但缺乏足够的热量,因此不能引燃大块的木头。

五、可燃物的燃烧特点

(一)可燃气体的燃烧特点

可燃气体的燃烧不需像固体、液体那样经过熔化、蒸发过程,其所需热量仅用于氧化或分解,或将气体加热到燃点,因此可燃气体容易燃烧,速度也快。通常根据燃烧前可燃气体与氧的混合状况不同,可燃气体的燃烧可分为两大类:

(1)扩散燃烧。可燃气体从喷口(管口或容器泄漏口)喷出,在喷口处与空气中的氧边扩散混合、边燃烧的现象。其燃烧速度取决于可燃气体的喷出速度,一般为稳定燃烧。如容器、管路泄漏发生的燃烧、天然气井的井喷燃烧都属于此类。

(2)预混燃烧。可燃气体与氧在燃烧之前混合并形成一定浓度的可燃混合气体,被火源点燃所引起的燃烧。这类燃烧往往造成爆炸。影响可燃气体燃烧速度的因素有气体的组成、可燃气体浓度、可燃混合气体的初始温度、压力、管路直径、管道材质等。如处于标准状态下的甲烷与空气混合气体在管道内的燃烧就属于此类。

(二)可燃液体的燃烧特点

可燃液体的燃烧实际上是液体蒸气进行燃烧,因此燃烧与否、燃烧速率等与液体的蒸气压、闪点、沸点和蒸发速率等性质有关。某些液体在储存温度下,液面上蒸气压在易燃范围内遇到火源时,其火焰传播速率较快。易燃液体和可燃液体的闪点高于储存温度时,其火焰传播速率较低,因为火焰的热量必须足以加热液体表面,并在火焰扩散之前形成易燃蒸气—空气混合物。影响这一过程的有环境因素、风速、温度、燃烧热、蒸发潜热、大气压等。液态烃类燃烧时,通常有橘色火焰并散发浓密的黑色烟云;醚类燃烧时,通常具有透明的蓝色火焰,几乎不产生烟雾;某些醚类燃烧时,液体表面伴有明显的沸腾状,这类物质的火灾难以扑灭。在不同类型油类的敞口储罐中的火灾中应特别注意三种特殊现象——沸溢、溅出、冒泡,这类液体在燃烧过程中,向液层面不断传热,会使含有水分、黏度大、沸点在 100 ℃ 以上的重油、原油产生沸溢和喷溅现象,造成大面积火灾,往往会造成很大的危害,这类油品也称为沸溢性油品。

液体火灾危险性分类是根据其闪点来划分等级的。可燃液体的火灾危险性分类如表3-2所示。

表 3-2　可燃液体的火灾危险性分类

火灾危险性分类	分级	闪点(℃)	可燃液体举例
甲	一级易燃液体	<28	汽油、苯、甲醇
乙	二级易燃液体	28~60	煤油、丁醚
丙	可燃液体	>60	柴油、润滑油

(三)可燃固体的燃烧特点

固体可燃物的燃烧必须经过受热、蒸发、热分解过程,当固体上方可燃气体浓度达到燃烧极限时,才能持续不断地发生燃烧。固体可燃物由于分子结构的复杂性、物理性质的不同,其燃烧方式也不同,通常有蒸发燃烧、分解燃烧、表面燃烧和阴燃四种。

(1)蒸发燃烧。指熔点较低的可燃固体受热后熔融,然后像可燃液体一样蒸发成蒸气而燃烧,如硫、沥青的燃烧等。

(2)分解燃烧。分子结构复杂的固体可燃物在受热分解出其组成成分及与加热温度相应的热分解产物时,这些分解产物再氧化燃烧,称为分解燃烧,如木材、合成橡胶等的燃烧。

(3)表面燃烧。蒸气压非常小或者难以热分解的可燃固体不能发生蒸发燃烧或分解燃烧,当氧气包围物质的表层时,呈炽热状态并发生无焰燃烧。表面燃烧属非均相燃烧,现象为表面发红而无火焰,如木炭、焦炭等的燃烧。

(4)阴燃。没有火焰的缓慢燃烧现象称为阴燃。一些固体可燃物,如成捆堆放的棉花、大堆垛的煤、草、木材等在空气不流通、加热温度较低或含水分较高时会阴燃。随着阴燃的进行,热量聚集,温度升高,此时如有空气导入可能会转变为明火燃烧。

六、影响燃烧的因素

可燃物能否发生燃烧,除必须满足以上的必要条件外,还受如下因素的影响。

(一)温度

温度升高会使可燃物与氧化剂分子之间的碰撞概率增大,反应速度变快,燃烧范围变宽。如丙酮的爆炸浓度范围,当温度在0℃时为4.2%~8.0%、50℃时为4.0%~9.8%,当温度达100℃时为3.2%~10.0%。

(二)压力

由化学动力学可知,反应物的压力增加,反应速度则加快。这是因为压力增加会使反应物的浓度增加,单位体积中的分子就更为密集,因而单位时间内分子碰撞总数就会增大,这就导致了反应速度的加快。如是可燃物与氧化剂的燃烧反应,则可使可燃物的爆炸上限升高,燃烧范围变宽,引燃温度和闪点降低。如煤油的自燃点,在0.1 MPa下为460℃,0.5 MPa下为330℃、1 MPa下为250℃、1.5 MPa下为220℃、2.0 MPa下为210℃、2.5 MPa下为200℃。但若将压力降低,气态可燃物的爆炸浓度范围会随之变窄,当压力降至一定值时,由于分子之间间距增大,碰撞概率减少,最终使燃烧的火焰不能传播。这时爆炸上限与下限合为一点,压力再下降,可燃气体、蒸气便不会再燃烧。我们称这一压力为临界压力。如一氧化碳的爆炸浓度范围:在760 mmHg时为15.5%～68%,在600 mmHg时为16%～65%,在400 mmHg时为19.5%～57.7%,在230 mmHg时爆炸上下限合为37.4%。因此,可以认为,压力230 mmHg便是一氧化碳的爆炸临界压力;同时可以认为,压力在230 mmHg以下时,一氧化碳就不会有着火或爆炸的危险了。

(三)惰性介质

气体混合物中惰性介质的增加可使燃烧范围变小,当增加至一定值时燃烧便不会发生。其特点是,对爆炸上限的影响较之对爆炸下限的影响更为显著。这是因为气体混合物中惰性介质的增加,表示氧的浓度相对减小,而爆炸上限时的氧浓度本来就很小,故惰性介质的浓度稍微增加一点,就会使爆炸上限显著下降。如乙烷的爆炸浓度范围,在纯氧中为33.0%～66%,而在空气中(因空气中只含有21%的氧气,故与纯氧比实际上增加了79%的惰性介质)为3.0%～12.5%。

(四)容器的尺寸和材质

容器或管子的口径对燃烧的影响是:直径变小,则燃烧范围变窄,至一定程度时火焰即熄灭而不能通过,此间距叫临界直径。如二硫化碳的自燃点,在2.5 cm的直径内是202 ℃,在1.0 cm的直径内是238 ℃,在0.5 cm的直径内是271 ℃。这是因为管道尺寸越小,则单位体积火焰所对应的管壁表面面积的热损失也就越多的缘故。如各种阻火器就是根据此原理制造的。

此外,容器的材质不同对燃烧的影响也不同。如乙醚的自燃点,在铁管中是533 ℃,在石英管中是549 ℃,在玻璃烧瓶中是188 ℃,在钢杯中是193 ℃。这是因为,容器的材质不同,其器壁对可燃物的催化作用不同,导热性和透光性也不同。导热性好的容器容易散热,透光性差的容器不易接受光能,所以容器的催化作用越强、导热性越差、透光性越好,其引燃温度越低,燃烧范围也越宽。如氢气和氟气在玻璃容器中混合,甚至在液态空气的温度下于黑暗中也会发生爆炸,但若在银制容器中,在常温下才能发生反应。

(五)引燃源的温度、能量和热表面面积

引燃源的温度、能量和热表面面积的大小,与可燃物接触时间的长短等,都对燃烧条件有很大影响。一般来说,引燃源的温度、能量越高,与可燃物接触的面积越大、时间越长,那么,引燃源释放给可燃物的能量也就越多,则可燃物的燃烧范围就越宽,也就越易被引燃;反之亦然。

第三节　燃烧产物及其危害

一、燃烧产物的概念及几种重要的燃烧产物

(一)燃烧产物的概念

燃烧产物是指由燃烧或热解作用而产生的全部物质。也就是说,可燃物燃烧时,生成的气体、固体和蒸气等物质均为燃烧产物。比如,灰烬、炭粒(烟)等。燃烧产物按其燃烧的完全程度分完全燃烧产物和不完全燃烧产物两大类。

如果在燃烧过程中生成的产物不能再燃烧了,那么这种燃烧叫做完全燃烧,其产物称为完全燃烧产物。如燃烧产生的 CO_2、SO_2、P_2O_5、H_2O 等都为完全燃烧产物。完全燃烧产物在燃烧区中具有冲淡氧含量抑制燃烧的作用。如果在燃烧过程中生成的产物还能继续燃烧,那么这种燃烧叫做不完全燃烧,其产物即为不完全燃烧产物。例如,碳在空气不足的条件下燃烧时生成的产物是还可以燃烧的一氧化碳,那么这种燃烧就是一种不完全燃烧,其产物一氧化碳就是不完全燃烧产物。

不完全燃烧是由于温度太低或空气不足造成的。燃烧产物的成分是由可燃物的组成和燃烧条件决定的。无机可燃物多为单质,其燃烧产物的组成较简单,主要是它的氧化物,如 SO_2、H_2O 等;对于有机物在完全燃烧时,则主要生成 CO_2、SO_2、H_2O;氮在一般情况下不参与反应而呈游离态析出,但在特定条件下,氮气也能被氧化生成 NO 或与一些中间产物结合生成 CN 和 HCN 等。不完全燃烧除会生成上述完全燃烧产物外,同时还会生成 CO、酮类、醛类、醇类、酸类等,例如:木材在空气不足时燃烧,除生成 CO_2、H_2O 和灰粉外,还生成 CO、甲醇、丙酮、乙醛、醋酸以及其他干馏产物,这些产物都能继续燃烧。不完全燃烧产物因具有燃烧性,所以对气体、蒸气、粉尘的不完全燃烧产物当与空气混合后再遇着火源时,有发生爆炸的危险。改变燃烧条件,能使不完全燃烧产物继续燃烧生成完全燃烧产物。

(二)几种重要的燃烧产物

1. 二氧化碳(CO_2)

二氧化碳为完全燃烧产物,是一种无色不燃的气体,溶于水,有弱酸性,比空气重 1.52 倍。有窒息性,在空气中其浓度对人体健康的影响如表 3-3 所示。

表 3-3   二氧化碳对人体的影响

CO_2 的含量(%)	对人体的影响
0.55	6 h 内不会有任何症状
1~2	引起不快感
3	呼吸中枢受到刺激,呼吸次数增加,脉搏、血压升高
4	有头痛、眼花、耳鸣、心跳等症状
5	喘不过气来,在 30 min 内引起中毒
6	呼吸急促,感到困难
7~10	数分钟内会失去知觉,以致死亡

二氧化碳在常温和 60 个大气压下即成液体,当减去压力时,这种液态的二氧化碳会很快汽化,大量吸热,温度会很快降低,最多可达到 -79 ℃,一部分会凝结成雪状的固体,故俗称干冰。二氧化碳在消防安全上常用做灭火剂。由于钾、钠、钙、镁等金属物质燃烧时产生的高温能够把二氧化碳分解为 C 和 O_2。所以,不能用二氧化碳扑救金属物质的火灾。

2. 一氧化碳(CO)

一氧化碳为不完全燃烧产物,是一种无色、无味而有强烈毒性的可燃气体,难溶于水,仅为空气重量的 0.97 倍。

在火场烟雾弥漫的房间中,一氧化碳含量比较高时,对房间中人员的身体会有严重影响,必须注意防止一氧化碳中毒和一氧化碳与空气形成爆炸性混合物。火场上一氧化碳含量可参考表 3-4 的数值。

表 3-4　火场上一氧化碳的含量

火灾地点或燃烧物质	CO 的含量(%)	火灾地点或燃烧物质	CO 的含量(%)
地下室	0.04 ~ 0.65	赛璐珞	38.4
闷顶内	0.01 ~ 0.1	火药	2.47 ~ 15.0
楼层内	0.01 ~ 0.4	爆炸物质	5 ~ 70.0
浓烟	0.02 ~ 0.1		

一氧化碳的毒性较大,它能从血液的氧血红素里取代氧而与血红素结合形成一氧化碳血红素,从而使人感到严重缺氧。一氧化碳对人体的影响如表 3-5 所示。

表 3-5　一氧化碳对人体的影响

CO 的含量(%)	对人体的影响
0.01	几小时之内没感觉
0.05	1 h 内影响不大
0.1	1 h 后头疼、作呕、不舒服
0.5	经过 2 ~ 3 min 有死亡危险
1.0	吸气数次失去知觉,2 ~ 3 min 死亡

3. 二氧化硫(SO_2)

二氧化硫是硫燃烧后生成的产物。它是一种无色、有刺激臭味的气体。二氧化硫比空气重 2.26 倍,易溶于水,在 20 ℃时 1 体积的水能溶解约 40 体积的二氧化硫。二氧化硫有毒,是大气污染中危害较大的一种气体,它严重伤害植物,刺激人的呼吸道,腐蚀金属等。表 3-6 是大气中 SO_2 含量对人体的影响。

表 3-6　大气中 SO_2 含量对人体的影响

SO_2 的含量		对人体的影响
%	mg/L	
0.000 5	0.014 6	长时间作用无危险
0.001 ~ 0.002	0.029 ~ 0.058	气管感到刺激,咳嗽
0.005 ~ 0.01	0.146 ~ 0.293	1 h 内无直接的危险
0.05	1.46	短时间内有生命危险

4. 五氧化二磷(P_2O_5)

五氧化二磷是可燃物磷的燃烧产物。它在常温常压下为白色固体粉末,能溶于水,生成偏磷酸(HPO_3)或正磷酸(H_3PO_4)。H_3PO_4 的熔点为 563 ℃,升华点为 347 ℃。所以,燃烧时生成的 P_2O_5 为气态,而后凝固。纯 P_2O_5 无特殊气味,因磷燃烧时常常会有 P_2O_3(或 P_4O_6)生成(P_2O_3 具有蒜味),因而磷燃烧时会闻到蒜味。P_2O_5 有毒,会刺激呼吸器官,引起咳嗽和呕吐。

5. 氯化氢(HCl)

氯化氢是含氯可燃物的燃烧产物。它是一种刺激性气体,吸收空气中的水分后成为酸雾,具有较强的腐蚀性,在较高浓度的场合,会强烈刺激人的眼睛,引起呼吸道发炎和肺水肿。HCl 对人体的影响见表3-7。

表 3-7　HCl 对人体的影响

HCl 的含量($\times 10^{-6}$)	对人体的影响
0.5~1	感到轻微的刺激
5	对鼻子有刺激,有不快感
10	强烈地刺激鼻子,不能坚持 30 min 以上
35	短时间内刺激喉咙
50	短时间内能坚持的极限
1 000	有生命危险

6. 氮的氧化物

燃烧产物中氮的氧化物主要是一氧化氮(NO)和二氧化氮(NO_2)。硝酸和硝酸盐分解、含硝酸盐及亚硝酸盐炸药的爆炸过程、硝酸纤维素及其他含氮有机化合物在燃烧时都会产生 NO 和 NO_2。NO 为无色气体,NO_2 为棕红色气体,都具有一种难闻的气味,而且有毒。它们对人体的影响见表3-8。

表 3-8　氮的氧化物对人体的影响

氮的氧化物含量		对人体的影响
%	mg/L	
0.004	0.19	长时间作用无明显反应
0.006	0.29	短时间内气管即感到刺激
0.01	0.48	短时间内刺激气管,咳嗽,继续作用对生命有危险
0.025	1.20	短时间内可迅速致死

二、燃烧产物的主要特性

(一)危害性

燃烧产物最直接的是烟气,火灾烟气是一种混合物,包括:①可燃物热解或燃烧产生的气相产物,如未燃燃气、水蒸气、CO_2、CO 及多种有毒或有腐蚀性的气体;②由于卷吸而进入的空气;③多种微小的固体颗粒和液滴。据资料统计,在火灾造成的人员伤亡中,被烟雾熏死的人数所占比例很大,一般它是被火烧死者人数的 4~5 倍,着火层以上死的人,绝大多数是被烟熏死的人数,可以说火灾时对人的最大威胁是烟。所以,我们认识燃烧产物的危害性非常重要。

1. 致灾危险性

灼热的燃烧产物,由于对流和热辐射作用,都可能引起其他可燃物质的燃烧成为新的起火点,并造成火势扩散蔓延。有些不完全燃烧产物还能与空气结合形成爆炸性混合物,遇火源而发生爆炸,更易造成火势蔓延。据测试,烟的蔓延速度超过火的 5 倍。起火之后,失火房间内的烟不断进入走廊,在走廊内通常以 0.3 ~ 0.8 m/s 的速度向外扩散,如果遇到楼梯间敞开的门(甚至门缝),则以 2 ~ 3 m/s 的速度从楼梯间向上窜,直奔最上一层,而且楼越高,窜得越快。炽热的浓烟不但使一般喷水装置难以对付,而且在很远的距离对人体就有强大威胁。

2. 刺激性、减光性和恐怖性

(1)刺激性。烟气中有些气体对人的眼睛有极大的刺激性,使人的眼睛难以睁开,造成人们在疏散过程中行进速度大大降低。所以,火灾烟气的刺激性是毒害性的帮凶,增大了中毒或烧死的可能性。

(2)减光性。由于燃烧产物的烟气中,烟粒子对可见光是不透明的,故对可见光有完全的遮蔽作用,使人眼的能见度下降。在火灾中,当烟气弥漫时,可见光会因受到烟粒子的遮蔽作用而大大减弱;尤其是在空气不足时,烟的浓度更大,能见度会降得更低。如果是楼房起火,走廊内大量的烟会使人们不易辨别火势的方向,不易寻找起火地点,看不见疏散方向,找不到楼梯和门,造成安全疏散的障碍,给扑救和疏散工作带来极大困难。

(3)恐怖性。大量火场观察证明:在着火后大约 15 min,烟的浓度最大。在这种情况下,人们的能见距离一般只有 30 cm。此时,特别是发生轰燃时,火焰和烟气冲出门窗洞口,浓烟滚滚,烈焰熊熊,还会使人们产生恐怖感,常给疏散过程造成混乱局面,甚至使有的人失去活动能力,失去理智。因此,火灾烟气的恐怖性也应该引起重视。

3. 毒害性

燃烧产生的大量烟和气体,会使空气中氧气含量急速降低,加上 CO、HCl、HCN 等有毒气体的作用,使在场人员有窒息和中毒的危险,神经系统受到麻痹而出现无意识的失去理智的动作。其毒害性主要表现在以下三个方面:

(1)烟气中的含氧量往往低于人们生理正常所需的数值。在着火的房间内当气体中的含氧量低于 6% 时,短时间内即会造成人的窒息死亡;即使含氧量在 6% ~ 10%,人在其中虽然不会短时窒息死亡,但也会因此失去活动能力和智力下降而不能逃离火场,最终丧身火海。

(2)烟气中含有多种有毒气体,达到一定浓度时,会造成人的中毒死亡。近年来,高分子合成材料在建筑、装修及家具制造中的广泛应用,使火灾所生成的烟气的毒性更加严重。例如,新疆克拉玛依友谊馆大火、河南洛阳大火等恶性火灾所造成巨大的人员死亡,绝大多数也都是烟气中毒所致。

(3)燃烧产物中的烟气,包括水蒸气,温度较高,载有大量的热,烟气温度会高达数百甚至上千摄氏度,而人在这种高温湿热环境中是极易被烫伤的。大量实验表明,在着火的房间内,人对高温烟气的忍耐性是有限的,烟气温度越高,忍耐时间越短:65 ℃时,可短时忍受;120 ℃时,15 min 就可产生不可恢复的损伤;140 ℃时,忍耐时间约 5 min;170 ℃时,忍耐时间约 1 min;在几百摄氏度的烟气高温中人是一分钟也无法忍受的。所以,火灾烟气的高温,对人们也是一种很大危害。

(二)有利的特性

1. 可根据烟的颜色和气味来判断什么物质在燃烧

烟是由燃烧或热解作用所产生的悬浮在大气中可见的固体和(或)液体微粒。它实际上是浮游在空气中的微小颗粒群,粒度一般在 0.01 ~ 10 μm。大直径的粒子容易由烟中落下来成为烟尘或炭黑。物质的组成不同,燃烧时产生的烟的成分也不同,成分不同,烟的颜色和气味也不同。根据这一特点,我们在扑救火灾的过程中,可根据烟的颜色和气味来判断什么物质在燃烧。例如,白磷燃烧时生成浓白色的烟,并且生成带有大蒜味的三氧化二磷。如果是这类物质在燃烧,一看一嗅就可以辨别出来。几种可燃物质燃烧时生成烟的特征见表 3-9。

表 3-9 几种可燃物质燃烧时生成烟的特征

可燃物质	烟的特征		
	颜色	嗅	味
木材	灰黑色	树脂嗅	稍有酸味
石油产品	黑色	石油嗅	稍有酸味
磷	白色	大蒜味	—
镁	白色	—	金属味
硝基化合物	棕黄色	刺激嗅	酸味
硫磺	—	硫嗅	酸味
橡胶	棕黑色	硫嗅	酸味
钾	浓白色	—	碱味
棉和麻	黑褐色	烧纸嗅	稍有酸味
丝	—	烧毛皮嗅	碱味
粘胶纤维	黑褐色	烧纸嗅	稍有酸味
聚氯乙烯纤维	黑色	盐酸嗅	稍有酸味
聚乙烯	—	石蜡嗅	稍有酸味
聚丙烯	—	石油嗅	稍有酸味
聚苯乙烯	浓黑色	煤气嗅	稍有酸味
有机玻璃	—	芳香嗅	稍有酸味
酚醛塑料(以木粉为填料)	黑烟	木头、甲醛嗅	稍有酸味
脲醛塑料	—	甲醛嗅	—
玻璃纤维	黑烟	酸嗅	有酸味

2. 对燃烧有阻止作用

完全燃烧的产物在一定程度上有阻止燃烧的作用。如果将房间所有孔洞封闭,随着燃烧的进行,产物的浓度会越来越高,空气中的氧会越来越少,燃烧强度便会随之降低,当产物的浓度达到一定程度时,燃烧会自动熄灭。实验证明,如果空气中 CO_2 的含量达到 30%,一般可燃物就不能发生燃烧。所以,对已着火房间不要轻易开门窗,地下室火灾必要时采取封堵洞口的措施就是这个道理。

3. 提供早期的火灾警报的作用

由于不同的物质燃烧,其烟气有不同的颜色和气味,故在火灾初期产生的烟能够给人们提供火灾警报。人们可以根据烟雾的方位、规模、颜色和气味,大致判定着火的方位、火灾的规模、燃烧物的种类等,从而实施正确的扑救方法。

三、烟气的控制

(一)基本概念

烟气控制指所有可以单独或结合起来使用以减轻或消除火灾烟气危害的方法。建筑物发生火灾后,有效的烟气控制是保护人们生命财产安全的重要手段。

控制烟气在建筑物内蔓延主要有两条途径:一是挡烟;二是排烟。挡烟是指用某些耐火性能好的物体或材料把烟气阻挡在某些限定区域,不让它流到可对人、对物产生危害的地方。这种方法适用于建筑物与起火区没有开口、缝隙或漏洞的区域。排烟就是使烟气沿着对人和物没有危害的渠道排到建筑物外面,从而消除烟气的有害影响。排烟有自然排烟和机械排烟两种形式。排烟窗、排烟井是建筑物中常见的自然排烟形式,它们主要适用于烟气具有足够大的浮力、可能克服其他阻碍烟气流动的驱动力的区域。在现代化建筑中则广泛采用风机进行机械排烟。虽然需要增加很多设备,但这种方法可克服自然排烟的局限,能够有效地排出烟气。

很多大规模建筑的内部结构是相当复杂的,其烟气控制往往是几种方法的有机结合。防排烟形式的合理性如何不仅关系到烟气控制的效果,而且具有很大的经济意义。

(二)烟气控制的基本方式

1. 防烟分隔

在建筑物中,墙壁、隔板、楼板和其他阻挡物都可作为防烟分隔的物体,它们能使离火源较远的空间不受或少受烟气的影响。这些物体可以单独使用,也可与加压方式配合使用。

事实上,防烟分隔物本身也存在一定的烟气泄漏,泄漏量由该物体缝隙的大小、形状以及该物体两侧的压差决定。目前还没有一种通用方法可确定漏过分隔物的烟气量以及烟气对要保护区域所造成的危害程度。

2. 非火源区的烟气稀释

在有些场合,烟气稀释又称烟气净化、烟气清除或烟气置换。当烟气由一个空间泄漏到另一空间时,采取烟气稀释可将后一空间的烟气或粒子浓度控制在人可承受的程度。若烟气泄漏量与所保护空间的体积或流进流出该空间的净化空气流率相比较小时,这种方法很有效。此外,烟气稀释对火灾扑灭后清除烟气也很有用处。当门敞开时,烟气就可能流进需要保护的区域,因此理想情况是某些门只在疏散过程的短时间内打开。对于进入离火源较远的区域的烟气可通过供应外界空气来稀释。

3. 加压控制

使用风机可在防烟分隔物的两侧造成压差,从而控制烟气流过。设某隔墙上的门是关闭的,门的高压侧可以是疏散通道或避难区,低压侧存在热烟气。于是穿过门缝和隔墙裂缝的空气流能够阻止烟气渗透到高压侧来。若门被打开,空气就会流过门道。当空气流速较低时,烟气便可经门道上半部逆着空气流进入避难区或疏散通道。但如果空气流速足够大,烟气逆流便可全部被阻止住。阻止烟气逆流所需的空气量由火灾的释热速率决定。由此可见,加压控制烟气有两种情形:一是利用分隔物两侧的压差控制;二是利用平均流速足够大的空气流控制。

4. 空气流

在铁路和公路隧道、地下铁道的火灾烟气控制中，空气流用得很广泛。用这种方法阻止烟气运动需要很大的空气流率，而空气流又会给火灾提供氧气，因此它需要较复杂的控制方法。正因为这一点，空气流在建筑物内的应用不很多。在此仅指出，空气流是控制烟气的基本方法之一，除了大火已被抑制或燃料已被控制的少数情况，建议不采用这种方法。

5. 浮力

在风机驱动和自然通风系统中，都经常利用热烟气的浮力机制排烟。大空间的风机通风已广泛用在中庭和购物中心大厅中。与此相关的一个问题是水喷头喷出的液体会冷却烟气，使其浮力减少，从而降低这种系统的排烟效率。但现在还不清楚它对风机通风的影响程度，对此需进行进一步的研究。

四、烟气控制的典型情况

（一）有顶人行街的烟气控制

在大型商业区（或购物中心）盛行修建有顶棚的人行街，它允许人们在大空间建筑内自由走动，并方便地进入沿程的各个店铺。一般都应设法使人行街不受烟气影响。如人行街本身设计合理，且其中放置的物品控制得当，该区内是没有起火危险的。但是如果火灾是从某个店铺中发生的，烟气就会很快流入人行街，乃至妨碍人员疏散。

目前认为，控制这种建筑火灾的烟气流动主要有以下两种方法：①从店铺直接向外排烟；②沿人行街顶棚设置挡烟帘以形成与自动排烟设备配合使用的蓄烟池。

如果是大店铺，宜用第一种方法。因为失火店铺产生的烟气进入人行街后已显著冷却了，失去了自然排烟所需的浮力。但是由此排出的烟气量必须足够大方能防止烟气进入人行街。试图在店铺与人行街间加设防火门的做法并不适用，因为人行街内必须保持没有障碍物。如果店铺内安装了水喷淋装置，下喷的水雾射流可导致烟气冷却，还可卷吸部分烟气，并将其带到地板附近。不过，这一问题并不严重。因为如果烟气层厚于 1 m，且热得足以启动水喷淋器，则烟气将具有足够大的浮力流出排烟口，这种浮力至少可以维持到喷淋器明显减弱其下方的火源强度的时候。水喷淋器的水压较低时，水对烟气的冷却可以减弱。

普通店铺里产生的烟气大都会进入有顶人行街，因此人行街应当具备自己的烟气控制系统。如果烟气沿顶棚下长距离流动，它将逐渐冷却并向地面沉降。尤其是接近人行街出口时，烟气还能够与流进来的新鲜空气混合。因此，人行街内的烟气弥漫将非常快。当街内的上部热烟层较薄时，自然排烟系统不能有效地工作，因此有顶人行街内必须具有蓄烟池。当有顶人行街与较高建筑相连时，则必须注意其顶棚上方的压力分布，若外部压力高于人行街内的压力，自然排烟就无法进行，应当使用风机加强排烟。

烟气控制的一条重要原则是设法保持烟气体积最小，设置较深的蓄烟池有利于达到这一目的。池内可维持较高的温度，将较少的烟气限制在那里，并在浮力的作用下排出建筑物。如果商场人行街与某高层建筑相通，烟气量增大的问题就更严重了。因为底层商店的火灾烟气进入高层建筑后，上升的烟气羽流要流很长距离。在这种竖直运动中会附带卷吸大量空气，从而使实际烟气的体积大大增加。减小上述影响的主要方法是设法在人行街与高层建筑结合部进行防烟分隔，将烟气挡在高层建筑之外，同时也需限制高层建筑内垂直羽流的宽度，而且其蓄烟池和排烟口必须比下层商场的有顶人行街的要大得多。

(二)楼内安全区的烟气控制

建筑物内的防护疏散通道和避难区是对防火防烟作了特殊处理的区域,人员进入其中应当是安全的。在高层建筑中设置安全区十分重要,按照规定烟气不能进入这些安全区域。在失火区与安全区之间应当安装挡烟门,但它能否有效挡烟还应当处理好以下矛盾:即一方面建筑物着火时应当将该门及时关闭以挡住烟气;另一方面在火灾中人们要通过挡烟门进入安全区,因而又要求该门必须打开相当长时间,而火灾燃烧造成的压差会促使烟气向疏散通道流动。解决此问题的一种方法是对安全区加压,当其中的压力高于建筑物起火部分的压力时就会有纯空气流出,从而阻止烟气进入。

在高层建筑中,楼梯和电梯的前室是重要的安全区,人员疏散必须要经过这里,对前室加压是防烟设计的重要方面。现在主要有以下几种方式:

(1)对楼梯间加压。用风机将空气送入楼梯井,空气再通过楼梯间与各层前室的门进入前室,进而在前室与走廊的门处将烟挡住,这种设计将整个楼梯井当做通风竖井,显然需要的送风量较大。由于空气应先通过楼梯间的门才能进入前室,因此该门的通敞程度及前室的大小都对前室的压力有重要影响。这种设计对各个楼层影响都相同,在非着火层中容易造成较大的漏风损失。

(2)对前室加压。利用专用的送风竖井将空气送入各层的楼梯前室,设在各前室进风口的开启与关闭设施可用某种信号控制。这样能够仅对着火层及其相关层的前室送风,从而大大降低风机功率。由于前室的空气要向楼梯和走廊两个方向流动,其压力应当高些,且其中的压力变化较大。

(3)对楼梯间和前室同时加压。就是说采取两套独立的送风系统。这种设计能够较好地控制压力的波动,当某个门打开时,楼梯间和前室的压力不会突然降低,且可把开门对增压的不利影响主要限制在着火层。虽然这种形式复杂,造价也要高一些,但防烟效果较好。可以通过合理的设备选型和风量分配来降低造价。

(三)失火区域的烟气控制

不少大型建筑是围绕着某种工序或营业需要而设计的,不宜进行防火分隔,例如大型商场、安装生产线的大型车间等。在这种建筑物内常采用水喷淋装置,以限制火灾的规模,然而,烟气仍然会在整个建筑物内蔓延开来。为扑灭这种建筑火灾,消防队首先要进行屋顶排烟,借此改善其地面附近的能见度。现在建筑物中常装有与火灾探测器联动的自动排烟装置。如果发生火灾,这种系统可自动打开面积适当的排烟口,使建筑物内不出现烟气积累,于是消防队员接近起火点将会容易得多。此外,热气层的存在可以促使火灾燃烧向轰燃发展,及时排出烟气能够减缓火势的发展。

第四节　火焰、热的传播与消防工程的关系

一、火焰的概念、结构及其分类

(一)火焰的概念

火焰是指发光的气相燃烧区域。火焰的存在是燃烧过程进行中最明显的标志。凡是气体燃烧,一定会有火焰存在,这是因为气体燃烧时必须有燃烧气体与空气中的氧气相互混合

接触的区域;液体燃烧实质是液体蒸发出的蒸气在燃烧,故也属于气相燃烧,所以也有火焰存在;固体燃烧如果有挥发性的热解产物产生,这些热解产物燃烧时同样也是在气相中进行的,所以也存在火焰。

由于木炭、焦炭等无热解产物的固体燃烧时没有气相存在,所以没有火焰,只有发光现象的灼热燃烧,故称无焰燃烧。

(二)火焰的分类

(1)火焰按状态的不同,可分为静止火焰和运动火焰两类。

①静止火焰。即火焰不动,而可燃物和氧化剂不断流向火焰处(燃烧区)的火焰。静止火焰还可进一步分成两种类型:第一种是可燃物一面与空气接触一面完成燃烧反应。当火焰的尺寸不大时,燃烧过程主要取决于空气和可燃物的相互扩散速度,因此称这种火焰为扩散火焰(即扩散燃烧形成的火焰);第二种是可燃物和空气或氧气事先已部分混合,但尚未完全混合,且必须小于爆炸下限的火焰。普通煤气灯的火焰,就是这种火焰。煤气灯是事先混合的浓度小于爆炸下限的气体从管口流出,其流速大于该混合物的正常燃烧速度,这时在灯口上即获得这种稳定火焰。

②运动火焰。即火焰移动,可燃物和氧化剂移动的火焰。例如,将可燃气体和空气混合物导入一玻璃管内,从一端点燃混合物,便产生火焰,并且火焰向另一端传播(运动火焰也叫预混火焰)。

(2)根据流体力学原理,按通过火焰区的气流性质,火焰可分为层流火焰和湍流火焰。处于层流火焰与湍流火焰之间的火焰,称为过渡焰,如图3-1所示。

a. 层流火焰。由流体力学可知,层流指流体的质点作一层滑过一层的运动,层与层之间没有明显的干扰。在层流火焰中,反应物、产物的各成分的混合和移动,全是由各向同性的分子运动来完成的。

b. 湍流火焰。湍流指流体在流动时,流体的质点有剧烈的涡动。湍流火焰比层流火焰短,火焰加厚,发光区模糊,有明显的噪声等。在湍

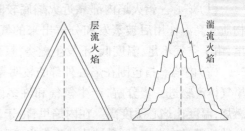

图3-1　层流火焰与湍流火焰的外形

流火焰中,所有过程是由各向异性的涡流所造成,在湍流燃烧情况下,燃烧强化,反应率增大。这种情况可以是以下任何一种因素或三种因素共同起作用引起的:①湍流使得火焰面变弯曲,因而增大了反应面积;②湍流加剧了热和自由基的运输速率,因而增大了燃烧速率;③湍流可以使已燃烧热气与未燃烧新鲜可燃气迅速混合,缩短了混合时间,提高了燃烧速率。

(三)火焰的光

火焰的一个重要特征就是发光。但组成不同的物质燃烧所形成的火焰,其光的明亮程度和颜色则不同。所以,又把火焰分为显光火焰和不显光火焰两种。所谓显光火焰是指那些光亮的火焰,在通常情况下很容易被人看清。所谓不显光火焰是指那些不明亮的,通常不易被人看清,尤其是强光下人眼不易看到的火焰。如甲醇燃烧时的火焰就属此类。

有机可燃物在空气中燃烧时,其火焰的亮度(或颜色)主要取决于物质中氧和碳的含量。因为碳粒是导致火焰发光的首要因素,如果物质中含氧量愈多,燃烧愈完全,在火焰中生成的碳粒就愈少,因而火焰的光亮度就愈弱或不显光(呈浅蓝色)。如果物质中含氧量不

多,而含碳量多,由于燃烧不完全,在火焰中能产生较多的碳粒,便使火焰亮度增加。当含碳量增加到一定程度时,火焰中的碳粒特别多,以致使大量的碳粒聚结成碳黑,通常称这种火焰为熏烟火焰。例如,乙炔、苯等在空气中燃烧时,其火焰即为熏烟火焰。

如果将可燃物的组成同它的火焰特征比较,就可以发现这样的规律:含氧量达50%以上的可燃物,燃烧时生成不显光的火焰;含氧量在50%以下的可燃物,燃烧时生成显光的火焰;含碳量在60%以上的可燃物燃烧时则生成显光而又带有大量熏烟的火焰。

火焰显不显光不仅与物质的组成有关,而且还与燃烧条件有关。如果把纯氧引入火焰内部,则原来显光的火焰就会变成不显光的火焰,而有熏烟的火焰,就会变成无熏烟的火焰。例如,乙炔在空气中燃烧时产生熏烟,而在纯氧中则无熏烟(如气焊、切割的火炬焰)。对于气体的扩散火焰,如改变可燃物的流量,也会使火焰特征发生变化。如气体喷嘴的直径在一定范围内,火焰中不产生碳黑,即无熏烟。但是,随着喷嘴直径的增加,可燃物流量的增大,发光区的扩大,空气里的氧气就难以满足燃烧的消耗,当达到一定程度时便会产生碳黑。

物质燃烧的火焰颜色是以燃烧物在火焰中的产物来确定的。例如,在不显光的甲醇火焰中引进铝盐,则火焰变为红色,而引进钠盐时,则变为黄色。这是因为引进火焰中的盐离解并且生成固体分子或金属原子,就发射出它本身的特征光线。焰火剂、信号弹、照明弹就是根据这一原理制成的。

(四)火焰的结构

火焰的结构从里到外可分为三层。每一层中,由于气体的成分、燃烧进行的过程和燃烧温度的不同有着不同的特点。蜡烛火焰的结构如图3-2所示。

(1)焰心。指火焰内部靠近火焰底较暗的圆锥体部分,由可燃物质受高温作用后被蒸发和分解出来的气体产物所构成。在焰心里,由于空气不足,温度低,不发生燃烧,只为燃烧做准备。

(2)内焰。指包围在焰心外部的较明亮的圆锥体部分。在内焰里气体产物进一步分解,产生氢气和许多微小碳粒,并局部地进行燃烧,温度比焰心温度高。在内焰里,由于氧气供应不很充分,大部分碳粒都没有燃烧,只是被灼热而发光,所以内焰的光亮度最强。

图3-2　蜡烛火焰的结构
1—焰心;2—内焰;3—外焰

(3)外焰。指包围在内焰外面几乎没有光亮的部分。此部分由于外界氧气供给充足,形成完全燃烧。在外焰里燃烧的往往是一氧化碳和氢气,而这些物质的火焰在白天不易看见,同时在这里灼热的碳粒很少,因此几乎没有光亮,但温度比内焰高。

可燃物在燃烧时,根据其状态的不同和氧化剂供给方式的不同,火焰的构造也不完全相同。可燃固体和液体燃烧时发出的火焰,都有焰心、内焰和外焰三个区域。但可燃气体燃烧时发出的火焰,只有内焰和外焰两个区域,而没有焰心区域,这是由于气体燃烧一般无相变过程的缘故。在火焰体中,不同部位有不同的温度。焰心的温度最低,外焰的温度最高。在火场上,固体表面的形状和堆放的方法不同,火焰的形状也不同;风力等外界环境因素的影响,也使固体、液体的火焰形状有所不同。有人对蜡烛火焰的温度做过精细的测量,其结果如图3-3所示。液体扩散火焰的温度分布如图3-4所示。

(五)火焰与消防工作的关系

一般说来,气相燃烧的物质着火都有火焰产生。火焰温度与火焰颜色、亮度等有关。火

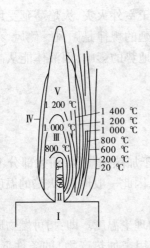

图 3-3　蜡烛火焰的温度分布
Ⅰ—蜡烛;Ⅱ—灯芯;Ⅲ—暗区;
Ⅳ—H₂ 和 CO 区;Ⅴ—发光区

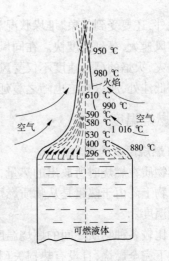

图 3-4　液体扩散火焰的温度分布

焰温度越高,火焰越明亮,辐射强度越高,对周围人员和可燃物的威胁就越大。因此,在火场上可以根据火焰特征采取相应救援措施。

(1)由于大多数可燃物燃烧都有火焰产生,所以可以根据火焰认定起火部位和范围。

(2)根据火焰颜色,可大致判定出是什么物质在燃烧,以便灭火时心中有数。

(3)根据火焰大小与流动方向,可估计其燃烧速度和火势蔓延方向,以便及时确定灭火救灾的最佳方案(含主攻方向、灭火力量与灭火剂等),迅速扑灭火灾,减少损失。

(4)掌握不显光火焰的特点,防止火焰扩大火势和灼伤人员。由于有些物质,如甲酸、甲醇、二硫化碳、甘油、硫、磷等燃烧的火焰颜色呈蓝(黄)色,白天不易看见,所以在扑救这类物质的火灾时,一定要注意流散的液体是否着火,以防止火势扩大和发生烧伤事故。

(5)可根据火焰颜色大致判断火场的温度和辐射强度,见表 3-10。

表 3-10　火焰颜色、燃烧温度和辐射强度比较

火焰颜色	燃烧温度(℃)	辐射强度(kcal/(m²·h))
暗	<400	>10 100
稍有红色	500	17 700
深红色	700	44 400
樱红色	900	93 700
鲜明樱红色	1 000	130 000
橙黄色	1 100	176 000
鲜明橙黄色	1 200	232 500
白色	1 300	302 000
耀眼白光	>1 500	490 000

(6)火焰对火灾蔓延的影响。在火灾情况下,火焰发展、蔓延的趋势除与可燃物本身的

性质有关外,还要受到气象、堆垛状况和地势的影响。对于室外火灾,火焰蔓延受风速的影响很大。风速大,蔓延速度快。在同风速情况下,火焰蔓延的规律是顺风 > 侧风 > 逆风;对于液体火灾,火焰的蔓延速度不仅受风的影响,而且还受地势的影响,因液体能从高地势的位置流向低洼处,所以火焰也随之蔓延。

二、燃烧温度

(一)燃烧温度的概念

可燃物质在燃烧时所放出的热量,一般仅有10%用于加热燃烧物,而大部分消耗在加热燃烧产物上。由于热量是从物质燃烧的火焰中放出的,因此一般地说,火焰的温度就是物质的燃烧温度。

为了比较各种物质之间的燃烧温度,一般使用燃烧的理论温度。即:指可燃物质在空气中于恒压下完全燃烧,且没有热损失(燃烧产生的热全部用来加热产物)的条件下,产物所能达到的最高温度。物质的燃烧温度都不是固定的,根据燃烧的条件而有所变化,主要影响因素是热损失的条件、空气与可燃物质的比例以及完全燃烧的程度等。

燃烧的理论温度不取决于烧掉物质的数量,因为不管烧掉物质的数量多少,燃烧产物单位体积上得到的热量是一样的。

物质燃烧时的实际温度(包括火场条件下燃烧温度)往往低于理论燃烧温度。因为一般地说,物质燃烧都进行得并不完全,而且燃烧时放出的热量也有一部分损失到周围环境中。实际燃烧温度受可燃物与氧化剂的配比、燃烧速度及散热条件等因素的影响。如果可燃物与氧化剂的配比接近化学剂量比,则燃烧接近完全,燃烧速度快;散热条件差,则燃烧温度就接近理论燃烧温度。反之,就与理论燃烧温度差距较大。

根据实验测定,木屋火灾时的最高温度一般为 1 100 ~ 1 200 ℃,有时最高温度可达 1 340 ℃。800 ℃以上的高温持续时间较短,不长于 20 min(因火焰窜出窗口外墙后很快将屋木骨架烧光,以致倒塌,温度也随之而下降);1 000 ℃以上的温度通常只有 1 ~ 4 min;地板上的残火燃烧时间一般为 45 min 到 2 h。

耐火建筑物的室内温度,火灾初期在 100 ℃以下,一般在 50 ℃左右。一进入火灾发展期,温度会急剧上升到 800 ~ 1 000 ℃。火灾最猛烈时,可燃物的发热量近半数被周围墙壁吸收,一部分热使室内温度上升,而另一部分热则从开口处向外辐射或随气流一起散发掉。室内温度与燃烧速度成正比,而与整个室内的表面积成反比。最猛烈期的持续时间取决于可燃物的数量和燃烧速度的大小。

(二)影响燃烧温度的主要因素

物质燃烧温度视燃烧条件而变化,其大致情况是:

(1)参与反应的氧化剂的配比不同,燃烧温度也不同。例如,H_2 在空气中燃烧时火焰温度为 2 130 ℃,而在纯氧中燃烧时火焰温度达 3 150 ℃。

(2)可燃物质的组成和性质不同,燃烧温度也不同。例如,酒精火焰 1 180 ℃,二硫化碳 2 915 ℃,煤油 700 ~ 1 030 ℃,汽油 1 200 ℃,天然气 2 020 ℃,木材 1 000 ~ 1 177 ℃。

根据测试,几种可燃物质火场燃烧温度的大致规律是:聚苯乙烯树脂 > 橡胶轮胎 > 木材 > 纸 > 棉花。

(3)燃烧持续时间不同,燃烧温度也有不同。随着火灾延续时间的增长,燃烧温度也随之增高。

建筑物发生火灾后,其温度通常是随着火灾延续时间的增长而增高的。据测定,起火后10 min,火焰温度一般为700 ℃左右;20 min 内为800 ℃左右;30 min 内为840 ℃左右;1 h内为925 ℃左右;1.5 h 内为975 ℃左右;3 h 内为1 050 ℃左右;4 h 内为1 090 ℃左右。

火灾延续时间愈长,被辐射的物体接受的热辐射愈多,故邻近建筑物被烤燃蔓延的可能性也愈大。但是,当房屋倒塌或可燃物全部烧完时,温度就不再上升。因此,火灾发生后,及早发现,及时报警,将火灾扑灭在初期阶段是十分重要的。

(三)影响火灾发展时间和燃烧持续时间的因素

火场上,火灾的发展时间和燃烧的持续时间与窗洞面积和房间面积的比值大小有关,若减小窗洞与房间面积的比值,将会增加火灾的发展时间和持续时间。在房间体积相同的条件下,窗洞面积越大时,由于空气流入量较多,所以火灾发展的速度越快,而持续时间则越短。

(四)燃烧温度与消防工作的关系

(1)根据某些物质的熔化状况或特征,可大致判定燃烧温度。如玻璃在700～800 ℃时软化,900～950 ℃时熔化。普通玻璃在热气流温度约500 ℃时就会被烤碎,但在火灾时,由于变形,大多在250 ℃左右便自行破碎了。钢材在300～400 ℃时强度急骤下降,600 ℃时失去承载能力,因而没有保护层的钢结构是不耐火的。钢材有蓝灰色或黑色薄膜,有微小裂缝,有时呈龟裂现象,这是钢材经高温作用过热的主要特征;钢材只有火烧过的颜色痕迹,表面有时有深红色的渣滓存在,说明钢材虽然被火烧过但没有过热。

(2)根据燃烧温度,可大体确定物质火灾危险性的大小和火势扩展蔓延的速度。一般地说,物质的热值越高,燃烧温度越高,火灾危险性也就越大。这是因为,在火场上,物质燃烧时所放出的热量,是火势扩展蔓延和造成破坏的基本条件。物质燃烧时放出的热量越大,火焰温度越高,它的辐射热就越强,气体对流的速度就越快。这不仅会使已经着火的物质迅速燃尽,还会引起周围的建筑物和物质受热着火,促使火势迅速蔓延扩展;不燃材料受高温作用后,也会逐渐降低或失去固有的机械强度而发生变形和毁坏,反过来又会加速火势蔓延。所以,在火场上,阻止热传播是阻止火势蔓延扩大和扑灭火灾的重要措施之一。

三、热的传播

火灾发生、发展的整个过程始终伴随着热的传播过程。热传播是影响火灾发展的决定因素,它通常除火焰直接接触传播外,还以热传导、热对流和热辐射三种方式向外传播。

(一)热传导

热从物体的一部分传到另一部分的现象叫热传导。如各种热交换器中热量从管子的内壁传到外壁等这种形式的传热方式就叫热传导;又如在火炉上加热一根铁棒,尽管另外一端不在炉中加热,也感觉到烫手,这说明有热量的传递,这些都属于热传导。热传导的实质是物质分子间能量的传递。在这种传热形式中,物质本身不发生移动而能量发生转移。

固体、液体和气体物质都有这种导热性能,但以固体为最强。当然固体物质是多种多样的,其热传导能力也各不相同,如在火灾条件下,在木质结构的表面,虽已达到高温,甚至发生燃烧,但其内部温度几乎不发生变化。如果是钢梁就会迅速被加热,并能把热量很快地传导出去,使钢梁失去支撑力。这是因为金属比木材的导热能力强的缘故。一些固体的导热系数见表 3-11。

表 3-11 一些固体的导热系数

材料名称	导热系数 λ(W/(m·K))	材料名称	导热系数 λ(W/(m·K))
铜(紫铜)	407.0	普通玻璃	0.76
铝	203.0	胶合板	0.17
黄铜	85.5	刨花板	0.34
铸铁	49.9	石棉板	0.16
钢	45.4	纤维板	0.34
铅	35.0	草板纸	0.13
大理石	2.91	油毡纸	0.17
混凝土	1.51	橡胶制品	0.16
砖	0.81	石膏板和块	0.33
水泥	0.30	木材	0.14 ~ 0.35

从消防安全观点来看,导热性良好的物质对灭火战斗是不利的。因为热可通过导热物体传导到另一处,有可能引燃与其接触的物质。所以,在侦察火情和灭火战斗中,不能认为火源周围是不燃结构就没有问题了,应该查看建筑构件和火源周围有没有导热良好的物体。

为了制止由于热传导而引起火势蔓延,在火场上应不断地冷却被加热的金属构件;迅速疏散、清除或用隔热材料隔离与被加热的金属构件相靠近的可燃物质,以防止火势扩大。在火灾原因调查中,寻找起火源时也应注意寻查有无导体受热,或受热导体的另一端有无被引燃的迹象。

(二)热对流

依靠热微粒传播热能的现象叫热对流。热对流按介质状态的不同有气体对流和液体对流两种。通过气体流动来传播热能的现象叫气体对流,如房间里的热空气从上部流出,冷空气从下部进入就是气体对流;通过液体流动来传播热能的现象叫液体对流,如水暖散热器的传热原理即属于这种对流。

1.气体对流对火势发展变化的影响

流动的热气流能够加热可燃物质,甚至达到被引燃的程度,使火势扩大蔓延;被加热的气体在上升和扩散的同时,周围冷空气流入燃烧区,会助长燃烧更加猛烈的发展;由于气体对流方向的改变,燃烧蔓延方向也会发生改变。气体对流对室内火势变化的影响与露天情况有所不同。室内发生火灾后,气体对流的基本规律是被加热的空气和燃烧产物首先向上扩散,当遇到顶棚阻挡以后,便向四周平行移动,如碰到障碍便折返回来,聚集于空间上部。门窗孔洞是气体流动的主要方向。热气流通常是向空间较大的部位流动。

扑救火灾时,为消除和降低气体对流对火势发展的影响,应考虑气体对流的方向和流动速度,合理地部署力量;设法堵塞能够引起气体对流的孔洞;把烟雾导向没有可燃物质和危险性较小的方位;用喷雾水冷却和降低烟气流的温度等。

2.液体对流对火势发展变化的影响

液体对流对火势发展变化的影响,主要是装在容器中的液体局部受热,以对流的方式使整个液体温度升高、蒸发速度加快、压力增大,以致使容器爆裂或逸出蒸气着火或爆炸。如石油发生火灾时由于对流的作用,在一定的条件下,能使石油发生沸溢和喷溅,造成火势扩大和蔓延等。

(三)热辐射

以辐射线传播热能的现象叫热辐射。这是因为物体中电子振动或激动对外放射出辐射能的缘故。电磁波是辐射能传送的具体形式。电磁波可区分为 X 光波、紫外线波、可见光波、红外线波和无线电波等。与消防安全最有关系的是那些被物体接受时,辐射能能够重新转变为热能的射线。具备这种性质的射线最显著的是波长在 0.8～4 μm 范围内的红外线,我们把这些射线称为热射线,把它们的传播过程称为热辐射。对于热辐射来说,温度是物体内部电子激动的基本原因,所以热辐射的辐射热量主要取决于温度。火场上物质燃烧的火焰,主要是以辐射的方式向周围传播热能的。一般来说,火势发展最猛烈的时候,也就是火焰辐射能力最强的时候。一个物体接受辐射热的多少、能否被辐射起火,与其热源的温度、距离、角度和接受物体本身的易燃程度有关。

大量实验表明,一个物体在单位时间内辐射的热量和它表面的绝对温度的四次方成正比,即

$$E_0 = a_0 T^4 \quad (\text{W/m}^2)$$

式中:a_0 为黑体辐射常数,$a_0 = 5.68$ W/($\text{m}^2 \cdot \text{K}^4$)。

任何物体不仅向外辐射热量,还能从周围环境里吸收其他物体辐射的热量。如周围环境的温度记为 T_1,则一个物体在单位时间内净辐射的热量 E_0 就是辐射出去的热量和吸收进来的热量之差,即

$$E_0 = a_0(T^4 - T_1^4)$$

因为火场上火源的辐射强度是随火源温度的升高而加强的,所以在发生火灾时,早报警、快出动或及早开动固定灭火系统,争取时间把火灾消灭在初起阶段是极其重要的;又因物体接受辐射热的大小与其距热源的距离有关,即与热源距离的二次方成反比,故辐射热是决定防火间距的重要因素。

在热源的辐射热作用下,物体表面温度不超过其自燃点的距离是不致引起火灾蔓延的安全距离,所以正确确定防火间距是防止火势蔓延和减少火灾损失的重要措施。

辐射热与热源距离的关系如表 3-12 所示。

表 3-12　辐射热与热源距离的关系

热源距离	辐射热	热源距离	辐射热
S	Q	$3S$	$Q/9$
$2S$	$Q/4$		

物体接受辐射热的大小,受辐射角度的影响较大,见图 3-5。

图中 $Q_n = Q \times \cos\varphi$,由图 3-5 可以看出,在火场上,等距离的周围各地段受到的辐射强度是不同的,垂直于燃烧面的辐射强度最大,随着 φ 角的增大,热辐射强度逐渐减小,直到零为止。

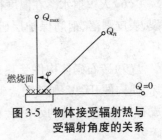

图 3-5　物体接受辐射热与
受辐射角度的关系

在消防工程中,充分利用热辐射与转角的关系,在火场上选择有利的战斗地形,水枪手还可以冲过辐射热较小的区域进行灭火等。在防火间距不足时,利用固定屏障或灭火中运用移动式屏障可起到反辐射热或吸收热量的作用,从而保护建筑物或设备不会因辐射热而着火。例如,在建筑物之间设置固定水幕、砌筑防火墙、种植阔叶树等,如果发生火灾,它们可起到保护另一方的作用;另外,在一些采暖炉、工业炉、功率较大的照明灯具、电热器具以及其他有较高温度表面的设备周围加设挡板、隔热垫,以防靠近热源的设备、物质由于辐射热的作用而引起火灾。

第五节　建筑火灾的发展和蔓延

火灾是一种违反人类意志,在时间和空间上失去控制的燃烧现象。弄清燃烧的条件,对于预防火灾、控制火灾和扑救火灾有着十分重要的指导意义。

一、建筑火灾的危害及预防措施

火灾是各种灾害中发生最频繁且极具毁灭件的灾害之一,共直接损失约为地震的 5 倍,仅次于干旱和洪涝。建筑火灾是指因建筑物起火而造成的灾害。在世界各国的火灾事故中,建筑火灾的起数和损失均居于首位。这是因为人类的生产、生活及政治、经济、文化活动基本上都是在建筑物内进行的,建筑物中都存在着一定数量的可燃物质和各种着火源。因此,建筑火灾的预防工作必须引起人们的高度重视。

(一)建筑结构倒塌破坏的原因

在建筑火灾中,建筑结构的倒塌破坏是由燃烧、高温和灭火射水冲击等作用造成的,其主要原因有以下几种:

(1)钢筋混凝土构件在火灾高温长时间作用下,内部钢筋温度升高到一定值时(通常 600 ℃左右),会失去抗拉能力,使整个构件失去承载能力而遭到破坏。

(2)木结构遇火后,表面被烧蚀,使构件承载力降低,截面面积减少,在不能承受荷载时倒塌破坏。

(3)钢结构的耐火性能较差,受热后会很快出现塑性变形,火烧 15 min 左右局部就会失去承载力,随着局部的破坏造成整体失去稳定而破坏。

(4)建筑物内部爆炸的冲击和震动摧毁建筑物。

(5)上部结构倒塌,落在下面楼板上或楼板上的物资大量吸收灭火后的污水,从而增加楼板的荷载,使楼板因超载而塌落。

(6)灭火射水落在温度很高的钢筋混凝土结构表面,因突然冷却造成结构表面收缩开裂、表皮剥落、钢筋保护层破坏,使火焰直接烧到主拉钢筋部位,从而导致整个结构的破坏等。

(7)砖石砌体构件受热升温时,由于不同成分的热膨胀系数不同,其结合力会遭到破坏,使构件开裂。如硅酸盐砌块会因内部的热分解而松散等;石灰岩大火长时间灼烧后会变成石灰,遇灭火时的水后会粉化;花岗石会因内部石英、长石、云母的热变形不同而产生碎裂。

(二)建筑结构倒塌破坏的一般规律

房屋建筑倒塌不仅会造成巨大的物质损失,而且还会造成人身伤亡,加强火场上的通风,加快室内的燃烧速度,破坏防火分隔,使火势得以扩大蔓延,同时给灭火行动带来不便和危险。其倒塌破坏的一般规律是:

(1)钢结构屋顶,局部被火烧垮后,余下的部分往往也要随着塌落的部分,由墙头被拉到地面上来。

(2)土坯墙是不怕火烧的,但遇到消防水枪射水的强力冲击或墙根吸收了灭火的污水发生浸湿、塑性变形,也会造成坍塌。

(3)木结构屋顶,局部破坏的多,整体倒塌的少。

(4)吊顶、木楼板、空心板条墙和易燃建筑等,都易于倒塌破坏。

(三)防止建筑结构倒塌破坏的基本措施

根据建筑结构倒塌与破坏的原因,在防火上应采取如下措施:

(1)尽量少用钢结构,如必须使用钢结构时,应加大其保护层厚度。

(2)加大木结构的安全系数。

(3)同一构件内的材料热膨胀系数尽量相近。

(4)加大底层承重构件的承载能力。

(5)加强消防站的建设,使消防指战员能在火灾初起阶段到达现场,以便及早控制火势。

火灾发生、发展的整个过程是非常复杂的,影响因素也很多,但通过对燃烧理论的研究发现,热量传播伴随火灾发生、发展的整个过程,是影响火灾发展的决定性因素,且热量传播的传导、对流和辐射这三种途径在火灾发展的各个阶段起的作用也各不相同。为了更好地预防建筑火灾,减少损失,需要了解一下室内火灾的发展过程及蔓延途径。

二、室内火灾的发展过程

建筑火灾一般是最初发生在建筑内的某个房间或局部区域,然后由此蔓延到相邻房间或区域,以致整个楼层,最后蔓延到整个建筑物。

室内火灾的发展过程可以用室内的烟气、火焰平均温度随时间的变化曲线即火灾升温曲线来描述。根据室内火灾温度随时间的变化特点,可将火灾发展过程分为初起阶段(OA 段)、全面发展阶段(AC段)和熄灭阶段(C 点以后)等三个阶段(见图3-6)。

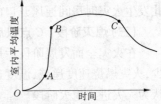

图3-6 室内火灾温度－时间曲线

(一)初起阶段(OA 段)

室内发生火灾后,最初只是起火部位及其周围可燃物着火燃烧,这时火灾好像在敞开的空间里进行一样。在火灾局部燃烧形成之后,可能会出现下列三种情况:

(1)最初着火的可燃物燃烧完,而未蔓延至其他的可燃物,尤其是初始着火的可燃物处于隔离的情况下。

(2)如果通风不足,则火灾能自行熄灭,或受到通风供氧条件的支配,以很慢的燃烧速度继续燃烧。

(3)如果存在足够的可燃物,而且具有良好的通风条件,则火灾迅速发展到整个房间,使房间中的所有可燃物(家具、衣物、可燃装修等)卷入燃烧之中,从而使室内火灾进入到全面发展的猛烈燃烧阶段。

火灾的初起阶段只限于起火部位及其周围可燃物的燃烧。其特点是：

（1）火灾范围不大，火灾仅限于初始起火点附近。

（2）起火点处局部温度较高，室内各点的温度极不平衡。

（3）由于受可燃物燃烧性能、分布、通风、散热等条件的影响，燃烧的发展大多比较缓慢，有可能形成火灾，也有可能中途自行熄灭，燃烧的发展是不稳定的。

（4）火灾初起阶段持续时间的长短，因受点火源和可燃物的性质、分布及通风条件等影响，差别很大，一般为 5～20 min。

由初起阶段的特点可以看出，该阶段是灭火的最有利时机，也是人员疏散的有利时机，应设法及早发现火灾，把火灾及时控制、消灭在起火点周围。因此，在建筑物内安装和配备适当数量的灭火设备，提供及时发现和报警的装置是很有必要的。在建筑设计中，建筑结构材料、室内装修材料选用不燃或难燃材料是非常有利的。

（二）全面发展阶段（AC 段）

在火灾初起阶段后期，火灾范围迅速扩大，当火灾房间温度达到一定值时，聚积在房间内的可燃气体突然起火，整个房间都充满了火焰，房间内所有可燃物表面部分都卷入火灾之中，燃烧很猛烈，温度升高很快。房间内局部燃烧向全室性燃烧过渡的这种现象通常称为轰燃。轰燃是室内火灾最显著的特征之一，它标志着火灾全面发展阶段的开始。对于安全疏散而言，人们若在轰燃之前还没有从室内逃出，则很难幸存。这一阶段的特点如下：

（1）燃烧稳定。当火灾发展到全面燃烧阶段，室内燃烧大多由通风控制着，室内火灾保持着稳定的燃烧状态，这一阶段烧掉的可燃物重量约占整个火灾烧毁可燃物总数的 80% 以上。

（2）室内的可燃物都在猛烈燃烧。这段时间的长短与起火原因无关，而主要取决于可燃物的燃烧性质、数量和通风条件。

（3）轰燃发生后，房间内所有可燃物都在猛烈燃烧，放热速度很快，因而房间内温度升高很快，火灾温度接近直线上升，最高可达 1 100 ℃。

（4）产生持续高温。其热作用使建筑构件承载能力下降，造成建筑物局部甚至整体的倒塌破坏。

（5）耐火建筑的房间通常在起火后，由于其四周墙壁和顶棚、地面坚固而不会烧穿。因此发生火灾时房间通风开口的大小没有什么变化。

（三）熄灭阶段（C 点以后）

在火灾全面发展阶段后期，随着室内可燃物的挥发物质不断减少以及可燃物数量的减少，火灾燃烧速度递减，温度逐渐下降。当室内平均温度降到温度最高值的 80% 时，则一般认为火灾进入熄灭阶段。

该阶段前期，燃烧仍十分猛烈，火灾温度仍很高。针对该阶段的特点，应注意防止建筑构件因较长时间受高温作用和灭火射水的冷却作用而出现裂缝、下沉或倒塌破坏，确保消防人员的人身安全。

三、建筑物内火灾的蔓延途径

建筑物内某一房间发生火灾，当发展到轰燃之后，若火势猛烈，就会突破该房间的限制，向其他空间蔓延。火灾由起火房间转移到其他房间，主要是靠热传导、热对流和热辐射来进行的。大量火灾实例表明,向其他空间蔓延的途径主要有未设适当的防火分隔,使火灾在未受到限制的条件下蔓延扩大;防火隔墙和房间隔墙未砌至顶板底,导致火灾在空间内部蔓延;由可燃的户门及可燃隔墙向其他空间蔓延;电梯竖向蔓延;非防火、防烟楼梯间及其他竖井未作有效防火分隔而形成竖向蔓延;外窗形成的竖向和水平蔓延;通风管道及其周围缝隙造成火灾蔓延等。建筑物内火灾的蔓延途径具体如下:

(1)未设防火分区。对于主体为耐火结构的建筑来说,造成火灾水平蔓延的主要原因之一是建筑物内未设水平防火分区,没有防火墙及相应的防火门等形成控制火灾的区域空间。

(2)内墙门。建筑物内某个房间起火,最后蔓延到整个建筑物,原因大多数是内墙的门未能把火挡住,火烧穿内门,再经过走廊,通过相邻房间开敞的门进入邻间。如果相邻房间的门关得很严,且走廊内没有可燃物,火势蔓延的速度就会减慢。但通常强大的燃烧热流和未完全燃烧产物的扩散,仍能把火灾蔓延到较远的房间。

(3)楼板上的孔洞及各种竖井。由于建筑功能的需要,建筑物中常设有许多楼梯间、电梯井、管道井、电缆井、垃圾井和通风、排烟井道等竖向井道和开口部位。这些竖井和开口部位贯穿若干楼层甚至直达顶层,在建筑物内发生火灾时,会产生"烟囱效应",抽拔烟火,致使火势迅速向上部楼房蔓延。

(4)房间隔墙。房间隔墙耐火性能较差或者是用可燃材料建造时,在火灾高温作用下会被烧坏,使火灾蔓延到相邻房间。

(5)闷顶。在房间内发生火灾时,由于烟火是向上升腾的,因此吊顶棚上的人孔、通风口等都是烟火进入的孔道。闷顶内往往没有防火分隔墙,空间很大,加之有的吊顶采用可燃材料或有机保温材料,很容易造成火势水平蔓延,并通过闷顶内的孔洞向相邻房间蔓延,而且不易被人觉察。

(6)火灾通过空调系统管道蔓延。高层建筑空调系统未按规定设防火阀、采用不可燃的风管、采用不可燃或难燃烧材料做保温层,发生火灾时会造成严重损失。如某宾馆,空调管道采用可燃保温材料,在送、回风总管和垂直风管与每层水平风管交接处的水平支管上均未设置防火阀,因气焊燃着风管可燃保温层而引起火灾,烟火顺着风管和竖向孔隙迅速蔓延,从底层烧到顶层,整个大楼成了烟火柱,楼内装修、空调设备和家具等统统化为灰烬,造成巨大损失。

通风管道使火灾蔓延一般有两种方式:第一种方式为通风管道本身起火并向连通的水平和竖向空间(房间、吊顶内部、机房等)蔓延,第二种方式为通风管道吸进火灾房间的烟气,并在远离火场的其他空间再喷冒出来,后一种方式更加危险。

因此,在通风管道穿越防火分区之处,一定要设置具有自动关闭功能的防火阀门。

(7)外墙窗口。房间起火,室内温度增高,达到250 ℃时玻璃会产生膨胀变形以致破碎,火焰窜出窗外,通过上层窗口向上层室内蔓延或引起相邻建筑物及其他可燃物着火,使火势逐渐扩大。

火灾除通过外墙窗口等开口部位向外部蔓延外,还会以辐射热的形式使周围的建筑物及其他可燃物起火,热气流夹带的火种也会飞散到其他建筑物或可燃物上,形成新的火灾点。

四、建筑火灾蔓延的方式

(一)火焰蔓延

初始燃烧的表面火焰,在使可燃材料燃烧的同时,也将火灾蔓延开来。火焰蔓延速度主要取决于火焰传热的速度。

(二)热传导

火灾区域燃烧产生的热量,经导热性好的建筑构件或建筑设备传导,能够使火灾蔓延到相邻或上下层房间。例如薄壁隔墙、楼板、金属管壁,都可以把火灾区域的燃烧热传导至另一侧的表面,使地板上或靠着隔墙堆积的可燃、易燃物体燃烧,导致火场扩大。应该指出的是,火灾通过传导的方式进行蔓延扩大,有两个比较明显的特点:其一是必须具有导热性好的媒介,如金属构件、薄壁构件或金属设备等;其二是蔓延的距离较近,一般只能是相邻的建筑空间。可见,传导蔓延扩大的火灾,其规模是有限的。

(三)热对流

热对流作用可以使火灾区域的高温燃烧产物与火灾区域外的冷空气发生强烈流动,将高温燃烧产物流传到较远处,造成火势扩大。建筑物的间起火时,在建筑物内燃烧产物则往往经过房门流向走道,窜到其他房间,并通过楼梯间向上层扩散。在火场上,浓烟流窜的方向往往就是火势蔓延的方向。

(四)热辐射

热辐射是物体在一定温度下以电磁波方式向外传递热能的过程。一般物体在通常所遇到的温度下,向空间发射的能量,绝大多数都集中于热辐射。建筑物发生火灾时,火场的温度高达上千摄氏度,通过外墙开口部位向外发射大量的辐射热,对邻近建筑构成火灾威胁。同时,也会加速火灾在室内的蔓延。

五、建筑火灾严重性的影响因素

建筑火灾严重性是指在建筑中发生火灾的大小及危害程度。火灾严重性取决于火灾达到的最高温度和最高温度燃烧持续的时间。因此,它表明了火灾对建筑结构或建筑物造成损坏和对建筑中人员、财产造成危害的趋势。了解影响建筑火灾严重性的因素和有关控制建筑火灾严重性的机理,对建立适当的建筑设计和构造方法,采取必要的防火措施,达到减少和限制火灾的损失和危害是十分重要的。

火灾严重性与建筑的可燃物或可燃材料的数量、材料的燃烧性能以及建筑的类型、构造等有关。影响火灾严重性的因素大致有以下6个方面:

(1)可燃材料的燃烧性能;

(2)可燃材料的数量(火灾荷载);

(3)可燃材料的分布;

(4)房间开口的面积和形状;

(5)着火房间的大小和形状;

(6)着火房间的热性能。

前三个因素主要与建筑中的可燃材料有关,而后三个因素主要涉及建筑的布局。影响火灾严重性的各种因素是相互联系、相互影响的。减小火灾严重性的条件就是要限制有助于火灾发生、发展和蔓延成大火的因素,根据各种影响因素合理地选用材料、布局和结构设计及构造措施,达到限制严重程度高的火灾发生的目的。

第四章 建筑火灾防护措施

第一节 建筑防火

建筑物的种类很多,主要有普通民用建筑、高层建筑、地下建筑、工业厂房和库房、油库等。在不同建筑物内,容易起火的部位不同,火灾和烟气的蔓延规律也差别很大,因此火灾安全要求的重点有所区别,应当根据建筑物的使用特点确定建筑物的防火要求。

建筑防火设计主要应考虑以下一些方面:

(1)根据建筑物使用中的火灾危险性采取相应耐火等级的建筑结构并设置适当的防火分隔;

(2)建筑物的内部设置适宜的火灾探测报警、自动灭火、防烟排烟等设备,并且综合考虑与室内通风、取暖、空调及其他电气设备的搭配;

(3)在建筑内设立合适的安全通道,以便在发生火灾的情况下安全地疏散人员和转移物资。

本节主要根据国家的建筑防火设计规范,简要讨论一些在民用建筑和厂房建筑防火设计及火灾安全分析中应当注意的问题。

一、建筑物总体防火规划

城区内各类建筑的总体防火规划,要在建筑群的布局上体现防火的基本要求。城市防火规划是城市总体规划的一部分,它主要从火灾安全的角度,考虑处理好一幢具体建筑物与周围的地形和其他建筑的协调关系。一幢建筑的占地面积、长度、高度等都应适当。面积和体积很大的建筑物内,容纳的人员和可燃物数量很多,起火后的燃烧时间长、强度大,人员疏散难度也很大。有的地区往往存在较多的起火因素或重大危险因素,例如易燃、易爆的工厂或仓库,新建筑物应当与其保持足够大的距离,并且用围墙将其与外界隔开。在水源不足的地方,建筑物的设计用水需求不能超过当地可能的供水能力。设计一幢建筑物时首先应当处理好一旦发生的火灾对其周围的影响。

(一)防火间距

为了防止建筑物与建筑物之间可能发生的火势蔓延,建筑物与建筑物之间留出的安全距离称为防火间距。大量事实表明,防火间距的大小与建筑使用的性质、功能、建筑的布局形式、耐火等级等多种因素有关。

(二)消防通道

在建筑的总平面布置中,街区内的道路应考虑消防车的通行,市政道路的宽度不应小于街道两侧建筑物的防火间距。在建筑物的周围应当留出一定宽度的消防车道,一旦发生火灾时能够确保消防车辆畅通无阻。根据我国消防队伍配备的常用消防车的车型,消防通道的宽度不应小于3.5 m,道路上空障碍物的净高不得小于4 m。建筑物前后的空间需考虑到

消防车的回转半径。消防通道的布置要满足以下要求:

(1)消防通道应尽量短捷,道路中心线间距不宜超过 160 m。考虑到沿街建筑形状较复杂,且总长度和沿街的长度有加长的趋势,因此对于多层或高层建筑,当沿街部分长度超过 150 m 或总长度超过 220 m 时,要设置穿越建筑物的消防车道。穿越建筑物的消防车道的净高和净宽不应小于 4 m。

(2)高层建筑的平面布置和使用功能往往复杂多样,给消防扑救带来一些不利因素。有的建筑底部建有相连的各种附属建筑,火灾时消防车无法靠近建筑物,延误了灭火时机,造成重大损失。根据各地消防部门的经验,在高层建筑周围应设环形车道。当设环形车道有困难时,可沿高层建筑的两个长边设置消防车道。

对于大型公共建筑,如超过 3 000 个座位的体育馆、超过 2 000 个座位的会堂和占地面积超过 3 000 m² 的展览馆等,由于建筑体积大、占地面积大、人员多而密集,因此该类建筑的周围也应设环形车道,其中,沿街的交通道路可作为环形车道的一部分。

(3)有些多层或高层建筑,由于通风采光或庭院布置、绿化等需要,常常设有面积较大的内院或天井。这种内院或天井一旦发生火灾,如果消防车进不去,扑救就很困难,因此当内院短边长度超过 24 m 时,应该设有进入内院或天井的消防车道。

(4)为了在发生火灾时,保证消防车能够迅速开到天然水源或消防水池取水灭火,凡是供消防车取水的天然水源和消防水池,均应设有消防车道。

(5)环形消防车道至少应有两处与其他车道连通。尽头式消防车道应设回车道或回车场。消防车道或回车场下的管道和暗沟等,应能承受消防车辆的压力。

(6)消防车道与高层建筑之间,不应设置妨碍登高消防车操作的树木、架空管线等。同时,为了便于云梯车等登高车辆灭火时能靠近建筑物,在总平面设计中,应考虑云梯车的作业空间。对云梯车的功能试验证明,高度在 5 m、进深在 4 m 的附属建筑,不会影响扑救作业;对于建筑平面为方形或近似方形的高层建筑,为了基本满足扑救的需要,应保证至少有一个长边或周边长度的 1/4 不应布置高度大于 5 m、进深大于 4 m 的裙式建筑;在建筑物的正面广场不应设坡地,底层不应设很长的突出物。

(三)室外消防设施

建筑总平面防火设计中,除要考虑防火间距、消防通道等因素外,还要考虑室外消防设施的布置。《建筑设计防火规范》(GBJ 16—2001)中规定:在进行城镇、居住区、企事业单位规划和建筑设计时,必须同时设计消防给水系统,消防设施必不可少。据统计,在扑救失利的火灾中,80% 以上是由于火场供水不足,或由于设计不周、管理不善导致室外消防设施不能发挥作用。

对于耐火等级为一、二级且体积不超过 3 000 m² 的厂房或居住区人数不超过 500 人且建筑物不超过两层的居住小区,可不设消防设施,除此以外,均要设室外消火栓或消防水池等室外消防设施。

二、建筑物的耐火等级

建筑物应当具有足够的耐火等级,以防建筑物的主体结构受火后被破坏。一旦建筑物发生倒塌等情况,不仅会造成巨大的财产损失,而且会造成严重的人员伤亡。建筑物的耐火等级是根据建筑构件的燃烧性质和耐火极限决定的。

建筑构件本身的燃烧性能对建筑火灾的发展亦有很大影响,进而可以影响建筑物的结构强度。

建筑构件的耐火极限指的是将该构件在标准火灾试验炉内试验,从受火到其丧失支撑强度、或发生穿透裂缝的时间(小时)。构件耐火性能和燃烧性能的测试方式在本书第五章讨论,在此先简要说明进行建筑防火设计时对构件耐火性的要求。

建筑物的耐火等级以楼板为基准划分,例如钢筋混凝土楼板的耐火极限为1.5 h,一级耐火要求定为1.5 h,二级为1.0 h,三级为0.5 h。对于其他构件,则视其在建筑中的重要性规定适当的耐火极限。例如在结构上支撑楼板的梁比楼板重要,其耐火等级要高些,现规定其一级为2.0 h,二级为1.5 h,三级为1.0 h。而柱和结构墙承受梁的重量,作用更为重要,其各级的耐火等级又分别提高1 h或0.5 h。表4-1列出了建筑物耐火等级对若干建筑构件的要求。

表4-1　建筑物耐火等级对若干建筑构件的要求　　　　　（单位:h）

构件名称	耐火等级			
	一级	二级	三级	四级
承重墙与楼梯间墙	3.0	2.5	2.5	0.5
支承多层的柱	3.0	2.5	2.5	0.5
支承单层的柱	2.5	2.0	2.0	
梁	2.0	1.5	1.0	0.5
楼板	1.5	1.0	0.5	0.25
吊顶	0.25	0.25	0.15	
层顶承重构件	1.5	1.0	0.5	
楼梯	1.5	1.0	1.0	
框架充填墙	1.0	0.5	0.5	0.25
隔墙	1.0	0.5	0.5	0.25
防火墙	4.0	4.0	4.0	4.0

建筑物的耐火等级是按建筑物的使用功能、规模大小、层数高低、火灾危险性大小等因素确定的。各国对建筑物耐火等级的要求不尽相同。我国的《建筑设计防火规范》(GBJ 16—2001)将适用于该规范的建筑分为四个等级,各个耐火等级的建筑物对所用建筑构件的耐火等级有着基本要求,例如,一级耐火应是钢筋混凝土结构或砖墙与钢筋混凝土结构的混合结构,二级耐火应是钢结构屋顶、钢筋混凝土柱和砖墙的混合结构,三级耐火是木屋顶和砖墙的混合结构,四级耐火为木屋顶和难燃烧体墙组成的可燃结构。而不同部位的构件又有其不同的耐火要求。

三、建筑防火分区

为了防止火灾在建筑物内的蔓延,必须按建筑耐火等级的限制对其进行防火分隔,将其分为若干小区。防火分区是指采用具有一定耐火能力的分隔设施(如楼板、墙体等),在一定时间内将火灾控制在一定范围内的单元空间。当建筑物某空间发生火灾时,火焰及热气流会从门窗洞口或从楼板、墙体的烧损处以及楼梯间等竖井向其他空间蔓延扩大,最终将整幢建筑卷入火海。因此,在建筑设计中应合理地进行防火分区,这样不仅能有效地控制火灾发生的范围,减少火灾造成的经济损失,同时也便于人员的安全疏散,为控制、扑救火灾提供有利的条件。

防火分区按其功能可分为水平防火分区和竖向防火分区两类。水平防火分区是防止火灾在水平方向上扩大蔓延,通常用防火墙或防火门、防火卷帘将各楼层在水平方向分隔成几个防火分区。竖向防火分区则是防止多层或高层建筑的层与层之间发生竖向火灾蔓延,通常采用具有一定耐火极限的楼板和窗间墙(两上、下端之间的距离不小于1.2 m的墙)将上下层隔开。

防火设计规范对不同使用性质的建筑物的独立分区的大小作了规定。主要的防火分隔物有防火墙、防火门、防火卷帘、防火垂壁、耐火楼板、防火水幕等,下面主要介绍防火墙、防火门、防火卷帘的设置。

(一)防火墙

防火墙是最基本的也是最多的防火分隔措施,应使用非燃体建造,且对其结构的完善程度应提出严格的要求。建筑物的防火墙有内部防火墙、外部防火墙和独立防火墙之分。内部防火墙把室内分为若干防火小区;外部防火墙是因建筑物之间的防火间距不足而设置的有一定耐火要求但没有窗户的隔墙;当建筑物间的防火间距不足却又不宜于设置外部防火墙时可采用独立防火墙。防火墙的耐火极限应不低于4 h,高层建筑防火墙耐火极限应不低于3 h。同时,防火墙的设置在建筑构造上还应满足以下要求:

(1)防火墙应该直接设置在建筑的基础上或耐火性能符合设计规范要求的钢筋混凝土框架上。此外,防火墙在设计和建造中应注意其结构强度和稳定性,应保证防火墙上方的梁、板等构件在受到火灾影响破坏时,不致使防火墙发生倒塌现象。

(2)可燃烧构件不得穿过防火墙体,同时,防火墙也应截断难燃烧体的屋顶结构,且应高出非燃烧体屋面40 cm,高出燃烧体或难燃烧体屋面50 cm以上。当建筑物的屋盖为耐火极限不低于0.5 h的非燃烧体、高层工业建筑屋盖为耐火极限不低于1 h的非燃烧体时,防火墙可以只砌至屋面基层的底部,不必高出屋面。

(3)当建筑物的外墙为难燃烧体时,防火墙应突出难燃烧体墙的外表面40 cm;两侧防火带的宽度从防火墙中心线起,每侧不应小于2 m。

(4)当建筑设有天窗时,应注意保证防火墙中心距天窗端面的水平距离不小于4 m,出现小于4 m的情况且天窗端面为可燃烧体时,应将防火墙加高,使之超出天窗50 cm,以防止火势蔓延。

(5)建筑设计中,若在靠近防火墙的两侧开设门、窗洞口,为避免火灾发生时火苗的互串,要求防火墙两侧门窗洞口间墙的距离应不小于2 m。若装有乙级防火窗,其距离可不受限制。

(6)在防火墙上一般不应开门窗和其他贯通口,必须要开时则应在相应位置安装防火门或防火窗。防火墙上的小尺寸开口或缝隙则应使用耐火材料封堵好。

(7)建筑物的转角处应避免设置防火墙,若须设在转角附近,则必须保证在内转角两侧上的门、窗洞口间最小水平距离不小于4 m。若在一侧装有固定乙级防火窗,其间距可不受限制。

(二)防火门

防火门除具有一般门的功效外,还具有能保证一定时限的耐火、防烟、隔火等特殊的功能,通常用于建筑物的防火分区以及重要防火部位,能在一定程度上阻止火灾的蔓延,并能确保人员的疏散。

1. 防火门的分类

防火门按耐火极限可分为甲级、乙级和丙级。甲级防火门耐火极限要求不低于 1.2 h,乙级防火门耐火极限要求不低于 0.9 h,丙级防火门耐火极限要求不低于 0.6 h,它们分别适用于一、二、三类耐火要求的建筑。根据制造使用的材料,防火门大体分为非燃烧体和难燃烧体两类。非燃烧体防火门采用薄壁型钢作骨架,外敷用 1.0~1.2 mm 的钢板作门面,内填矿渣棉、玻璃纤维等耐火材料。难燃烧体防火门主要是用经过阻燃处理的木材制造的,这种门比用钢板制造的轻,且比较美观,因此其使用量很大。

2. 防火门的一般要求

防火门是一种活动的防火阻隔物,不仅要求其具备较高的耐火极限,还应满足启闭性能好、密闭性能好的特点。对于民用建筑,还应保证其美观、质轻等特点。

为了保证防火门能在火灾时自动关闭,通常采用自动关门装置,如弹簧自动关门装置和与火灾探测器联动、由防灾中心遥控操纵的自动关闭防火门。

设置在防火墙上的防火门宜做成自动兼手动的平开门或推拉门,并且关门后能从门的任何一侧用手开启,亦可在门上设便于通行的小门。用于疏散通道的防火门,宜做成带闭门器的防火门,开启方向应与疏散方向一致,以便紧急疏散后门能自动关闭,防止火灾的蔓延。一般来说,防火门的使用频率不高,常出现由于长期失修而锈死的情况。对于制造防火门的厂家来说,应规定对有关滑轮、绞链等采取不宜生锈的材料;对于用户来讲,应强调进行定期保养,避免发生意外事故时出现无法用的情况。

3. 防火门的选用

防火门的选用一定要根据建筑物的使用性质、火灾的危险性、防火分区的划分等因素来确定。

通常防火墙上的防火门必须采用甲级防火门,且在防火门上方不再开设门窗洞;地下室、半地下室楼梯间的防火墙上的门洞,也应采用甲级防火门;对于附设在高层民用建筑或裙房内的设备室、通风、空调机房等,应采用具有一定耐火极限的隔墙,用于与其他部位隔开,隔墙的门应采用甲级防火;疏散楼梯间的防火门应选用乙级防火门;消防电梯前室的门、防烟楼梯间和通向前室的门、高层建筑封闭楼梯间的门均应选用乙级防火门,并应向疏散方向开启;与中庭相通的过厅、通道等,应设乙级防火门或耐火极限大于 3 h 的防火卷帘,建筑工程中的电缆井、管道井、排烟道、垃圾道等竖向管井的井壁上的检查门,应采用丙级防火门。

(三)防火卷帘

由于使用功能的需要,有些建筑物不能采取固定的墙和门进行防火分隔,但它的某些区域的面积已超过防火分区的面积,例如大型商场、展览厅、敞开式楼梯、候车(机)厅等。在这种情况下应当采取防火卷帘。平时卷帘卷收在固定轴杆上,一旦起火,它可根据自动或人工的控制信号展放开,挡住火焰和烟气的蔓延。防火卷帘是一种不占空间、关闭严密、开启方便的现代化的防火分隔物,它有可以实现自动控制、可以与报警系统联动的优点。防火卷帘与一般卷帘在性能要求上存在的根本区别是:它具备必要的非燃烧性能、耐火极限及防烟性能。

1. 防火卷帘的分类

(1)按耐火时间不同可分为普通型防火卷帘门和复合性防火卷帘门。前者耐火时间有1.5 h和2 h两种,后者耐火时间有2.5 h和3 h两种。

(2)按帘板构造不同可分为普通型钢质防火卷帘和复合型钢质防火卷帘。前者帘板由单片钢板制成,耐火极限有1.5 h和2 h两种;后者帘板由双片钢板制成,中间加隔热材料,耐火极限有2.5 h和3 h两种。

(3)按帘板厚度不同分为轻型卷帘和重型卷帘。轻型卷帘用厚度为0.5~0.6 mm的钢板制成,重型卷帘用厚度为1.5~1.6 mm的钢板制成。

2. 防火卷帘的构造

防火卷帘由帘板、导轨、传动装置、控制机构组成。帘板是卷帘门门帘的组成零件,其两端嵌入导轨装配成门帘后,就不允许有孔或缝隙存在。导轨按照安装设计需要的不同,分为外露形和隐蔽埋藏形两种,使用材料应为不燃材料。导轨的滑动面应光滑,使得门帘在导轨内运行平稳、顺畅,不产生碰撞冲击现象。传动装置是防火卷帘门的驱动启闭机构,除要具有耐用性、可靠的制动性、简单方便的控制性能外,最重要的是,要有一定的启闭速度,这对保证人员的安全疏散起着积极的作用。通常规定:门洞口高度在2 m以内时,启闭速度应在2~6 m/min;门洞口高度在5 m以内时,启闭速度应在2.5~6.5 m/min;门洞口高度超过5 m时,启闭速度应在3~9 m/min。控制机构主要指自动控制电源、保险装置及电器按钮等,每模防火卷帘门均设置两套按钮,即门洞内、外各一套。

3. 防火卷帘的选用

对于公共建筑中不便设置防火墙或防火分隔墙的地方,最好使用防火卷帘,以便把大厅分隔成较小的防火分区。在穿堂式建筑物内,可在房间之间的开口处设置上、下开启或横向开启的卷帘。在多跨的大厅内,可将卷帘固定在梁底下,以柱为轴线,形成一道临时性的防火分隔。

防火卷帘在安装时,应避免与建筑洞口处的通风管道、给排水管道及电缆电线管等发生干扰,在洞口处应留有足够的空间位置进行卷帘门的就位与安装。

若用卷帘代替防火墙,则其两侧应设水幕系统保护,或采用耐火极限不小于3 h的复合防火卷帘。设在疏散走道和前室的防火卷帘,最好应同时具有自动、手动和机械控制的功能。

(四)防火窗

防火窗是一种采用钢窗框、钢窗扇及防火玻璃制成的能隔离或阻止火势蔓延的窗。它具有一般窗的功效,更具有隔火、隔烟的特殊功能。

1. 防火窗的分类

(1)按其构造不同可分为单层钢窗和双层钢窗,耐火极限分别为0.7 h和1.2 h。

(2)按照安装方法不同可分为固定防火窗和活动防火窗两种。固定防火窗的窗扇不能开启,平时可以起到采光、遮挡风雨的作用,发生火灾时能起到隔火、隔热、阻烟的功能。活动防火窗的窗扇可以开启,起火时可以自动关闭。为了使防火窗的窗扇能够开启和关闭自如,需要安装自动和手动两种开关装置。

（3）按耐火极限不同可分为甲级、乙级、丙级三种。甲级防火窗的耐火极限为1.2 h,乙级防火窗的耐火极限为0.9 h,丙级防火窗的耐火极限为0.6 h。

2. 防火窗的选用

防火窗的选用与防火门相同,凡是需用甲级防火门且有窗处,均应选用甲级防火窗;需用乙级防火门且有窗处,均应选用乙级防火窗。

防火分区的大小应根据建筑物的耐火等级和使用功能确定。例如在高层建筑中,对于一类建筑,每个分区的允许最大面积为1 000 m²,二类建筑的分区不超过1 500 m²,地下室的分区则不超过500 m²等。

四、人员安全疏散设计

建筑物发生火灾时,为了避免因烟气中毒、火烧和房屋倒塌而受到伤害,建筑物内人员必须尽快撤离;同时,消防人员也要迅速接近起火部位,扑救火灾。安全疏散设计的主要任务就是设定作为疏散和避难所使用的空间,争取疏散行动与避难的时间,确保人员和财物的伤亡与损失最小,这是建筑防火安全的一条基本原则。

（一）保证安全疏散的基本条件

为了保证楼内人员在因火灾造成的各种危险中的安全,所有的建筑物都必须满足下列保证安全疏散的基本条件。

1. 限制使用严重影响疏散的建筑材料

建筑物结构和装修中大量地使用了建筑材料,对火灾影响很大,应该在防火和疏散方面予以特别注意。这将在本书第四章详述。火焰燃烧速度很快的材料、火灾时排放剧毒性燃烧气体的材料不得作为建筑材料使用,以避免火灾发生时有可能成为疏散障碍的因素。

2. 保证安全的避难场所

安全避难场所被认为是"只要避难者到达这个地方,安全就能得到保证"。为了在火灾时保证楼内人员的安全疏散,避难场所必须没有烟气、火焰、破损及其他各种火灾的危险。原则上避难场所应设在建筑物公共空间,即外面的自由空间中。但在大规模的建筑物中,与火灾扩散速度相比,疏散需要更多的时间,将楼内全部人员一下子疏散到外面去,时间不允许,还不如在建筑物内部设立一个可作为避难的空间更为安全。因此,建筑物内部避难场所的合理设置非常重要。常见的避难场所或安全区域有封闭楼梯间和防烟楼梯间、消防电梯、屋顶直升飞机停机坪、建筑中火灾楼层下面两层以下的楼层、高层建筑或超高层建筑中为安全避难特设的避难层、避难间等。

3. 保证安全的疏散通道

在有起火可能性的任何场所发生火灾时,建筑物内部必须保证至少有一条能够使全部人员安全疏散的通道。

按建筑物内人员的具体情况考虑,疏散通道必须具有足以使这些人疏散出去的容量、尺寸和形状,同时必须保证疏散中的安全,在疏散过程中不受到火灾烟气、火焰和其他危险的干扰。

4. 布置合理的安全疏散路线

发生火灾后,人们在紧急疏散时,应保证一个阶段比一个阶段安全性高,即人们从着火房间跑到公共走道,再由公共走道到达疏散楼梯间,然后转向室外或其他安全处所,一步比一步安全,这样的疏散路线即为安全疏散路线。因此,在布置疏散路线时,要力求简捷,便于寻找、辨认,疏散楼梯位置要明显。一般地说,靠近楼梯间布置疏散楼梯是较为有利的,因为火灾发生时,人们习惯跑向经常使用的电梯作为逃生的通道,当靠近电梯设置疏散楼梯时,就能使经常使用的路线与火灾发生时紧急使用的路线有机地结合起来,有利于迅速而安全地疏散人员。

(二)合理设置安全疏散设施

在建筑设计时,应根据建筑的规模、使用性质、容纳人数以及在火灾时不同人的心理状态等情况,合理布置安全疏散设施,为人们安全疏散创造有利条件。安全疏散设施主要包括安全出口、事故照明及防烟、排烟设施等。其中安全出口主要有疏散楼梯、消防电梯、疏散门、疏散走道、避难层、避难间等。

安全出口的设置原则如下:

(1)每个防火分区(多层或高层)的安全出口不应少于两个,在特殊情况下(如面积小,容纳人数少)可设一个安全出口,且两个出口的间距不应小于 50 m。两者之间的最大距离也应有限制,这需根据建筑物的实际情况决定。

(2)安全出口宜靠近防火分区的两端设置,并靠近电梯间设置,出口标志明显,易于寻找,且安全出口应有足够的宽度,安全出口的门应向疏散方向开启。

(3)剧院、电影院、礼堂、观众厅的每个安全出口的平均疏散人数按 250 人计,则安全出口的总数目根据该类建筑容纳的总人数确定。若容纳人数超过 2 000 人,则超过 2 000 人的部分,每个安全出口平均疏散人数按 400 人计。

(4)体育馆观众厅内容纳的人数多,受座位排列和走道布置等技术和经济因素的制约,每个安全出口的平均疏散人数按 400~700 人计。对规模较小的观众厅,采用下限值;规模较大的观众厅,采用接近上限值。

(5)根据建筑物内可能的人员流量设定足够宽的人行通道。目前在建筑设计中常用"百人宽度指标"方法确定通道的宽度。楼梯是楼房建筑的基本通道,其宽度一般也应按通过人数每 100 人不小于 1.00 m 计算,各层人数不等时,下层楼梯的宽度应按其上层人数最多的一层计算。楼梯的型式应有利于人员行走。

建筑物失火后,经常形成浓烟到处蔓延,这对人员的安全疏散影响严重。因此,应当在楼内典型位置设置事故照明灯和疏散诱导指示标志。事故照明灯应当有自备电源,一旦发生火灾或电气故障便自动开始工作。为了便于人们在紧急中发现,在疏散出口和楼梯口的指示标志一般设在门口,安装在走廊内的标志一般设在距地面 1.0 m 以上。

五、消防给水和消火栓

在建筑物内使用的灭火方式很多,需要根据建筑物的具体情况选用。下面结合建筑设计说明消防给水和固定式水灭火系统的作用,这些已成为任何建筑设计的基本部分。大量火灾案例表明,造成建筑火灾灭火不利的一个重要的原因是火场缺水或没有完善的消防给水设施。因此,需要特别强调这一问题。

消防给水一般分为室外系统和室内系统两部分,室外系统主要包括输水管网和室外消火栓。消防水可由市政给水管网、消防水池和天然水源供给。直接使用市政供水管网的水灭火系统是城区设计的重要方面,按平面布置型式,管网分为环状和枝状两类,在该城区的建筑初期可采用枝状网,当建筑基本完整后应当实现环状网。而且向环状网输水的干管不少于两条。

消防用水一般与生活和生产用水网结合使用,当消防用水量不大时采用这种综合形式比较合适,并有利于充分发挥输水系统的作用。不过现在许多城市的供水系统难以满足市政发展用水的需要,尤其是在生活和生产的用水高峰期,水网内压力常常较低,也发生过因此而影响灭火的情况。应当说多数大型建筑物的消防用水要求是水网不能满足的,这时应设置消防水池。可在用水低谷期储存足够的水供用水高峰时使用。设置独立的消防水网主要有以下几种情况:①生产和生活用水量较小而消防用水量较大;②生产用水可能受到可燃或易燃液体的污染;③采用综合管网在经济上不合算。

在有条件的地方,应该尽量使用天然水源,但应保证枯水期最低水位时用水的可靠性,且应设置可靠的取水设施。

室外消火栓有地上和地下两种。在南方一般采取地上式,北方则宜用地下式,并且应进行适当的防冻处理。在火场中,一个消火栓只能供一台消防车使用。普通消防车水泵的最大供水距离约为180 m,加上输水带的铺设弯曲影响和灭火水龙等所占的长度,一般可认为室外消火栓的保护直径为150 m。两个相邻消火栓的距离不应超过120 m。室外消火栓的位置应有利于取水和安全,通常应沿道路两旁设置。

室内消防给水包括输水管网和喷水灭火设备两部分。在低层建筑内可采取无加压水泵输水系统,但若水压变化较大,还宜配置消防水箱,以调节水量。对于大型高层建筑需要安装加压水泵和消防水箱,以保证室内最不利点的消火栓达到设计水压和流量。室内消火栓是建筑物内最基本的灭火设备。

六、电气防火

电气事故是引发建筑火灾的重要原因。做好建筑物的输配电线路及用电设施的设计是防止火灾的重要一环,应当严格执行国家有关的供电系统和电气安装施工规范。要避免电气设备靠近可燃和易燃物质,电力电缆不应和输送甲、乙、丙类液体的管道、可燃气体管道、热力管道敷设在同一管沟内。当建筑闷顶内有可燃物时,其配电线路应采取金属管保护。功率较大的照明器具应采取隔热、散热等措施,且不应直接安装在可燃装修物和可燃构件上,不应在可燃物品库房内使用。

消防配电系统的用电设备应采用专用的供电回路,并需设有明显的标志。当发生事故而临时切断生产和生活用电时,应仍能保证消防电路有电。对高层、大型及其他重要的建筑要求采用一级负荷供电,即原则上有两个电源,当其中一个发生故障时,另一个可立即投入运行。当市政供电不能满足要求时,应设各自发电设备。对于火灾探测报警系统、事故照明和疏散指示标志可采用蓄电池作备用电源,其连续供电时间不小于20 min。

第二节 火灾探测报警系统

火灾探测报警系统包括火灾探测器和火灾报警控制器两大基本部分。

一、火灾探测器

火灾探测器是感受火灾信号的装置,它是火灾自动报警和自动灭火系统最基本和最关键的部分之一,是整个系统的自动检测的触发器件,犹如一个人的"感觉器官",能不间断地监视和探测被保护区域火灾的初期信号。火灾探测器被安装在监控现场,用以监视现场火情,它将现场火灾信号(烟、光、温度)转换成电气信号,并将其传送到火灾报警控制器,在自动消防系统中完成信号的检测与反馈。根据其工作特点分别安装在建筑物的不同部位,并通过某些方式连接到火灾报警控制器上。对于一定规模的建筑物来说,火灾探测器的用量都较大,一般有数百至上千只。

火灾探测器是火灾自动报警系统中的主要部件之一,其中至少含有一种传感器(敏感部件)能连续或按间隔时间周期地监视与火灾有关的物理或化学现象。火灾探测器能够给火灾报警控制器提供合适的信号,以通报火警或操作自动消防设施,或者经火灾报警器判定,然后自动发出信号或手动发送信号到火灾警报装置(如喇叭、警笛)或人工报警中心、消防队等。

火灾探测器的种类很多,而且可以有多种分类方法。一般根据被探测的火灾参数特征、响应被探测火灾参数的方法和原理、敏感组件的种类及分布特征等划分。

根据所探测的火灾参数的不同,火灾探测器划分为感温、感烟和感光(火焰)、气体和复合式等几种型式。目前,感温、感烟和火焰探测器用的较广。

(一)感温探测器

这类探测器是根据火灾烟气的温度进行探测的。根据探测原理,主要有定温、差温和差定温等型式。

定温式探测器中均有某种感受温度影响的元件。常用的感温元件有易熔合金片、易碎玻璃泡、双金属片、水银触点、热敏半导体、铂金丝等。

差温式探测器通常在可能发生燃烧快速发展的场合使用。当室内的温升速率超过某一界限时报警。差温式探测器的探头主要由两个温度变化系数不同的热敏元件组成。当温度迅速上升时,一种元件的某种性质变化大,而另一种变化小;温度上升速率越大,其差值越大,当其达到一定值便可发出报警信号。差温探测器的灵敏度比定温式高,但使用表明,它不易装在安有取暖系统的建筑物内,因为会发生误报。

差定温式探测器能够克服定温探测器的热滞后和差温探测器容易误报及对缓慢燃烧容易漏报的缺陷,其原理是将差温式探测器与某种定温装置联合使用,只有当室内温度达到某一值后,差温探测器才开始工作。

(二)感烟探测器

火灾烟气中悬浮有大量小颗粒。不同直径烟颗粒的性质亦有较大差别,大于 5 μm 的颗粒具有较强的遮光性,小于 5 μm 的颗粒基本看不见,而小颗粒受重力影响小,容易随气体流动,且易黏结成大颗粒。依据烟气颗粒的这些特点制成的感烟探测器有光电式和离子式两类设计型式。烟颗粒的存在既具有遮光作用,又具有散射光作用。根据烟颗粒对光束的这两种影响,光电火灾探测器沿光束型和散射光型两条途径开发。离子式探测器适宜探测烟颗粒较小的烟气,目前这种探测器使用广泛。

(三)火焰探测器

火焰探测器是靠燃烧放热引起热辐射特性来探测火灾的,目前主要有紫外和红外两种型式。火焰探测器一般不用可见光波段,因为这不易有效地把火灾火焰的辐射光与周围的照明光区别开来。

紫外火焰探测器对波长小于 4 000 A 的辐射光比较敏感。为了提高探测的灵敏度并排除外来干扰,紫外探测器常装在离火焰较近的地方。

红外火焰探测器对波长大于 7 000 A 的光辐射比较敏感。与紫外探测器不同,它可以装在离火焰较远的位置,因而常用于大面积和大空间的火灾探测。

紫外探测器的灵敏度高,可靠性好、维修方便及稳定性中等,但探测的范围小。红外探测器的灵敏度、可靠性和维修方便程度中等,稳定性低,但探测的空间范围大。应根据现场的具体情况选择使用。

(四)气敏探测器

发生火灾后,环境中某些气体的含量可发生显著变化。有些物质对这些特殊气体的反应比较敏感,于是便可用其来探测火灾。现在用于火灾探测的传感器主要有半导体气敏元件和催化元件。前者能对气相中的氧化性或还原性的气体发生反应,使半导体的电导率发生变化,从而启动报警装置。后者能加速某些可燃气体的氧化反应,结果导致元件的温度升高,进而启动报警装置。这类探测器对预防液化石油气、天然气、煤气和汽油、酒精等气体火灾尤为有效。

二、火灾报警控制器

火灾报警控制器是对火灾探测信号加以处理并给出相应反应的设备,它应具有信号识别、报警、控制、图形显示、事故广播、打印输出及自动检测等功能。火灾报警控制器是自动报警系统的重要组成部分,它的先进性是现代建筑消防系统的重要标志。火灾报警控制器接收火灾探测器送来的火警信号,经过运算(逻辑运算)、处理后认定火灾,发出火警信号。一方面启动火灾警报装置,发出声、光报警等;另一方面启动灭火联动装置,用以驱动各种灭火设备,同时也启动连锁减灾系统,用以驱动各种减灾设备。现代火灾报警控制器采用先进的计算机技术、电子技术及自动控制技术,使其向着体积小、功能强、控制灵活、安全可靠的方向发展。

按报警控制器的作用性质来分,可将报警控制器分为区域报警控制器、集中报警控制器及通用报警控制器三种。区域报警控制器是直接接受火灾探测器(或中继器)发来报警信号的多路火灾报警控制器。集中报警控制器是接受区域报警控制器(或相当于区域报警控制器的其他装置)发来的报警信号的多路火灾报警控制器。通用报警控制器是既可作区域报警控制器又可作集中报警控制器的多路火灾报警控制器。

(一)区域报警控制器

一个区域报警控制器则用于监控一个报警控制区域,这一监控区域不宜超过一个防火分区,该区的面积一般不大于 1 000 m²;一个防火分区又往往分成几个火灾探测分区。各国对火灾探测分区规定有些不同,我国规定一个火灾探测分区一般在 400 m² 以下。当某建筑物面积不太大时,可将其作为一个报警控制区域处理,即用适当的区域火灾控制器代替中央控制器。

一个区域控制器一般控制几十个探测器。为了防止探测器的误报警，一个探测区域内宜安装几种类型的探测器，且宜交叉安装，同时应安装手动火灾报警按钮。区域控制器应能及时响应报警，查清报警的位置，验核是否真的失火，并启动有关的灭火及防排烟设备，向中央监控器传输起火及灭火情况等。

区域报警控制器具有下列基本功能：

（1）为火灾探测器供电。

（2）火灾自动报警，接受探测器的火灾报警信号后发出声光报警信号，显示火警部位。

（3）故障报警，能对探测器的内部故障及线路故障报警，发出声光信号，指示故障部位及种类。其声光信号一般与火灾信号不同。

（4）火警优先，当故障与火灾报警先后或同时出现时，均应优先发出火灾报警信号。

（5）自检及巡检，即可以人工自检和自动巡检报警控制器内部及外部系统器件和线路是否完好，以提高整个系统的完好率。

（6）自动记时，可以自动显示第一次火警时间或自动记录火警及故障报警时间。

（7）电源监测及自动切换，主电源断电时能自动切换到备用电源上，主电源恢复后立即复位，并设有主、备电源的状态指示及过压、过流和欠压保护。

（8）外控功能，当发生火灾报警时，能驱动外控继电器，以便联动所需控制的消防设备或外接声光报警信号。

（9）能将火警信号输入集中报警控制器。

（二）集中报警控制器

某一相对独立的建筑物或建筑群可设一台中央报警控制器，一台中央报警控制器可管理若干区域报警控制器，集中报警控制器的原理与区域报警控制器基本相同，它能接收区域报警器或火灾探测器发来的火灾信号，用声、光及数字显示火灾发生的区域和楼层。集中报警控制器还可将若干个区域报警控制器连成一体，组成一个扩大了的自动报警系统，以便集中监测、管理，发生火灾时便于加强消防指挥。

（三）通用报警控制器

它兼有区域、集中两级火灾报警控制器的双重特点。通过设置或修改某些参数（可以是硬件或者软件），既可作区域级使用，连接探测器；或可作集中级使用，连接区域报警控制器。

随着科学技术的不断发展，越来越多的新技术被应用到火灾自动报警行业。一大批具有先进技术水平的火灾自动报警系统应运而生，如具有神经元网络功能的智能型火灾探测报警系统、模糊控制的火灾探测报警系统、高灵敏度空气采样式感烟火灾探测报警系统等。

第三节　室内灭火系统

一、灭火方法概述

火灾燃烧是一种快速的化学反应，燃烧的维持需要有可燃物、助燃物及足够的热量供应，消除或限制其中的任一条件均可使燃烧反应中断，隔离、冷却、抑制和窒息等是扑灭火灾的基本方法。

（1）冷却法是通过降低温度来控制或使火灾熄灭的过程。将温度低的物质喷洒到燃烧物上，使温度降低到该可燃物的燃点以下，或是喷洒到火源附近的物体上，使其不受火焰辐射的影响，避免形成新火源。

（2）隔离法是指通过限制或减少燃烧区的可燃物而使火灾熄灭的过程。由于把未燃物与已燃物隔开，从而中断可燃物向燃烧区的供应。如关闭可燃气体和液体阀门，将可燃、易燃物搬走等。

（3）抑制法是通过使用某些可干扰火焰化学反应的物质而使火灾熄灭的过程。将有抑制链反应作用的物质喷洒到燃烧区，用以清除燃烧过程中产生的活性基，从而使燃烧反应终止。

（4）窒息法是通过限制氧气供应而使火灾熄灭的过程。用不燃或难燃的物质盖住燃烧物，断绝空气向燃烧区的供应，或稀释燃烧区内的空气，使其氧气含量降到维持燃烧所需的最低浓度以下，一般认为这一最低氧浓度约为 15%。

可燃物的种类很多，其燃烧特性亦差别很大。如本书第三章第一节所述，我国的消防管理中将火灾分为 A、B、C、D 四类。对于不同类型的火灾应采取不同的灭火方法，这样才能取得最好的灭火效果。灭火方法不当不仅会贻误灭火时机，而且会造成火灾的扩大。这种案例已经发生过多次。现在主要的灭火设备均注明了适用范围及使用方法，对此人们应当充分了解。

二、灭火系统

喷到火区内用来扑灭火灾的物质称为灭火剂。水是最常用的灭火剂，大多数火灾都可用水扑灭；有些化学物质灭火剂对扑灭或控制某类火灾特别有效。下面首先介绍一下水基灭火系统。

（一）水基灭火系统

1. 水灭火机理

将水直接喷向火区，首先水具有冷却作用，可使燃烧区的温度降低，燃烧强度减弱。水落到燃烧物表面上将使其温度降低，从而使其减少或停止析出可燃挥发物，高温环境中水会迅速蒸发，这也可以吸收大量的热量。1 kg 的水由常温变为蒸气约吸收 540 kcal 的热量，并且体积大大增加，增大的比例约为 1 : 1 600，可阻止助燃空气进入燃烧区，起到窒息作用。

用水灭火应当注意使用场合，例如水的导电性较强，因而对电气火灾，靠人用水龙带扑救，就有可能造成电击伤。但当水滴很小（如雾状）时，形不成连续的水流柱，电击伤便不会发生了。又如水的密度比油大，因而用水灭油火时应控制水滴大小，使其能够到达液面又不至于大量沉到油面之下。

水经过适当处理后灭火性能会更好。现在有两种方案：一是加入浓缩剂制成增稠水，这种水落到燃烧的可燃物表面上不易很快流失，从而延长了水的作用时间；另一种是加洗涤剂等制成湿润水，这种水的表面张力降低，且增加了水的渗透和扩张能力，对于灭木材类火尤为有效。水还是多种其他灭火剂的载体，在某些灭火剂中合理地加入水有助于更好地发挥其灭火作用。

2. 喷水灭火系统的类型

建筑物内常用的水灭火设备有消火栓和自动喷水灭火装置。

1）消火栓

消火栓是固定式灭火装置,现已作为建筑设计的常规部分对待,室内消火栓系统是建筑物内最基本的消防设备,该系统由消防给水设备和电控部分组成。消防设备通过电气控制柜,实现对消火栓系统的如下控制:消防泵启、停;显示启泵按钮位及显示消防泵工作、故障状态。

2）自动喷水灭火装置

近年来,自动喷水灭火装置发展得很快,已成为许多建筑物主要的灭火设施之一。自动喷水灭火系统包括水泵、输水管、水喷头、水流控制阀和若干辅助装置。根据水从水源到喷头的形式,系统大体分为以下六种形式。

a. 湿式系统

系统的水管内无论何时均充有加压水,发生火灾时,产生的热量作用到该区的有关喷头上,使其工作元件启动,水立即喷出灭火。

该系统适用于水在管道内无冰冻危险的场合。湿式系统的结构较简单,维修方便,建设和运行费用低,是目前常采用的喷水灭火系统之一。

b. 干式自动喷水系统

干式自动喷水系统与湿式系统基本类似。这种系统的喷头与充有加压空气或氮气的管道连接,而管道通过报警控制阀与加压水管相连。当喷头的工作元件受火灾影响启动后,充气管内压力下降,导致报警阀另一侧的水压打开阀门,水再从任意开启的喷头喷出灭火。

这种系统适用于不能正常采暖的场合,如寒冷和高温场所。由于增加了一套充气设备,其建设投资比一般湿式系统大,平时的维护也较为复杂。

c. 预作用系统

这种系统的喷头前的管道内也充有气体,可加压,也可不加压。发生火灾时,该区的辅助火灾探测装置先动作,从而将水流控制阀打开,水进入管道内。当喷头被火灾产生的热量启动后便像湿式系统喷头那样灭火。这种系统适用于水喷头偶尔损坏或管道破裂对建筑物没有太大水渍的场合。

预作用自动喷水灭火系统是近年来发展起来的,由于与火灾探测报警系统联动,可有效地克服湿式系统容易造成水渍危害和干式系统喷水延缓的缺陷。与普通湿式系统相比,其造价和维持费用都增加不多。

d. 雨淋系统

这种系统的喷头始终处于开启状态,平时输水管内无水。当火灾报警装置被火灾信号启动后雨淋阀打开,水进入管系内,可从所有的喷头喷出。一般管道上还装有手动阀门开启装置。

这种系统的喷水量很大,因此只在某些需要特殊保护的区域使用。雨淋系统的喷水面积较大,适宜于对有关场合实施整体保护,一般用于火灾危险性大、可燃物集中、燃烧放热多而快的建筑物和构筑物。

e. 水幕系统

本系统的喷头喷出的水呈现水幕状,一般与防火门、防火卷帘门配合使用,可对其起冷却作用,并阻止火灾的蔓延,有时也用在某些建筑物的门窗洞口等部位。由于水幕作用,可大大提高门的抗火能力。

f. 水雾灭火系统

该系统被认为是自动喷水灭火系统的特例,主要用于保护工业领域中的专用设施,如油浸电力变压器、电缆、电气控制室等。这种系统对运行条件要求较高,应当经常检查水泵、过滤器、喷头等的工作状况,并由专门人员负责维修和管理。

设计自动喷水灭火系统时,首先应考虑建筑物的危险等级,了解其中生产或储存的可燃物的性质、数量、堆放状态、火灾扑救难度及建筑物本身的耐火性等。通常将建筑物的火灾危险性分为严重、中等、轻度危险三级,国家标准中对湿式、干式和预作用式三类自动喷水灭火系统设计参数作了规定。

(二)二氧化碳灭火系统

二氧化碳(CO_2)是完全燃烧产物,与大多数物质均不反应,主要靠窒息作用灭火。二氧化碳在常温下为气体,但容易液化(三相点为 $-7\ ℃$),通过加压容易装在钢瓶内。当二氧化碳从灭火器喷嘴喷出时,压力降低,使液态二氧化碳变成气体喷出,其中还夹带着一些微小的固体干冰颗粒。因此,二氧化碳除靠窒息灭火外,还对可燃物表面有冷却作用。二氧化碳对火场的设备影响小,不留残余物,因此常用来扑灭价格昂贵的电气仪器火灾。

但二氧化碳灭火也有一定的局限性,二氧化碳是气体,容易流动,因而不宜用它扑灭对流较强区域的火。它不像水那样对固体可燃物有浸渍作用,故不能扑灭深层火。对于钠、钾、镁、钛等活性金属或氢化金属火灾也不能用二氧化碳灭火,因为它们可使二氧化碳分解。二氧化碳还不适宜灭硝酸纤维之类的含氧物质火灾。

使用二氧化碳灭火还应当特别注意人身保护。通常大气中含有3%的二氧化碳便会使人呼吸加快;含9%时,大多数人只能坚持几分钟就会晕例。而喷注二氧化碳灭火的区域内,二氧化碳的浓度可达30%以上,所以只有当确认人员全部撤离后才可喷射二氧化碳。在设置二氧化碳灭火系统的场所应配备专用的空气或氧气呼吸器。

二氧化碳灭火有两种基本方法,一是全淹没法,二是局部应用法。全淹没法是在规定时间内将足够多的二氧化碳喷到整个防护空间内,使其中形成一种灭火气氛。防护空间的密封程度是这种系统应用成败的重要问题,如果墙壁或地板有开口,大量二氧化碳将会流失,使其灭火气氛减弱。局部应用法是通过特定的喷嘴直接将二氧化碳喷到着火物表面。这种可燃物是比较确定的,喷嘴应在其上方或侧上方安装。

二氧化碳灭火系统应设自动控制、手动控制和机械应急操作三种启动机构,以防止其误动作。

(三)泡沫灭火系统

泡沫灭火剂是按某些专门配方配制的发泡剂浓缩液,将其与水掺混并充气搅拌,可以生成大量气泡结构。这种泡沫很轻,容易浮在可燃物的上方,形成连续的泡沫覆盖层,从而隔断了氧气向燃烧区的供应。因此,它们也主要是靠窒息作用灭火的。泡沫中含有较多的水,对燃烧区还有一定的冷却作用。

泡沫灭火剂主要有化学泡沫和空气泡沫两大类。化学泡沫是将硫酸铝水溶液、碳酸氢钾水溶液和发泡剂分别装在灭火器内的筒体中。灭火时将它们混合,利用化学反应产生的较高压力,将泡沫液喷出。这种灭火器一经启动便不能停止,只能任全部气体喷完。它还必须经常换药,因为化学泡沫剂放置时间长了会变质。加上空气泡沫的发展和改进较快,目前化学泡沫用的不多了。

空气泡沫有蛋白、氟蛋白、水成膜和抗溶泡沫等几类。蛋白泡沫灭火剂含有高分子的天然蛋白聚合物,是通过化学浸渍和水解天然蛋白质固体得到的。这种泡沫密集而黏稠,稳定性好,没有毒性,且在稀释后能生物降解。氟蛋白泡沫的结构和蛋白泡沫相似,只是其中还含有氟化表面活性剂。这使得灭火泡沫有脱离可燃物而上升的特性,当将其投入到着火油品中时,它可很快升到液体表面形成泡沫层,因此灭火效果较好。此外,这种泡沫与干粉灭火剂的相容性比普通泡沫好。水成膜泡沫是氟蛋白泡沫的另一类型,其氟化表面活性剂能使泡沫迅速在燃油表面上形成水溶液薄膜,从而有效地隔绝空气和可燃物。有些可燃物具有水溶性或水泥性,如酮类、胺类、清漆稀释剂等。用普通泡沫灭这种火时,泡沫很容易破裂,灭火效果受影响,为此人们开发了抗溶泡沫液。其中的添加剂可使水成膜中生成类似悬浮凝胶的物质,以保证泡沫层的完整性。

(四)干粉灭火剂灭火系统

干粉灭火剂是一种粉状混合物,其颗粒为 $10 \sim 75 \ \mu m$。干粉灭火剂的类型很多,目前常用的干粉灭火剂是以磷酸氢铵、碳酸氢钠、碳酸氢钾和磷酸一铵等为基料制成的,其中混入多种添加剂,以改善其流动、储存和斥水性。常用的添加剂有硬脂酸金属、磷酸三钙、硅油等,它们涂在干粉颗粒表面,有利于流动,同时可防止由于潮湿和震动引起的结块。

干粉灭火剂的应用有固定系统、手提软管系统和灭火器三种。干粉系统需设计粉源、动力气源、启动装置、输送管道、喷嘴等,它们主要用在易燃液体生产和储存较集中的场合。

干粉灭火剂本身是无毒的,但在室内使用不当时也可能对人的健康产生不良影响,如人吸进了干粉颗粒会引起呼吸系统发炎。在常温下,干粉是稳定的,当温度较高时,其中的活性成分将分解。一般规定干粉灭火剂的储存温度不超过 49 ℃。另外,不加区别地将不同类型的干粉混在一起是有危险的,它们可以发生反应生成二氧化碳,发生结块,并可能引起爆炸。

(五)卤代烷灭火剂灭火系统

卤代烷灭火剂还常称为"哈龙"灭火剂。碳氢化合物中的氢原子部分或完全被卤族元素取代而生成的化合物称为卤代烷。在灭火技术上使用的卤代烷化合物只含一两个碳原子,使用的卤元素只为氟、氯和溴。

使用卤代烷灭火后,残余的灭火剂及其分解产物全部进入大气。研究发现,这对大气臭氧层具有很大的破坏作用。为了保护大气臭氧层,限制卤代烷灭火剂等产品的使用已成为国际间的共识。

第四节　防排烟工程实验

一、自然排烟实验

(一)实验目的

(1)通过实验了解风洞实验装置和自然排烟的原理;

(2)学会测定热压、模拟烟气温度及流速和排烟口排烟量;

(3)分析自然排烟的影响因素。

(二)实验装置

实验装置见图4-1。

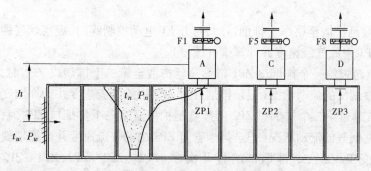

图 4-1 自然排烟子系统示意图

(三)实验原理

自然排烟是借助室内外气体温度差引起的热压作用和室外风力所造成的风压作用而形成的室内烟气和室外空气的对流运动。

自然排烟就是利用面向室外的窗户或专用排烟口将充满室内的烟气排出。自然排烟不使用动力,而且结构简单,运行也可靠,但是当火势猛烈时,由于火焰从开口部喷出,有向上层蔓延的危险,所以上下层窗之间的外墙必须具有足够的高度和防火性能。

自然排烟还容易受室外风的影响。火灾房间在上风侧时,排烟口受正压作用,烟气流出困难,若下风侧的房间有开口,则烟气流向下风侧,建筑物内将充满烟气。另外,火灾房间在下风侧时,由于排烟口处于负压状态,烟气容易向外部排出,排烟效果显著。

自然排烟对于顶棚高的房间或能在顶棚面设置开口的情况下效果很好。发生火灾时若非火灾房间采用的是纵长形窗,也可依靠窗的上部排烟、下部进气来达到烟气的稀释效果。

(四)实验步骤

实验准备:

(1)向发烟器中注入乙二醇至合适液位处;

(2)打开配电柜空气开关,对控制柜供电;

(3)打开控制柜内所有的空气开关;

(4)旋开控制柜面板上的"控制电源"开关,控制回路得电,同时仪表箱得电;

(5)检查急停按钮是否在旋起的状态,如是在按下的状态,向右旋开按钮;

(6)检查触摸屏上是否有故障信息显示,如果有故障,请先清除故障;

(7)启动计算机,单击"开始"按钮,把鼠标指向"程序(P)"条目,并把鼠标指针滑向"多功能风洞试验系统",单击鼠标左键即可启动本软件;

(8)控制回路供电后,触摸屏初始化结束,显示多功能风洞试验系统画面,在本画面轻触"ENTER"按钮,进入运行主画面。

开始实验:

(1)开启风机并调节变频器控制风洞内保持一定的气流速度(抵消进风口的阻力,以模拟自然进风)。

(2)开启空气加热器开关(其中一组)并调节控制风洞内保持一定的温度(高于室外温度10~20℃,以模拟室内热压)。

(3)开启发烟器开关观察烟气的流动状况(记录烟气自整流格栅至第一个排烟口 ZP1

的时间)。

(4)烟气蔓延扩散至第一个排烟口时,打开 F1 电动控制阀门,观察烟气的流动状况(记录排烟管道 ZP1 中的气流速度并计算烟气流量)。

*(5)烟气越过第一个排烟口 ZP1 继续蔓延扩散至第二个排烟口 ZP2 时,打开 F5 电动控制阀门,观察烟气的流动状况(记录排烟管道 ZP2 中的气流速度并计算烟气流量)。

*(6)烟气越过第二个排烟口 ZP2 继续蔓延扩散至第三个排烟口 ZP3 时,打开 F8 电动控制阀门,观察烟气的流动状况(记录排烟管道 ZP3 中的气流速度并计算烟气流量)。

*(7)改变工况:三个排烟口的打开次序(ZP1—ZP2—ZP3、ZP1—ZP3—ZP2、ZP2—ZP1—ZP3、ZP2—ZP3—ZP1、ZP3—ZP1—ZP2、ZP3—ZP2—ZP1),观察烟气的流动状况(记录排烟管道中的气流速度并计算烟气流量)。

(8)记录以下参数:水平距离、进风口中心与排烟口中心的垂直距离、风口尺寸。

注:* 为选做项目。

停机:

关闭全部电加热器开关→关闭发烟器开关→打开顶端对开门→关闭电动控制阀门→10 min 后关闭风机开关→关闭计算机→关闭控制柜面板上的"控制电源"开关→切断电源。

(五)实验数据记录

热压:

$$\Delta P = (\rho_w - \rho_n)gh$$

烟气水平流速:

$$W_{sy} = \sqrt{2gh(\rho_w/\rho_n - 1)}$$

临界风速:

$$W_{lj} = \sqrt{2gh(1 - \rho_w/\rho_n)}$$

排烟量:

$$Q_1 = 3\ 600F_1W_1$$

烟气流量:

$$Q_0 = 3\ 600B_0H_yW_{sy}$$

式中:ΔP 为热压,Pa;ρ_n 为风洞内气流密度,kg/m³,$\rho_n = 353/(273 + t_n)$;t_n 为风洞内气流温度,℃;ρ_w 为室外空气密度,kg/m³,$\rho_w = 353/(273 + t_w)$;t_w 为室外空气温度,℃;h 为排烟口与进风口之间的高度差,m,取值 1.85 m;W_{sy} 为烟气水平流动速度,m/s;W_{lj} 为临界风速,m/s;Q_1 为排烟量,m³/h;F_1 为排烟管道断面面积,m²,断面为 800 mm × 600 mm;W_1 为排烟管道气流速度,m/s;Q_0 为烟气流量,m³/h;B_0 为风洞宽度,m,取值 1.60 m;H_y 为流动烟气厚度,m。

二、自然排烟正压送风防烟实验

(一)实验目的

(1)通过实验了解风洞实验装置和自然排烟正压送风防烟的原理;

(2)学会测定烟气流量、排烟量、模拟门前后的静压;

(3)分析自然排烟正压送风防烟的影响因素。

(二)实验装置

实验装置见图4-2。

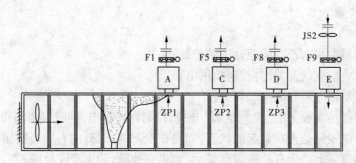

图4-2 自然排烟正压送风防烟示意图

(三)实验原理

正压送风防烟就是对建筑物的某些部位送入足够量的新鲜空气,使其维持高于建筑物其他部位一定的压力,从而把其他部位中因着火所产生的火灾烟气或因扩散所侵入的火灾烟气堵截于被加压的部位之外。实际上,建筑物尤其是高层建筑发生火灾时,楼梯间将成为人们疏散的主要垂直通道,楼梯间等正压系统的门总是要打开的,那么,正压送风系统开门时又是如何防烟的呢? 综合正压送风防烟系统关门和开门的情况,正压送风防烟系统的工作机理是:当由非加压区开向加压区的门关闭时,由于门两侧具有一定的压力差,足以阻止火灾烟气从非加压的着火区或有烟区通过门缝渗漏到加压的非着火区或无烟区。简单地说,即关门时正压间保持一定的正压值,以阻止烟气通过门缝渗漏;当非加压区开向加压区的门敞开时,由于门洞处存在着一股与烟气流向相反的具有一定速度的空气流,足以阻挡火灾烟气从非加压的着火区或有烟区通过敞开的门洞流向加压的非着火区或无烟区。简单地说,即开门时门洞处维持一定的风速值,以阻挡烟气通过门洞倒流。

在高层建筑中,通常是对作为主要疏散通路的楼梯间及其前室或救援通路的消防电梯及其前室采用正压送风防烟的方式;在一些重要的建筑物中,甚至对走廊也采用正压送风防烟的方式;在地下建筑工程中,正压送风防烟方式的应用也日益引起重视,为保证正压送风防烟方式行之有效,不难看到,无论是关门或是开门,都应具有良好的防烟性能。

一个完整的正压送风防烟系统由吸、送、漏、排各个环节所构成。吸是指吸风口,送是指送风口,漏是指漏风通路,排是指排气或排烟部位。

正压送风防烟系统应包括从吸风口到排气口或排烟口之间的各个部分,如送风机、管道及烟气控制区域等。从送风到排气或排烟与漏风之间的部分,这是整个系统的主体部分。通常所说的正压送风防烟系统即是指这个主体部分。以高层建筑为例,正压送风防烟系统中,空气的流程如下:

(1)向楼梯间及其前空、甚至走廊送风,使其保持一定的正压力,形成正压区。

(2)正压区中的空气通过正压区与非正压区之间的关闭的门的缝隙、围护结构的缝隙或开启的门窗向非正压区渗漏或排泄。显然,为使正压区保持一定的正压值,向正压区的送风量应等于正压区向非正压区的泄漏风量。

(3)在着火房间中或疏散通路上与疏散方向相反的走廊尽端处,火灾烟气通过外窗或专设排烟口排出室外。

采用正压送风防烟,烟气通过排烟风口自动排出,这样就构成了自然排烟正压送风防烟组合方式。

(四)实验步骤

实验准备:

(1)向发烟器中注入乙二醇至合适液位处;

(2)打开配电柜空气开关,对控制柜供电;

(3)打开控制柜内所有的空气开关;

(4)旋开控制柜面板上的"控制电源"开关,控制回路得电,同时仪表箱得电;

(5)检查急停按钮是否在旋起的状态,如是在按下的状态,向右旋开按钮;

(6)检查触摸屏上是否有故障信息显示,如果有故障,请先清除故障;

(7)启动计算机,单击"开始"按钮,把鼠标指向"程序(P)"条目,并把鼠标指针滑向"多功能风洞试验系统",单击鼠标左键即可启动本软件;

(8)控制回路供电后,触摸屏初始化结束,显示多功能风洞试验系统画面,在本画面轻触"ENTER"按钮,进入运行主画面。

开始实验:

(1)开启风洞主风机并调节变频器控制风洞内模拟烟气保持一定的气流速度。

(2)开启发烟器开关观察烟气的流动状况(记录烟气自整流格栅至第一个排烟口 ZP1 的阻烟时间)。

(3)打开 F9 电动控制阀门同时开启风机 JS2(正压送风机)。

(4)打开 F1 电动控制阀门。

(5)在风洞主风机的变频器频率一定的情况下,通过调节风机 JS2 的变频器控制,改变送风量,观察并记录烟气的流动状况、排烟量、送风量、阻烟状况、模拟门前静压、模拟门后静压。

(6)打开 F1、F5 电动控制阀门。重复步骤(5)。

(7)打开 F1、F5、F8 电动控制阀门。重复步骤(5)。

(8)改变风洞主风机的变频器频率,控制风洞内烟气水平流度(* 记录工况:风洞内气流速度为 0.1 m/s、0.2 m/s、0.3 m/s、0.4 m/s、0.5 m/s、0.6 m/s、0.7 m/s、0.8 m/s、1.0 m/s、1.2 m/s、1.5 m/s 等),重复步骤(4)、(5)、(6)、(7)。

(9)记录测试数据:烟气水平速度、排烟量、送风量、模拟门前静压、模拟门后静压、阻烟时间、阻烟效果。

停机:

关闭全部电加热器开关→关闭发烟器开关→打开顶端对开门→关闭电动控制阀门→5 min后关闭风机开关→关闭计算机→关闭控制柜面板上的"控制电源"开关→切断电源。

(五)实验数据记录

排烟量:

$$Q_1 = 3\,600F_1W_1$$

正压送风量:

$$Q_3 = 3\,600F_3W_3$$

烟气流量:

$$Q_0 = 3\ 600F_0W_0$$

开口流量：

$$Q_m = 3\ 600\alpha F_m \sqrt{2\Delta P/\rho_m}$$

式中：Q_1 为排烟量，m^3/h；F_1 为排烟管道断面面积，m^2，断面为 800 mm × 600 mm；W_1 为排烟管道气流速度，m/s；Q_3 为正压送风量，m^3/h；F_3 为送风管道断面面积，m^2，断面为 800 mm × 600 mm；W_3 为送风管道气流速度，m/s；Q_0 为烟气流量，m^3/h；F_0 为风洞断面面积，m^2，断面为 2 500 mm × 1 600 mm；W_0 为风洞内气流速度，m/s；Q_m 为开口流量，m^3/h；ΔP 为开口两侧的压差，Pa；ρ_m 为通过开口气流密度，kg/m^3；F_m 为开口流通面积，m^2；α 为开口的流量系数，通常 $\alpha = 0.62$。

第五章 建筑材料高温下的性能

建筑物是由各种建筑材料建造起来的。建筑材料在建筑物中有的用做结构材料,承受各种荷载的作用;有的用做室内装修材料,美化室内环境,给人们创造一个良好的生活或工作环境;有的用做功能材料,满足保温、隔热、防水等方面的使用要求。这些建筑材料高温下的性能直接关系到建筑物的火灾危险性大小,以及发生火灾后火势扩大蔓延的速度。对于结构材料而言,在火灾高温作用下力学强度的降低还直接关系到建筑物的安全。因此,必须研究建筑材料在火灾高温下的各种性能,在建筑防火设计中科学合理地选用建筑材料,以减少火灾损失。

在建筑防火方面,研究建筑材料高温下的性能包括以下五个方面:

(1)燃烧性能。材料的燃烧性能包括着火性、火焰传播性、燃烧速度和发热量等。

(2)力学性能。研究材料在高温作用下,力学性能(尤其是强度性能)随温度的变化关系。对于结构材料,在火灾高温作用下保持一定的强度是至关重要的。

(3)发烟性能。建筑材料燃烧时会产生大量的烟,它除对人身造成危害外,还严重妨碍人员的疏散和消防扑救工作的进行。在许多火灾中,大量死难者并非被烧死,而是烟气窒息造成的。

(4)毒性性能。在烟气生成的同时,材料燃烧或热解中还产生一定的毒性气体。据统计,建筑火灾中人员死亡80%为烟气中毒而死,因此对材料的潜在毒性必须加以重视。

(5)隔热性能。在隔绝火灾高温热量方面,材料的导热系数和热容量是两个最为重要的影响因素。此外,材料的膨胀、收缩、变形、裂缝、熔化、粉化等也对隔热性能有较大的影响。

研究建筑材料在火灾高温下的性能时,要根据材料的种类、使用目的和作用等具体确定应侧重研究的内容。例如对于砖、石、混凝土、钢材等材料,由于它们同属无机材料,具有不燃性。因此,在研究其高温性能时重点在于研究高温下的物理力学性能及隔热性能。而对于塑料、木材等材料,由于其为有机材料,具有可燃性,且在建筑中主要用做装修和装饰材料,所以研究其高温性能时则应侧重于燃烧性能、发烟性能及潜在的毒性性能。

本章着重介绍钢材、混凝土等建筑材料的高温性能,以及建筑材料燃烧性能分级及试验方法。

第一节 建筑材料在高温下的力学性能

一、钢材

建筑用钢材可分为钢结构用钢材(各种型材、钢板)和钢筋混凝土结构用钢筋两类。它是在严格的技术控制下生产的材料,具有强度大、塑性和韧性好、品质均匀、可焊可铆、制成的钢结构重量轻等优点。但就防火而言,钢材虽然属于不燃性材料,耐火性能却很差。

(一)钢材的分类

按照化学成分,钢材可以分为碳素钢和合金钢。

1.碳素钢

碳素钢以铁、碳为主体。含碳量小于0.25%的为低碳钢,介于0.25%~0.6%的为中碳钢,大于0.6%的为高碳钢。

2.合金钢

在普通低碳钢的基础上,加入少量合金元素,如硅、锰、铬、钛、钒等,可以保证钢的良好塑性、韧性,提高钢的强度。低合金钢合金元素总含量小于5%,中合金钢合金元素总含量为5%~10%,高合金钢合金元素总含量大于10%。

(二)常用建筑钢材

1.普通碳素钢

普通碳素钢分为 Q195、Q215、Q235、Q255、Q275 五种,Q 是屈服点的汉语拼音首位字母,数字代表钢材厚度(直径)<16 mm 时的屈服点下限,单位 N/mm^2。数字较低的钢材,碳含量和强度较低,而塑性、韧性、焊接性较好。

普通碳素钢塑性好,适宜于各种加工,并能保证在焊接、超载、冲击、温度应力等不利条件下的安全;力学性能稳定,对轧制、一般加热、剧烈冷却的敏感性较小。但与低合金结构相比,强度较低。普通碳素钢中的 Q235(其碳含量为 0.12%~0.22%)因为其力学及加工等综合方面的性能较好,而且冶炼成本低,所以在建筑工程中得到普遍使用。

2.低合金结构钢

低合金结构钢是一种含有少量合金元素的合金钢种。低合金结构钢具有较高的强度、良好的塑性和冲击韧性,并具有耐锈蚀、耐低温性能,是一种高效能钢种,较多地用于大型结构和荷载较大的结构。

(三)建筑钢材的高温性能

1.强度

在高温下钢材强度随温度升高而降低,降低的幅度因钢材温度的高低和钢材种类而不同。在建筑结构中广泛使用的普通低碳钢力学性质随温度升高而变化。当钢材温度在350 ℃时以下时,由于兰脆现象,极限强度比常温时略有提高;温度超过350 ℃时,强度开始下降;温度达到500 ℃时强度降低约50%,600 ℃时降低约70%。此外,还可看到,钢材的屈服点随温度升高也逐渐降低,在500 ℃时约为常温的50%。

钢材在高温下屈服点降低是决定钢结构和钢筋混凝土结构耐火性能的重要因素,在高温条件下钢筋的抗拉强度与钢的型号、冶炼方法等有直接关系。例如,热轧钢筋在常温下有明显的屈服点,但在高温下屈服点消失。在同样温度条件下,普通热轧低碳钢的徐变大于高强度钢丝的徐变。总的来说,各种钢筋的抗拉强度均随温度的升高而逐渐下降。例如,有一钢构件,在常温下受荷载作用时截面应力值是屈服点的一半。若该构件在火灾条件下受到加热作用,则随着钢材温度的升高,屈服强度降低,当屈服强度下降到常温的一半时,该构件就发生塑性变形而破坏。即由于钢材在火灾高温作用下屈服强度降低,当实际应力值达到降低了的屈服强度时,截面表现出屈服现象而破坏。

钢材高温下的强度变化因钢材种类不同而异。

普通低合金钢在高温下的强度变化与普通碳素钢基本相同,在200~300 ℃的温度范围内极限强度增加,当温度超过 300 ℃后,强度逐渐降低。

冷加工钢筋是普通钢筋经过冷拉、冷拔、冷轧等加工强化过程得到的钢材,其内部晶格架构发生畸变,强度增加而塑性降低。这种钢材在高温下,内部晶格的畸变随着温度升高而逐渐恢复正常,冷加工所提高的强度也逐渐减少和消失,塑性得到一定恢复。因此,在相同的温度下,冷加工钢材强度降低值比未加工钢筋大很多。当温度达到 300 ℃时,冷加工钢筋强度降低约 30%;500 ℃时强度急剧下降,降低约 50%;500 ℃左右时,其屈服强度接近甚至小于未冷加工钢筋在相应湿度时的强度。

高强钢丝用于预应力钢筋混凝土结构。它属于硬钢,没有明显的屈服极限。在高温下,高强钢丝的抗拉强度的降低比其他钢筋更快。当温度在 150 ℃以内时,强度不降低;温度达到 350 ℃以上时,强度降低约 50%;400 ℃时强度下降约 60%;500 ℃时强度下降 80%以上。

预应力钢筋混凝土构件由于所用的冷加工钢筋和高强钢丝在火灾高温下强度下降明显大于普通低碳钢筋和低合金钢筋,因此耐火性能低于非预应力钢筋混凝土构件。

结构钢材在常温下的抗拉性能很好,但受火作用后,会迅速变坏,这样便可使建筑物整体失去稳定而破坏,而且被破坏后的结构钢无法修复再用。

2. 弹性模量

普通低碳钢弹性模量随温度的变化而变化。钢材弹性模量随温度升高而降低,但降低的幅度比强度降低的幅度小。高温下弹性模量的降低与钢材种类和强度级别没有多大关系。

3. 变形性能

钢材的伸长率和截面收缩率随着温度升高总的趋势是增大的。表明高温下钢材塑性性能增大,易于产生变形。

另外,钢材在一定温度和应力作用下,随时间的推移,会发生缓慢塑性变形,即蠕变。蠕变在较低温度时就会产生,在温度高于一定值时比较明显,对于普通低碳钢,这一温度为 300 ~ 350 ℃;对于合金钢为 400 ~ 450 ℃。温度愈高,蠕变现象愈明显。蠕变不仅受温度的影响,而且也受应力大小影响,若应力超过了钢材在某一温度下屈服强度,蠕变会明显增大。

4. 导热系数

钢材在常温下的导热系数约为混凝土的 33 倍(混凝土为 1.8 W/(m·K),钢材为 58.2 W/(m·K))。随着钢材温度升高,导热系数逐渐减小,当温度达到 750 ℃时,导热系数几乎变成了常数,约为 30 W/(m·K)。钢材导热系数大是造成钢结构在火灾条件下极易破坏的主要原因之一。故这种材料受热后的伸长变形往往大于混凝土,导致二者的黏结强度大大减弱。

二、混凝土

(一)混凝土的组成、分类及特点

混凝土是由胶凝材料、水和粗、细骨料按适当比例配合,拌制成拌和物,经一定时间硬化而成的人造石材。

按照表观密度的大小,混凝土通常分为重混凝土(表观密度大于 2 600 kg/m³)、普通混凝土(表观密度为 1 900 ~ 2 500 kg/m³)、轻混凝土(表观密度为 800 ~ 1 900 kg/m³)。重混凝土采用重晶石、铁矿石等做骨料,对 X 射线、Y 射线有较高的屏蔽能力。普通混凝土采用天然的砂、石子做骨料,在建筑工程中使用最广,如房屋、桥梁等承重结构,道路路面等。轻混凝土包括轻骨料混凝土、多孔混凝土及无砂大孔混凝土,多用于有保温隔热要求的墙体、屋面等处,标号高的轻骨料混凝土也用于承重结构。

此外,混凝土可按照功能及用途分类,如结构混凝土、防水混凝土、耐热混凝土、耐酸混凝土等。

混凝土具有许多优点,可根据不同要求配制不同性质的混凝土。混凝土在凝结前具有良好的塑性,因此可以浇制成各种形状和大小的构件或结构物;混凝土与钢筋有牢固的黏结力,能制作钢筋混凝土结构和构件;混凝土拌和物经硬化后有抗压强度高与耐久性良好的特性;混凝土组成材料中砂、石等地方材料占80%以上,符合就地取材和经济的原则。由于混凝土具有上述各种优点,因此它是一种主要的建筑材料,无论是工业与民用建筑、水利工程及地下工程、国防建设等都广泛地应用混凝土。

普通混凝土是由水泥、砂、石和水所组成的。在混凝土中,砂、石起骨架作用,称为骨料;水泥与水形成水泥浆,水泥浆包裹在骨料表面并填充其空隙。

混凝土拌和物硬化以后,应达到规定的强度要求。通常以混凝土的抗压强度作为其力学性能的总指标。混凝土的抗拉强度很低,仅为抗压强度的$1/10 \sim 1/20$。按照国家标准规定,制作边长为150 mm的立方体试件,在标准条件(温度为(20 ± 3)℃,相对湿度90%以上)下,养护到28 d龄期,测得的抗压强度称为混凝土立方体试件抗压强度(简称立方体抗压强度),以R表示。

混凝土按立方体抗压强度分级,强度等级用符号C和立方体抗压强度标准值(以MPa计)表示。立方体抗压强度标准值是指用标准试验方法测得的强度总体分布中具有不低于95%保证率的立方体试件抗压强度。在我国,普通混凝土按立方体抗压强度标准值划分为C7.5、C10、C15、C20、C25、C30、C35、C40、C45、C50、C55、C60等12个等级。例如C30表示一批混凝土标准抗压强度为30 MPa。

为保证混凝土质量,除选择适当的原料,正确进行配合比设计外,还必须对施工过程中的各环节,如称量、搅拌、浇筑、振捣、成型、脱模、养护等过程加以严格控制,从而保证质量、节约水泥以及降低成本。

(二)混凝土的高温力学性质

在火灾作用下,混凝土的抗拉强度、抗压强度、弹性模量等力学性能均会发生变化。

1. 强度

1)抗压强度

在正常情况下混凝土的抗压强度较高,在火灾情况下,其抗压强度却随着温度的升高而逐渐降低,基本上呈线性下降趋势。温度为300 ℃以下,混凝土的抗压强度基本上没有降低,甚至还有些增大;当温度超过300 ℃时,随着温度升高,混凝土抗压强度逐渐降低。其主要原因如下:

(1)水泥石内部产生一系列物理化学变化。如水泥主要水化产物$Ca(OH)_2$、水化铝酸钙等的结晶水排出,使结构变得疏松。

(2)混凝土各组成材料的热膨胀不同。在温度较高(超过300 ℃)情况下,水泥石脱水收缩,而骨料受热膨胀,由于胀缩的不一致性使混凝土中产生很大的内应力,不但破坏了水泥石与骨料间的黏结,而且会把包裹在骨料周围的水泥石撑破。

影响混凝土抗压强度的因素有：

（1）加热温度。混凝土所受加热温度越高，抗压强度下降幅度越大。

（2）混凝土的组成材料。骨料在混凝土组成中占绝大部分。骨料的种类不同，性质也不同，直接影响混凝土的高温强度。用膨胀性小、性能较稳定、粒径较小的骨料配制的混凝土在高温下抗压强度保持较好。混凝土采用高标号水泥、减少水泥用量、减少含水量也有利于保持混凝土在高温下的强度。

（3）消防射水。消防水急骤射到高温的混凝土结构表面时，会使结构产生严重破坏。在火灾高温作用下，当混凝土结构表面温度达到300℃左右时，其内部深层温度依然很低，消防水射到混凝土结构表面急剧冷却会使表面混凝土中产生很大的收缩应力，因而构件表面出现很多由外向内的裂缝。当混凝土温度超过500℃以后，从中游离的CaO遇到喷射的水流，发生熟化，体积迅速膨胀，造成混凝土强度急剧降低。混凝土在火灾条件下温度不超过500℃时，火灾后在空气中冷却一个月时抗压强度降至最低，此后随着时间的增长，强度逐渐回升，一年时的强度可恢复到加热前的90%。混凝土温度超过500℃后，强度则不能恢复。

混凝土是由起黏结作用的水泥、起骨架作用的石和砂与水混合而成的。上述材料搅拌后，它们很快凝固在一起，之后其内部还将发生缓慢的化学反应，水化部分逐渐增多。混凝土中存在许多微孔和微缝，其力学性能不仅取决于其组成成分，而且取决于硬化的环境。

2）抗拉强度

在火灾高温条件下，混凝土的抗拉强度随温度上升明显下降，下降幅度比抗压强度大10%~15%。当温度超过600℃以后，混凝土抗拉强度则基本丧失。混凝土抗拉强度发生下降是由于在高温下混凝土中的水泥石产生微裂缝造成的。

3）黏结强度

对于钢筋混凝土结构而言，在火灾高温作用下钢筋和混凝土之间的黏结强度变化对其承载力影响很大。钢筋混凝土结构受热时，其中的钢筋发生膨胀，虽然混凝土中的水泥石对钢筋有环向挤压，增加两者间摩擦力作用，但由于水泥石中产生的微裂缝和钢筋的轴向错动，仍将导致钢筋与混凝土之间的黏结强度下降。螺纹钢筋表面凹凸不平，与混凝土间机械咬合力较大，因此在升温过程中黏结强度下降较少。

2. 弹性模量

弹性模量是结构计算中的一个重要的物理参数，此性能的好坏对结构的稳定性具有极大的影响。大量试验表明：当温度低于50℃时，其弹性模量变化很小；200℃时的弹性模量只有常温下弹性模量的一半；400℃时的弹性模量下降为常温下弹性模量的15%；600℃时只有常温下弹性模量的5%。实际上，建筑火灾的温度经常达到800℃以上。混凝土在高温下弹性模量降低明显，其呈现明显的塑性状态，形变增加。主要原因是：水泥石与骨料在高温时产生差异，两者之间出现裂缝，组织松弛以及混凝土发生脱水现象，内部孔隙率增加。建筑物由于混凝土弹性模量的急剧下降，而导致整体结构稳定性丧失，以致倒塌。

（三）混凝土的爆裂

在火灾初期，混凝土构件受热表面层发生的块状爆炸性脱落现象，称为混凝土的爆裂。它在很大程度上决定着钢筋混凝土结构的耐火性能，尤其是预应力钢筋混凝土结构。混凝土的爆裂会导致构件截面减小和钢筋直接暴露于火中，造成构件承载力迅速降低，甚至失去支持能力,发生倒塌破坏。

影响爆裂的因素有很多,如混凝土的含水率、密实性、骨料的性质、加热的速度、构件施加预应力的情况以及约束条件等。解释爆裂发生的原因有蒸汽压锅炉效应理论和热应力理论。

根据耐火试验发现在下列情况下混凝土容易发生爆裂:①耐火试验初期;②急剧加热;③混凝土含水率大;④预应力混凝土构件;⑤周边约束的钢筋混凝土板;⑥厚度小的构件;⑦梁和柱的棱角处以及工字型梁的腹板部位等。

(四)混凝土的热学性质

混凝土构件在火灾条件下的升温速度及内部的温度分布,取决于混凝土的热学性质和构件的截面尺寸、形状等。

1. 导热系数

大量试验结果表明,普通混凝土在常温下的导热系数约为 1.63 W/(m·K),随着其温度升高,导热系数越小,在温度 500 ℃时为常温下的 80%,在 1 000 ℃时只有常温下的 50%。

2. 比热容

混凝土在温度升高时比热容缓慢增大。

3. 密度

在升温条件下,混凝土由于内部水分的蒸发和发生热膨胀,密度降低。

在常温下,混凝土直接受拉容易开裂,断裂前无明显残余变形。抗拉强度过低可导致构件开裂、变形等。火灾发生时,混凝土因受热而膨胀,结果在混凝土内部产生内应力,并引起局部出现微裂缝。

三、木材

木材多年来一直是建筑物的主要结构材料。但随着大量新型建材的出现,现在木材已不再是主要的结构材料,但由于其加工、安装方便,在建筑物内的使用依然很普遍。

木材被点燃后,在其表面形成碳化层。碳化层的导热性差,在火灾中它的增厚可有效阻碍木材内层的热分解,从而使燃烧速度变慢。木材的种类、含水率、构件的几何形状、受热的方式和方位都对其燃烧速度有较大影响。随着燃烧的进行,其碳化体积增大,强度下降。为了提高木材的着火温度或减慢木材的燃烧速率,现在经常对其进行耐火处理。一般可用耐火盐类浸泡,或在其表面上喷涂防火涂料。最好的方法是在其外部加隔热保护层或饰面板,做成夹心结构。

第二节　建筑材料的燃烧性能和耐火性能

各类建筑材料在燃烧过程中性能复杂。我们通过对火场的观察可以发现,影响建筑火灾的主要因素是建筑材料在高温下的热性能。建筑材料在高温下的热性能主要包括燃烧性能、发烟性能、耐火性能、强度性能、毒性性能、隔热性能等几个方面。在消防工程中,研究的主要是建筑材料的燃烧性能和耐火性能。

建筑火灾的发展和蔓延,多数是由不耐火的建筑结构和可燃装修材料所致。建筑材料的燃烧性能和耐火性能将决定建筑构件的耐火性能,建筑构件的耐火性能又决定着建筑物的整体防火性能,建筑材料的燃烧性能和建筑构件的耐火极限是影响建筑火灾的重要因素之一。而建筑装修材料的防火性能究竟如何又会对建筑物的防火性能产生重要的影响。因此,我们研究建筑内部装修防火,就应当首先研究这些因素。

一、燃烧性能的概念

当材料、产品和构件燃烧或遇火时,所发生的一切物理和化学变化,称为该材料的燃烧性能。

二、建筑材料燃烧性能的分类

我国建筑材料燃烧性能分级是按照国家标准《建筑材料燃烧性能分级方法》(GB 8624—88)执行的。将材料的燃烧性能划分为 A、B1、B2、B3 等共 4 个等级:

(1)A 级:具有不燃性,如装饰石膏板、石材、陶瓷等;

(2)B1 级:具有难燃性,如装饰防火板、阻燃墙纸;

(3)B2 级:具有可燃性,如胶合板、织物类;

(4)B3 级:具有易燃性,如油漆等。

第三节　建筑构件的耐火性能

任何建筑物都是由各种建筑构件组成的。建筑物的耐火能力取决于建筑构件抵抗火的能力,即建筑构件的耐火性能。一般而言,建筑构件的耐火性能包括两部分内容:一是组成构件材料的燃烧性能;二是构件的耐火极限。

一、建筑构件的燃烧性能

建筑构件的燃烧性能是其制成的建筑材料的燃烧性能决定的,不同性能的建筑材料做成建筑构件后,其燃烧性能分为以下三类:

(1)不燃烧体:是指用不燃烧材料制成的构件。这类构件在空气中受到火烧或高温作用时不起火、不微燃、不碳化,如楼板、钢筋混凝土制的梁、柱、砖墙等。

(2)难燃烧体:是指用难燃烧材料制成的构件或用可燃材料制成再用不燃性材料作一下阻燃处理的构件。该类构件在空气中受到火烧或高温作用时,难起火,难微燃,难碳化,当火源移走后,燃烧或微燃立即停止。如阻燃水泥刨花板和经阻燃处理的木制防火门等。

(3)燃烧体:是指用可燃材料制成的构件。这类构件在空气中受到火烧或高温作用时,立即起火或微燃,当火源移走后,燃烧仍能继续或微燃,如木屋架、木梁、可燃塑料制成的构件等。

二、建筑构件的耐火极限及判定条件

耐火极限是建筑构件耐火性能的主要指标,目前通过标准耐火试验来确定。

耐火极限是指在标准耐火试验条件下,建筑构件、配件或结构,从受到火的作用时起,到失去稳定性或完整性或隔热性时止的这段时间,以小时(h)表示。

(1)失去稳定性,指构件在试验过程中失去承载能力或抗变形能力,此条件主要针对承重构件。具体地讲：

墙——试验中发生塌垮，则表示试件失去承载能力。

梁或板——试验中发生塌垮，则表示试件失去承载能力。试件最大挠度超过 $L/20$，则表示试件失去抗变形能力，此处 L 为试件跨度。

柱——试验中发生塌垮，则表示试件失去承载能力。

（2）失去完整性，是指建筑物的分隔构件、配件（如楼板、门帘、隔墙等）在一面受到火的作用时，出现穿透、裂缝或穿火孔隙，失去阻止火焰或高温气体穿透或阻止其背火面出现火焰，使背火面可燃物起火燃烧的性能。

（3）失去隔热性，是指分隔构件、配件失去隔绝过量热传导的性能。在试验中，试件背火面测点测得的平均温度升到 140 ℃，或背火面测温点任一测点温度达到 220 ℃时，均认为构件、配件失去隔热性。

三、影响建筑构件耐火性能的因素

建筑材料的热性能如何，主要取决于建筑材料的理化性质和环境因素。

（一）导热性

建筑构件的导热系数越大，热传导也就越快，因而也就越不耐火；反之，导热系数越小，热传导就越慢，也就越耐火。

（二）热膨胀系数

建筑材料的热膨胀系数越大，在火灾高温下变形就越大，越容易使建筑结构破坏，因而也就越不耐火。

（三）外部使用环境

在有些情况下，外部使用环境也会影响建筑构件的性能。如木屋架在硝酸挥发气体的长期作用下会发生化学变化，木纤维就会变为硝化纤维。此时，不仅构件强度会大大降低，而且还会导致构件更加易燃，使火灾危险性增大。

因此，在建筑选材时，应研究其理化性质，尤其是材料在高温下的力学性能和化学变化。对于用做建造厂房、库房的建筑材料，还应选择具有抵抗生产或储存过程中挥发的有害气体影响的建筑材料。

四、建筑构件用料与建筑构件耐火等级的关系

一级耐火等级建筑是钢筋混凝土结构或砖墙与钢筋混凝土结构组成的混合结构；二级耐火等级建筑是钢屋架、钢筋混凝土柱或砖墙组成的混合结构；三级耐火等级建筑是木屋顶和砖墙组成的砖木结构；四级耐火等级建筑是木屋顶、难燃烧体墙壁组成的可燃结构建筑。

第四节 建筑内部装修防火

装修是指在房屋工程上抹灰、粉刷并安装门窗、水电等设备。装饰是指建筑物或物体的表面加些附属的东西，使其美观。我们这里所讲的建筑内部装修是既包含装修也包含装饰的，包括墙面、地面、顶棚这三大基本部分。

一、建筑内部装修的火灾危险性

大量火灾实例表明,如果建筑物的室内装修材料是可燃的,那么其火灾危险性就会增大,失火后蔓延就快,不利于安全疏散,扑救难度大,容易酿成大火,造成严重损失。建筑内部装修的火灾危险性主要表现在以下几个方面:

(1)使建筑发生火灾的概率增大。建筑内部装修采用可燃材料多,适用范围广,引发火灾的可能性增大。

(2)传播火焰,使火势迅速蔓延,扩大接触火源的机会。建筑物发生火灾时,可燃、易燃性装修材料在被引燃、发生燃烧的同时,会把火焰传播开来,造成火势迅速蔓延。火势在建筑物内的蔓延可以通过顶棚、墙面和地面的可燃装修材料从房间蔓延到走道,再由走道扩散到竖向的孔洞、管道井,向上层蔓延。在建筑外部,火势可以通过外墙窗口等引燃上一层的窗帘、窗纱、窗帘盒等可燃装修材料而使火灾蔓延扩大,形成大面积火灾。

(3)增大了建筑物内火灾负荷。由于室内装修所采用的材料,大部分是易燃、可燃的,它不但增大了建筑物内的火灾荷载,使火灾持续时间增长,燃烧更加猛烈,而且会出现持续性高温,对建筑结构产生严重危害。

(4)内部装修材料燃烧能产生烟雾和有毒气体,使人们的疏散行动、火灾扑救工作难以进行。

(5)造成室内轰燃提前发生。轰燃发生之前,火灾处于初起阶段,火灾范围小,室内温度较低,是扑救火灾和人员疏散的有利时机。而一旦发生了轰燃,火灾进入全面的猛烈燃烧阶段,室内人员已无法疏散,火灾扑救难度增大。建筑物发生轰燃的时间长短除与建筑物内可燃物品的性质、数量有关外,还与建筑物内是否进行装修及装修材料的燃烧性能关系极大。装修后建筑物内更加封闭,热量不易散发,加之可燃性装修材料导热性能差,热容小,易积蓄热量,因此会促使建筑物内温度急剧上升,缩短轰燃前的发展过程。根据有关试验,一般建筑物轰燃发生的时间是:用可燃材料装修时,约为 3 min;用难燃材料装修时,为 4~5 min;用不燃材料装修时,为 6~8 min;未进行装修的则大于 8 min。图 5-1 表示了室内用几种内装修材料装修的室温变化和发生轰燃情况。室内火灾一旦达到轰燃进入全面、猛烈燃烧阶段,则可燃装修材料就成为火灾蔓延的重要途径,而使火灾蔓延扩大。

建筑防火的一个重要方面,就是要在建筑物一旦发生火灾时设法延长火灾初期的时间,以便有较

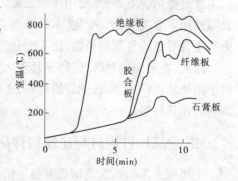

图 5-1　不同材料装修的室内温度变化和
发生轰燃情况

为充分的时间疏散人员和物资,等待消防人员到达组织灭火。内装修对火灾的影响主要表现在火灾初期,即在轰燃之前,它对初期火灾的发展速度影响很大。

二、建筑内部装修材料的分类

建筑内部装修是指包括对顶棚、墙面、地面、隔断等建筑的装修,以及固定家具、窗帘、帐幕、床罩、家具包布、固定饰物等。根据建筑用途、场所、部位不同,所使用的装修材料的火灾

危险性也不同,对装修材料的燃烧性能要求也不同。为了便于对材料燃烧性能的测试和分级,安全合理地根据建筑的规模、用途、场所、部位等特点去选用装修材料,根据装修材料在内部装修中的部位和功能,可划分为顶棚装修材料、墙面装修材料、地面装修材料、隔断装修材料、固定家具、装饰织物及其他装饰材料七类。这里所说的装饰织物,是指窗帘、帐幕、床罩、家具布等;其他装饰材料,是指楼梯扶手、挂镜线、踢脚板、窗帘盒、暖气罩等。

三、建筑内部装修材料燃烧性能的分级

为了便于检测和管理,建筑内部装修材料按其燃烧性能分为四级,如表5-1所示。

表5-1　建筑内部装修材料燃烧性能等级

等级	装修材料燃烧性能	等级	装修材料燃烧性能
A	不燃性	B2	可燃性
B1	难燃性	B3	易燃性

建筑内部装修材料的燃烧性能等级应由专业检测机构检测确定。不同级别的材料应按照不同的方法进行检测和确定。

四、常用建筑内部装修材料燃烧性能等级的划分

(一)纸面石膏板

纸面石膏板如果认定它只能作为B1材料,则又有些不尽合理,况且目前还没有更好的材料可替代它。考虑到纸面石膏板用量极大这一客观实际,以及建筑设计防火规范中,认定贴在钢龙骨上的纸面石膏板为非燃材料这一事实,所以安装在钢龙骨上的燃烧性能达到B1的纸面石膏纸、矿棉吸声板,可作为A级装修材料使用。

(二)壁纸

纸质、布质壁纸的材质主要是纸和布,这类材料热分解产生的可燃气体少、发烟量小。尤其是被直接粘贴在A级基材上且重量小于300 g/m^{2}时,在试验过程中,几乎不出现火焰蔓延的现象,故单位重量小于300 g/m^{2}的纸质、布质壁纸,当直接粘贴在A级基材上时,可作为B1级装修材料使用。

(三)胶合板

在装修工程中,胶合板的用量很大,根据国家防火建筑材料质量监督检测中心提供的数据,涂刷一级饰面型防火涂料的胶合板的燃烧性能能达到B1级。为了便于使用,避免重复检测,所以当胶合板表面涂覆一级饰面型防火涂料时,可作为B1级装修材料使用。但饰面型防火涂料的等级应符合现行国家标准《防火涂料防火性能试验方法及分级标准》的有关规定。当胶合板用于顶棚和墙面装修并且内不含电器、电线等物体时,胶合板的内外表面以及相应的木龙骨应当涂防火涂料,或采用阻燃浸渍处理达到B1级。

(四)涂料

涂料在室内装修中量大而广,一般室内涂料涂覆比较薄,涂料中的颜料、填料多,火灾危险性不大。所以,施涂于不燃性基材上的有机涂料均可作为B1级材料使用;施涂于A级基材上的无机装饰涂料,可作为A级装修材料使用;施涂于A级基材上,湿涂覆比小于1.5

kg/m^2 的有机装饰涂料,可作为 B1 级装修材料使用。涂料施涂于 B1、B2 级基材上时,应将涂料连同基材一起按规定的测试方法确定其燃烧性能等级。

当采用不同装修材料分几层装修同一部位时,各层的装修材料只有贴在等于或高于其耐燃等级的材料上,这些装修材料燃烧性能等级的确认才是有效的。但有时会出现一些特殊的情况,如一些隔声、保温材料与其他不燃、难燃材料复合形成一个整体的复合材料时,对此不宜简单地认定这种组合做法的耐燃等级,应进行整体的试验,合理验证。所以,对于复合型装修材料,应由专业机构进行整体测试并划分其燃烧性能等级。常用建筑内部装修材料燃烧性能等级划分举例见表 5-2。

表 5-2　常用建筑内部装修材料燃烧性能等级划分举例

材料类别	级别	材料举例
各部位材料	A	花岗石、大理石、水磨石、水泥制品、混凝土制品、石膏板、石灰制品、黏土制品、玻璃、瓷砖、陶瓷锦砖、钢铁、铝、钢合金等
顶棚材料	B1	纸面石膏板、纤维石膏板、水泥刨花板、矿棉装饰吸声板、玻璃棉装饰吸声板、珍珠岩装饰吸声板、难燃胶合板、难燃中密度纤维板、矿棉装饰板、难燃木材、铝箔复合材料、难燃酚醛胶合板、铝箔玻璃钢复合材料等
墙面材料	B1	纸面石膏板、纤维石膏板、水泥刨花板、矿棉板、玻璃棉板、珍珠岩板、难燃胶合板、难燃中密度纤维板、防火塑料装饰板、难燃双面刨花板、多彩涂料、难燃墙纸、难燃墙面、难燃仿花岗石装饰板、难燃玻璃的平板、PVC 塑料护墙板、轻质高强复合墙板、阻燃模压木质复合板材、彩色阻燃人造板等
墙面材料	B2	各类天然木材、木制人造板、竹材、纸制装饰板、装饰微薄木贴面板、印刷木纹人造板、塑料贴面装饰板、聚酯装饰板、塑纤板、胶合板、塑料壁纸、无纺贴墙布、墙布、复合壁纸、天然材料壁纸、人造革等
地面材料	B2	半硬质 PVC 塑料地板,PVC 卷材地板、木地板、氯纶地毯等
地面材料	B3	硬 PVC 塑料地板、水泥刨花板、水泥木丝板、氯丁橡胶地板等
装饰织物	B1	经阻燃处理的各类难燃织物等
装饰织物	B2	纯毛装饰布、纯麻装饰布、经阻燃处理的其他织物等
其他装饰材料	B1	聚氯乙烯塑料、酚醛塑料、聚碳酸酯塑料、聚四氟乙烯塑料、三聚氰胺、聚醛塑料、硅树脂塑料装饰型材、经阻燃处理的各类织物等。另见顶棚材料和墙面材料内的有关材料
其他装饰材料	B2	经阻燃处理的聚乙烯、聚丙烯、聚氨酯、聚苯乙烯、玻璃钢、化纤织物、木制品等

五、建筑内部装修材料燃烧性能等级的试验和判定方法

由于建筑内部装修种类繁多,所以其测试方法和分级标准也不尽相同。

(一) A 级装修材料

A 级装修材料的试验方法,应符合现行国家标准《建筑材料不燃性试验方法》(GB 5464—1985)的规定。在进行不燃性试验时,同时符合下列条件的材料,其燃烧性能等级应定为 A 级:①炉内平均温度、试样表面平均温升、试样中心平均温升均不超过 50 ℃;

②试样平均持续燃烧时间不超过 20 s。

（二）B1 级装修材料

B1 级顶棚、墙面、隔断装修材料的试验方法应符合现行国家标准《建筑材料难燃性试验方法》（GB/T 8625—1988）的规定。顶棚、墙面、隔断装修材料经难燃性试验，同时符合下列条件的应定为 B1 级：①试件燃烧的剩余长度平均值 >150 mm；②没有一组试验的平均烟气温度超过 200 ℃；③经过可燃性试验，且能满足可燃性试验的条件。

（三）B2 级装修材料

B2 级顶棚、墙面、隔断装修材料的实验方法应符合现行国家标准《建筑材料实验方法》的规定，顶棚、墙面、隔断装修材料经可燃性试验，同时符合下列条件的应定为 B2 级：①对下边缘无保护的试件，几个试件火焰尖头均未到达刻度线；几个试件经可燃性试验，同时符合条件：在底边缘点火开始后 20 s 内，5 个试件火焰尖头均未达到刻度线。②对下边缘有保护的试件，除符合以上条件外，应附加一组表面点火，点火开始后的 20 s 内，5 个试件火焰尖头均未到达刻度线。

（四）地面装饰材料

B1 级和 B2 级地面装修材料的试验方法应符合现行国家标准《铺地材料临界辐射通量的测定 辐射热源法》（GB/T 11785—1989）的规定。地面装修材料经辐射热源法试验，当最小辐射通量大于或等于 0.45 W/cm² 时，应定为 B1 级；当最小辐射通量大于或等于 0.22 W/cm² 时，应定为 B2 级。

（五）装饰织物

装饰织物的试验方法应符合现行国家标准《纺织织物阻燃性能测试垂直法》的规定。装饰织物经垂直法试验，并符合表 5-3 的条件的，应分别定为 B1 级和 B2 级。

表 5-3 装饰织物燃烧性能等级判定

级别	损毁长度(mm)	续燃时间(s)	阴燃时间(s)
B1	≤150	≤5	≤5
B2	≤200	≤15	≤10

（六）塑料装饰材料

塑料装饰材料的试验方法应符合现行国家标准《塑料燃烧性能试验方法氧指数法》、《塑料燃烧性能试验方法水平燃烧法》、《塑料燃烧性能试验方法垂直燃烧法》的规定。塑料装饰材料，经氧指数法、水平燃烧法和垂直燃烧法试验，并符合表 5-4 中的条件的，应分别定为 B1 级和 B2 级。

表 5-4 塑料燃烧性能等级判定

级别	氧指数法	水平燃烧法	垂直燃烧法
B1	≥32	1 级	0 级
B2	≥27	1 级	1 级

任何两种测试方法得到的数据很难取得完全一致的对应关系。因为不同的材料燃烧性

能等级虽然代号相同,但测试方法是按材料类别分别规定的,不同的测试方法获得的燃烧性能等级之间不存在完全对应的关系,因此应按材料的分类规定的测试方法由专业检测机构进行检测和确认燃烧性能等级。固定家具及其他装饰材料的燃烧性能等级,其试验方法和判定条件应根据材料的材质,按以上方法确定。

六、建筑内部装修防火的基本原则

建筑内部装修防火应遵循以下基本原则:

(1)预防为主、防消结合的原则。为了保障建筑内部装修的消防安全,必须贯彻"预防为主、防消结合"的原则,在装修工程中严格执行《建筑内部装修设计防火规范》(GB 50222),积极采用先进的防火技术,做到"防患于未然",防止和减少建筑物火灾的危害,确保公民生命财产安全。

(2)安全与美观的原则。装修的首要目的就是给人们创造一个美好而温馨的工作、生活环境,因而美观、漂亮是装修的出发点,然而所使用的装饰材料有一个共同特点,就是会增加建筑物的火灾危险性。因此,在实际工作中必须正确处理好装修效果与使用安全之间的矛盾,使建筑装修在满足规范要求的基础上方能考虑美观的装饰。

(3)从严要求的原则。①对重要的建筑物比对一般建筑物要求严,对地下建筑比对地上建筑要求严,对高度在 100 m 以上的建筑比对一般高层建筑的要求应更严。②对建筑物防火的重点部位,如楼梯、公共活动区、走道及危险性大的场所等,要比对一般建筑部位要求严。③对顶棚的要求严于墙面,对墙面的要求严于地面,对基材的要求严于粘贴在基材上的物件。

(4)遵循国家的规范、标准,并与自省消防设施衔接的原则。建筑内部装修防火是建筑防火工作中的一个重要部分。一般各类建筑首先应根据现行的国家有关消防技术规范和标准要求进行防火设计,然后再考虑内部装修的防火要求。如有的建筑物设有消火栓灭火系统、自动喷水灭火系统、火灾自动报警系统、气体灭火系统等固定消防设施,装修不当会妨碍各种消防设施的正常使用。因此,内装修时,应遵循现行的国家消防技术规范,并与已建消防设施相衔接,严禁因装修封堵、损坏、影响固定消防设施、安全疏散通道、出口的正常使用。

七、建筑内部装修的防火要求

(一)特殊部位、设施的防火要求

1.特殊房间

1)档案室、资料室、图书室及存放文物的房间

档案室、资料室、图书室及存放文物的房间,由于档案、图书、资料等本身为可燃物,一旦发生火灾,火势发展十分迅速。有些档案、图书、资料、文物的保存价值很高,收藏难度较大,一旦被焚,不可重得,损失更大。故对这类房间应提高装修防火的要求,把这些部位发生火灾的可能性降到最低。因此,要求用于存放图书、资料和文物房间的顶棚、墙面均应使用 A 级材料装修,地面装修应使用不低于 B1 级的材料。

2)大中型计算机房、中央控制室、电话总机房

因为在各类计算机房、中央控制室、电话总机房内放置了大批贵重和关键性的设备且此类设备有的本身价格昂贵,有的影响面大,一旦失火后会造成重大损失;有些设备不仅怕火,

也怕高温和水渍,有时即使火势不大,也会造成很大的经济损失,并且由于其所具有的中心控制作用,也会导致巨大的间接损失。故大中型计算机房、中央控制室、电话总机房等放置特殊贵重设备的房间,装修时,其顶棚和墙面应采用 A 级装修材料,地面及其他装修应使用不低于 B1 级的装修材料。

3) 无窗房间

因为无窗房间存在火灾初起阶段不易被发觉,发现起火时,火势往往已经较大;室内的烟雾和毒气不能及时排出;消防人员进行火情侦察和施救比较困难的特点。所以,与其他房间相比,对无窗房间的室内装修防火的要求在整体上应提高一个档次。因此,除地下建筑外,其内部装修材料的燃烧性能等级,除 A 级外,应该在规定的基础上提高一个等级。

4) 使用明火器具的科研实验室、餐厅

随着我国旅游业的发展,各地兴建了许多高档宾馆和风味餐馆。有的餐馆经营各式火锅,有的风味餐馆使用带有燃气灶的流动餐车,并由客人自己操作,在这些地方由于操作失误而导致的火灾和爆炸屡有发生。这些公共场所人员密集、流动性大,管理不便,使用明火增加了引发火灾的危险性。因此,经常使用明火器具的科研实验室、餐厅,装修材料的燃烧性能等级除 A 级外,应比同类建筑物的要求提高一级。

5) 电力、动力设备用房

电力、动力设备用房主要包括消防水泵房、排烟机房、固定灭火系统钢瓶间、配电室、变压器室、通风和空调机房等。由于功能和安全的需要,在许多大型公共建筑物中程度不同地设有这些动力设备用房。这些设备在火灾中均应保持正常运转功能,对火灾的控制和扑救具有关键的作用。所以,从这种意义上说,这些设备用房是绝不能成为起火源的,也不能由于可燃材料的装修将其他房间的火引入这些房间中。因此,应当全部使用 A 级材料装修。

2. 特殊顶棚和墙面

1) 顶棚或墙面表面

实际工程中,有时因功能需要必须在顶棚和墙的表面局部采用一些多孔或泡沫塑料装修,但多孔和泡沫塑料比较易燃,且燃烧时产生的烟气对人体危害较大。因此,为了减少火灾中的烟雾和毒气危害,应当采取从使用面积和厚度两方面加以限制的防火措施。即当顶棚或墙面表面局部采用多孔或泡沫状塑料时,其厚度不应大于 15 mm,面积不得超过该房间顶棚或墙面积的 10%。需注意的是,以上所说的多孔或泡沫状塑料,当用于顶棚表面时,面积不得超过该房间顶棚面积的 10%;当用于墙表面时,面积不得超过该房间墙面积的 10%,顶棚和墙面的面积应当分别计算。此外,所说的面积是指展开面积,如墙面面积还包括门窗面积。

2) 厨房的顶棚、墙面、地面

厨房里火源较多,用燃气、用电多,对装修材料的燃烧性能应有更加严格的要求。根据厨房的装修多采用瓷砖、石材、涂料等材料和易于清洗的实际情况,建筑物内厨房的顶棚、墙面、地面均应采用 A 级装修材料。

3. 消防安全设施

1) 消防控制室

消防控制室是火灾自动报警系统的控制和处理信息中心,也是火灾发生时灭火作战的指挥中心。因此,其顶棚、墙面的装修材料为 A 级,地面为 B1 级。

2) 消防设施

建筑内的消防设施包括消火栓、自动火灾报警、自动灭火、防排烟、防火分隔构件等。建筑内部消防设施是根据国家现行有关规范的要求设计安装的，平时应加强维修管理，以便一旦需要使用时，操作起来迅速、安全、可靠。但是，有些单位为了追求装修效果，擅自改变消防设施的位置。还有的任意增加隔墙，影响了消防设施的有效保护范围。在进行建筑内部装修时，一般不应遮挡消防设施和疏散指示标志及出口，并且不应妨碍消防设施和疏散走道的正常使用。但是，有些单位擅自改变消防设施的位置、任意增加隔墙、改变原有空间布局等做法轻则影响消防设施的原有功效，减小其有效的保护面积，重则丧失它们应有的作用。

3) 疏散指示标志

疏散指示标志是安全疏散诱导的标志。目前，在建筑物室内柱子和墙面镶嵌大面积镜面玻璃的做法较多，其作用是，可以延伸视觉效果，扩大空间感，增添独特的华丽造型，调节室内的光线。但镜面玻璃也具有一个很大的缺点，就是对人的存在位置和走向有一种误导作用，在火灾及其他一些恐慌状态下，这种误导的后果将是致命的。因此，在进行室内装修时，要保证疏散指示标志和安全出口易于辨认，以免人员在紧急情况下发生疑问和误解。故建筑内部装修不应遮挡消防设施和疏散指示标志及安全出口，并且不应妨碍消防设施和疏散走道的正常使用，更不能减少安全出口、疏散出口及疏散走道的设计所需的净宽度和数量。

4. 特殊部位

1) 楼梯间、前室

考虑到建筑内纵向疏散通道在火灾中的安全问题，火灾发生时，各楼层的人员都只能经纵向疏散通道向外撤离，故无自然采光的楼梯间、封闭楼梯间、防烟楼梯间和前室的顶棚、墙面和地面均应采用 A 级装修材料，以保证楼梯不成为最初的火源地，即使进入楼梯也不会形成连续的燃烧状态。前室的装饰要求与楼梯间相同。

2) 共享空间部位

建筑物内设有上下层相连通的中庭、走马廊、开敞楼梯、自动扶梯时，其连通部位的顶棚、墙面应当采用 A 级装修材料，其他部位可采用不低于 B1 级的装修材料。这是因为共享空间部位空间高度大，有的上下贯通几层甚至十几层。一旦发生火灾，能起到烟囱一样的作用，使火势无阻挡地向上蔓延，很快充满该建筑空间，给人员疏散造成很大的困难。

3) 水平疏散走道和安全出口门厅

由于建筑物各层的水平疏散走道和安全出口门厅是火灾中人员逃生水平疏散路线中最重要的一段。它的两端分别连通各个房间和楼梯间，在人员疏散中被称做第一安全区。当着火房间中的人员逃出房间进入走道后，该水平走道应能较好地保障其顺利地走向前室和楼梯。一般情况下，人们从房间、多功能厅到安全出口，水平方向的疏散就已完成，人员开始进入第二安全区——前室或楼梯。人们在前室既可暂时避难，也可由此沿楼梯向下层或楼外疏散。因此，对水平通道的防火要求比垂直通道要低一些，但比其他室内的要求要高一些。故对地上建筑的水平疏散走道和安全出口门厅的顶棚装修材料应采用 A 级材料，其他部位应采用不低于 B1 级的装修材料。

4) 变形缝

建筑内部的沉降缝、伸缩缝、抗震缝等变形缝上、下贯通整个建筑物，嵌缝材料具有一定的燃烧性。虽然涉及的部位不大，但一旦火灾通过这些部位蔓延扩大，可导致垂直防火分区完全失效,故这些部位两侧的基层采用 A 级材料装修。表面装修应采用不低于 B1 级的装修材料。

(二)居民住宅装修的防火要求

随着人们生活水平的提高,家庭装修也日益盛行。但是由于人们不了解装修的火灾危险,往往只图外形美观而忽视消防安全和健康安全。安全是家庭装修中一个绝不容忽视的重要问题,在家庭装修的设计、选材和施工等的整个过程中,必须把安全放在首位,不能搞"破坏性装修"。因此,应遵循以下原则:

(1)装修材料要选择不燃、难燃材料。要尽量选用不燃或难燃材料进行装饰,尤其要选用燃烧产物、热分解产物毒性少,发烟量少的材料。在不得不使用易燃材料时,最好能涂饰防火涂料;同时,要提高警惕,防止使用假冒伪劣的涂料和墙纸,以避免有毒有害的涂料和墙纸带来危害。

(2)不要使用超重和具有放射性的材料。在家庭装修中应尽可能选择轻质材料。抬高地坪时,可选用较轻的珍珠岩块材,避免采用实心结构的钢筋混凝土;铺设花岗岩和大理石时,应尽可能控制铺设面积;分隔房间的墙体最好采用轻钢龙骨或内填隔声隔热材料的木结构;做吊顶时,应简化结构,选用轻质材料。由于有些花岗岩和大理石具有放射性,因而最好选用已经有关部门鉴定合格的产品。

(3)不要随意改造结构、擅自改变房间用途。原则上应尽可能避免对原有居室结构进行改造。如必须改造,应在专业人员的指导下,通过浇筑混凝土过梁或架设钢梁等方法进行加固,以确保安全。

将厨房改成卧室,这种做法极其危险,因为一旦燃气泄漏,后果不堪设想。将外阳台改成厨房或卧室,此举同样不可取,因为外阳台楼板的承载力一般不大,而外阳台改成厨房或卧室后会使阳台楼板受力增大,很可能会导致楼板断裂脱落。

(4)不要自行移接煤气管道和煤气表。由于煤气是一种易燃易爆的气体,管道及煤气表的连接部位往往由于连接不够严密而引发泄漏事故,且一旦泄漏往往发生爆炸,甚至造成人员伤亡和财产损失。为了防止煤气泄漏或一旦泄漏能够及时发现和修复,煤气管道不得埋入墙内,煤气表也不得为了美观而将其包装起来,更不得随意自行移接煤气管道和煤气表,若必须移接也必须由专业人员操作。

(5)敷设管线要注意防火和房屋建筑的结构安全。有的人为了美观,往往将管线埋入墙内;有的在凿墙开槽时,如遇上钢筋,常常将其切断;有的装修者甚至在整个房屋的圈梁下凿槽埋设管线。这样,严重破坏了房屋承重结构,是非常危险的。因此,凿墙敷设管线应尽量走"短线",或在地板下铺设。如果在地板下铺设管线,应尽可能减少或避免管线的连接"接头",因为管线接头处不严密或接触不良常常是引起漏水漏电的主要原因。另外,电器设备和线路设计、安装要符合消防安全要求,穿过墙体或沿墙体敷设的电器线路,应当从硬质塑料管中穿过,导线的截面面积应当符合日常最大用电负荷的要求。

(6)走道、楼梯间和阳台上不要堆放杂物,尤其是易燃物。有些居民家里,常把一些不用的家具和生活杂品放置在走道两旁、楼梯间里或阳台上,有的甚至在走道或楼梯间的上方架起搁架堆放杂品,还有的将煤炉或液化石油气灶放置在走道内使用等,这些都是非常危险的火灾隐患。殊不知,煤火炉增加了引火源,可燃的家具和生活杂品、液化石油气不仅增加了火灾荷载,而且还造成通道狭小、疏散困难,极易造成伤亡事故。所以,走道、楼梯间和阳台上不要堆放杂物,尤其是可燃物。

(7)注意装修的施工安全。建筑内部装修的施工现场存在着大量的可燃物,甚至是易燃危险品,且施工过程中往往要使用电焊、气焊等明火作业,施工人员也经常要抽烟;有的施工现场老远就能够嗅到浓浓的稀料和油漆的味道等,各种火灾隐患经常存在着,因此必须十分注意装修的施工防火安全。

(8)安装防盗网、防盗门要注意安全疏散。为了防盗,在低层居住的大多数住户都安装了防盗门和铁栅栏,在窗户和阳台上安装了防盗网。这对于防盗无疑是一种很好的安全措施,但对于防火及安全疏散就成了"鬼门关"。因此,安装防盗网时应设有活络档,防盗门窗应由内向外开启,钥匙放在容易取用的地方,以免火灾时因找不到钥匙或钥匙插不进锁芯而贻误逃生时间。室内有人时不要反锁门窗,非锁不可时应将钥匙插入孔内。室内装饰装修要留出安全通道,不应遮挡消防设施,且不应妨碍消防设施的正常使用。

(三)工业厂房内部装修的防火要求

1. 工业厂房内部各部位装修材料的燃烧性能等级

根据生产的火灾危险性特征,工业厂房内部各部位装修材料的燃烧性能等级,不应低于表 5-5 的规定。

表 5-5　工业厂房内部各部位装修材料的燃烧性能等级

工业厂房分类	建筑规格	装修材料燃烧性能等级			
		顶棚	墙面	地面	隔断
甲、乙类厂房及有明火的丁类厂房		A	A	A	A
丙类厂房	地下厂房	A	A	A	B1
	高层厂房	A	B1	B1	B2
	高度 >24 m 的单层厂房,高度≤24 m 的单层、多层厂房	B1	B1	B2	B2
无明火的丁类厂房、戊类厂房	地下厂房	A	A	B1	B1
	高层厂房	B1	B1	B2	B2
	高度 >24 m 的单层厂房,高度≤24 m 的单层、多层厂房	B1	B2	B2	B2

2. 工业厂房内部各部位装修材料燃烧性能等级的使用要求

(1)对于计算机房、中央控制室等装有贵重机器、仪表、仪器设备等价格昂贵、火灾损失大的厂房和发电厂、化工厂的中心控制设备等影响工厂或地区生产全局的关键设施的厂房,其顶棚和墙面应使用 A 级装修材料;地面和其他部位应采用不低于 B1 级的装修材料。

(2)从火灾的发展过程考虑,一般来说,对顶棚的防火性能要求最高,其次是墙面,地面要求最低。但如果地面为架空地板,情况就有所不同。因为万一失火,沿架空地板蔓延较快,受到的损失也大。故当厂房的地面为架空地板时,其地面装修材料的燃烧性能等级除 A 级外,不应低于 B1 级。

(3)为了防止因办公室、休息室的装修失火而波及厂房,同时也为了保障办公室、休息室内人员的生命安全,厂房附设的办公室、休息室等的内部装修材料的燃烧性能等级应符合表 5-5 的要求。

第五节　建筑内部装修防火的施工及验收

建筑内部装修中大量使用的有机材料,都是建筑物发生火灾的潜在隐患。所以,必须通过防火阻燃处理,提高其燃烧性能等级,才能确保装修材料的防火安全性。为了保证建筑内部装修防火施工的质量,必须对建筑内部装修防火施工的过程进行严格检查与验收。检查与验收主要包括以下三方面的内容:一是审查建筑内部装修所选用的材料是否满足防火设计规范要求,并严格按照规范要求对材料进行进场、施工、见证取样,进行检验和抽样检验;二是对建筑内部装修施工过程中的控制项目和检验方法提出要求;三是建筑内部装修竣工后对总体的防火施工质量给出是否合格的结论。

一、建筑内部装修施工防火的基本要求

(1)建筑内部装修防火施工,不应改变装修材料以及装修所涉及的其他内部设施的装饰性、保温性、隔声性、防水性和空调管道材料的保温性能等使用功能。

(2)建筑内部装修防火施工,应符合施工图设计文件的要求并满足 GB 50354—2005 的要求。

(3)完整的防火施工方案和健全的质量保证体系是保证施工质量符合设计要求的前提。所以,装修施工应按设计要求编写施工方案。施工现场管理应具备相应的施工技术标准、健全的施工质量管理体系和工程质量检验制度。

(4)为确保装修材料的采购、进场、施工等环节符合施工图设计文件的要求,装修施工前应对各部位装修材料的燃烧性能进行技术交底。

(5)进入施工现场的装修材料应完好,所有防火装修材料的燃烧性能等级按规范的要求填写进场验收记录,并应核查其燃烧性能或耐火极限、防火性能型式检验报告、合格证书等技术文件是否符合防火设计要求等。对于进入施工现场的装修材料,凡是现行有关国家标准对其燃烧性能等级有明确规定的,可按其规定确定。如天然石材在相关标准中已明确规定其燃烧性能等级为 A 级,因此在装修施工中可按不燃性材料直接使用;凡是现行有关国家标准中没有明确规定其燃烧性能等级的装修材料,如装饰织物、木材、塑料产品等,应将材料送交国家授权的专业检验机构对材料的防火安全性能进行型式检验。

(6)依据《建筑工程施工质量验收统一标准》的规定,见证取样检验是指在监理单位或建设单位监督下,由施工单位有关人员现场取样,并送至具备相应资质的检验单位所进行的检验。具备相应资质的检验单位是指经中国实验室国家认可委员会评定,符合 CNAL/AC01:2002《实验室认可准则》的规定,已被国家质量监督检验检疫总局批准认可为国家级实验室,并颁发了中华人民共和国《计量认证合格证书》,满足计量检定、测试能力和可靠性的要求,并具有授权的检验机构。所以,装修材料进入施工现场后,应按有关规定,在监理单位或建设单位监督下,由施工单位有关人员现场取样,并应由具备相应资质的检验单位进行见证取样检验。

(7)施工记录是检验施工过程是否满足设计要求的重要凭证。当施工过程的某一个环节出现问题时,可根据施工记录查找原因。装修施工过程中,应根据规范的施工技术要求进行施工作业。施工单位应对各装修部位的施工过程作详细记录,并由监理工程师或施工现

场技术负责人签字认可。

（8）装修施工过程中，装修材料应远离火源，并应指派专人负责施工现场的防火安全。

（9）为避免不按设计进行的防火施工对建筑内部装修的总体防火能力或建筑物的总体消防能力产生不利的影响，建筑工程内部装修不得影响消防设施的使用功能。装修施工过程中，当确需变更防火设计时，应经原设计单位或具有相应资质的设计单位按有关规定进行。

（10）由于木龙骨架等隐蔽工程材料装修施工完毕无法检验，所以在装修施工过程中，应分阶段对所选用的防火装修材料按规范的规定进行抽样检验；对隐蔽工程的施工，应在施工过程中及完工后进行隐蔽工程验收；对现场进行阻燃处理、喷涂、安装作业的施工，应在相应的施工作业完成后进行抽样检验。这是保证防火工程施工质量的必要手段，不容忽视。

二、建筑内部装修子分部工程施工的防火要求

建筑内部装修施工中所涉及的材料种类繁多，按装修材料的种类，建筑装修工程可划分为几个子分部工程：纺织织物子分部、木质材料子分部、高分子合成材料子分部、复合材料子分部及其他材料子分部几个子分部装修工程。

（一）纺织织物子分部装修工程

在建筑内部装修中广泛使用的纺织织物主要有壁布、地毯、窗帘、幕布或其他室内纺织产品。用于建筑内部装修的纺织织物可分为天然纤维织物和合成纤维织物。天然纤维织物是指棉、丝、羊毛等纤维制品，合成纤维织物是指化学合成的纤维制品。

1. 应检查和见证取样检验、抽样检验的内容

（1）应检查的文件和记录有：纺织织物的施工检查，应检查纺织织物燃烧性能等级的设计要求；纺织织物燃烧性能型式检验报告、进场验收记录和抽样检验报告；现场对纺织织物进行阻燃处理的施工记录及隐蔽工程验收记录等的技术资料。

（2）进场需进行见证取样的材料有：B1、B2级纺织织物是建筑内部装修中普遍采用的材料，其燃烧性能的质量差异与产品种类、用途、生产厂家、进货渠道等多种因素有关，故要进行见证取样检验；对于现场进行阻燃处理的施工，施工质量还与所用的阻燃剂密切相关。为保证阻燃处理的施工质量，对现场进行阻燃处理所用的阻燃剂，也应进行见证取样检验。

（3）需要抽样检验的材料有：由于在施工过程中，纺织织物受湿浸或其他不利因素影响后，其燃烧性能会受到不同程度的影响。为了保证阻燃处理的施工质量，应进行抽样检验，但每次抽取样品的数量应有一定的限制。根据规范规定，对现场阻燃处理后的纺织织物和施工过程中受湿浸、燃烧性能可能受影响的纺织织物，每种应取 2 m² 进行燃烧性能的检验。

2. 主控项目要求

（1）首先应检查设计中各部位纺织织物的燃烧性能等级要求，然后通过检查进场验收记录确认各部位纺织织物是否满足设计要求。对于没有达到设计要求的纺织织物，再检查是否有现场阻燃处理施工记录及抽样检验报告。

（2）阻燃剂的浸透过程和浸透时间以及干含量对纺织织物的阻燃效果至关重要。阻燃剂浸透织物纤维，是保证被处理的装饰织物具有阻燃性的前提，只有阻燃剂完全浸透纺织纤维，阻燃剂的干含量达到检验报告或说明书的要求时，才能保证被处理的纺织织物满足防火设计要求。所以，在现场进行阻燃施工时，应检查阻燃剂的用量、适用范围、操作方法；在进行阻燃施工过程中，应使用计量合格的称量器具，并严格按使用说明书的要求进行施工；阻

燃剂必须完全浸透织物纤维,阻燃剂干含量应符合检验报告或说明书的要求。

（3）为了保证装修后的整体材料的燃烧性能,在现场进行阻燃处理多层组合纺织织物时,应逐层进行阻燃处理。

3.一般项目要求

（1）在对纺织织物进行阻燃处理过程中,应保持施工区段的洁净,不使现场处理的纺织织物受到污染。因为在进行阻燃处理的施工过程中,其他工种的施工可能会导致被处理的纺织织物表面受到污染而影响阻燃处理的施工质量。所以,应检查施工记录。

（2）要求阻燃处理后的纺织织物外观、颜色、手感等,都应无明显异常,因为在阻燃处理后的纺织织物若出现明显的盐析、返潮、变硬、裙皱等现象时会影响使用功能。

（二）木质材料子分部装修工程

用于建筑内部装修的木质材料,可分为天然木材和人造板材两类。建筑内部装修的木质材料,用量最大,引发火灾的概率最大,需要进行阻燃处理的量也最大,所以是监督检查的重点。

1.应检查和见证取样检验、抽样检验的内容

应检查和见证取样检验、抽样检验的内容如下:

（1）木质材料施工应检查的文件和记录:首先应检查木质材料燃烧性能等级的设计要求;木质材料燃烧性能型式检验报告、进场验收记录和抽样检验报告;现场对木质材料进行阻燃处理的施工记录及隐蔽工程验收记录等文件和记录。

（2）进场应进行见证取样检验的材料:对于天然木材,其燃烧性能等级一般可被确认为B2级。但实际上在建筑内部装修中广泛使用的是燃烧性能等级为B1级的木质材料或产品,质量差异较大。这是多种因素造成的,如与产品种类、用途、生产厂家、进货渠道、产品的加工方式和阻燃处理方式等多种因素有关,并且,对于现场进行阻燃处理的施工质量,还与所用的阻燃剂密切相关。为保证阻燃处理的施工质量,对于B1级木质材料、现场进行阻燃处理所使用的阻燃剂及防火涂料和饰面型防火涂料等,都应进行见证取样检验。

（3）应进行抽样检验的材料:由于B1级木质材料表面经过加工后,可能会损坏表面阻燃层,应进行抽样检验。根据现行国家标准《建筑材料难燃性试验方法》（GB/T 8625）和《建筑材料可燃性试验方法》（GB/T 8626）的规定,木质材料的难燃性试验的试件尺寸为190 mm×1 000 mm,厚度按实际厚度制作,材料实际使用厚度超过80 mm时,试样制作厚度应取80 mm,每次试验需4个试件,一般需进行3组平行试验;木质材料的可燃性试验的试件尺寸为:对于边缘点火:90 mm×190 mm,对于表面点火:90 mm×230 mm,厚度不超过80 mm,表面点火和边缘点火试验均需要5个试件;对于板材,可按尺寸直接制备试件,对于门框、龙骨等型材,可拼接后按尺寸制备试件。对于现场阻燃处理后的木质材料和表面进行加工后的B1级木质材料,每种都应取4 m² 进行燃烧性能的检验。

2.主控项目要求

（1）首先应检查设计中各部位木质装修材料的燃烧性能等级要求,然后通过检查进场验收记录,确认各部位木质装修材料是否满足设计要求。对于没有达到设计要求的木质装修材料,再检查是否有现场阻燃处理施工记录及抽样检验报告。

（2）要求木质材料进行阻燃处理前,表面不得涂刷油漆。因为使用阻燃剂处理木材,就是使阻燃液渗透到木材内部,使其中的阻燃物质存留于木材内部纤维空隙间,一旦受火达到

阻燃的目的。使用防火涂料处理就是在木材表面涂刷一层防火涂料。通常防火涂料在受火后会产生一发泡层,从而起到保护木材不受火的作用。对木质装修材料的阻燃处理,目前主要有两种方法:一种是使用阻燃剂对木材浸刷处理,另一种是将防火涂料涂刷在木材表面。显然,当木材表面已涂刷油漆后,以上防火处理将达不到目的。

(3)木质材料在进行阻燃处理时,木质材料含水率不应大于12%。这是因为木材含水率对木材的阻燃处理效果尤为重要,对于干燥的木材,阻燃剂易于浸入到木纤维内部,处理后的木材阻燃效果也显著;反之,如果木材含水率过高,则阻燃剂难以浸入到木纤维内部,处理后的木材阻燃效果也不会很好。实践证明,当木材含水率不大于12%时,可以保证使用阻燃剂处理木材的效果。

(4)在现场进行阻燃施工时,应检查阻燃剂的用量、适用范围、操作方法等,在阻燃施工过程中,应使用计量合格的称量器具,并严格按使用说明书的要求进行施工。

(5)木质材料涂刷或浸渍阻燃剂时,应对木质材料所有表面都进行涂刷或浸渍。这是因为木材不同于其他材料,它的每一个表面都可以是使用面,其中的任何一面都可能为受火面,因此应对木材的所有表面进行阻燃处理。有必要指出的是,目前我国有些地方在对木材进行阻燃施工时,仅在使用面的背面涂刷一层防火涂料,这种做法是不符合防火规范要求的,并且,涂刷或浸渍后的木材阻燃剂的干含量应符合检验报告或说明书的要求,因为阻燃剂的干含量是检验木材阻燃处理效果的一个重要指标。

(6)木质材料粘贴装饰表面或阻燃饰面时,应先对木质材料进行阻燃处理并检验是否合格。由于固定家具及墙面等木装修,其表面可能还会粘贴其他装修材料。虽然,通常在木材表面粘贴时所使用的材料如阻燃防火板、阻燃织物等都是一些有机化工材料,但这些物质不足以起到对木材的防火保护作用,即使对所粘贴的材料进行阻燃处理,则其整体防火性能仍不能符合要求。故木质材料粘贴装饰表面或阻燃饰面时,应先对木质材料进行阻燃处理。

(7)使用防火涂料对木质材料表面进行阻燃处理时,应对木质材料的所有表面进行均匀涂刷,且不应少于2次,第二次涂刷应在第一次涂层表面干后进行,涂刷防火涂料用量不应少于500 g/m²,并应检查施工记录。

3. 一般项目要求

(1)现场进行阻燃处理时,应保持施工区段的洁净,现场处理的木质材料不应受污染。

(2)由于喷涂前木质材料表面有水或油渍,会影响防火施工质量,所以要求木质材料在涂刷防火涂料前应清理表面,且表面不应有水、灰尘或油污。

(3)观察阻燃处理工艺是否存在问题,若木质材料经阻燃处理后的表面有明显返潮或颜色变化,说明阻燃处理工艺存在问题,故阻燃处理后的木质材料表面应无明显返潮及颜色异常变化。

(三)高分子合成材料子分部装修工程

用于建筑内部装修的高分子合成材料主要为塑料、橡胶及橡塑材料等,它们是建筑火灾中较为危险的材料。为了保证居室的防火安全,应当符合如下要求。

1. 应检查和见证取样检验、抽样检验的内容

(1)在对建筑内部装修子分部工程的高分子合成材料施工验收和工程验收时,应检查的内容有:高分子合成材料燃烧性能等级的设计要求;高分子合成材料燃烧性能型式检验报告、进场验收记录和抽样检验报告;现场对泡沫塑料进行阻燃处理的施工记录及隐蔽工程验

收记录等。

（2）需要见证取样检验的材料：B1、B2级高分子合成材料和现场进行阻燃处理所使用的阻燃剂及防火涂料。高分子合成材料在建筑内部装修中被广泛使用，是建筑火灾中较为危险的材料，其质量差异与产品种类、用途、生产厂家、进货渠道、产品的加工方式和阻燃处理方式等多种因素有关，因此为保证阻燃处理的施工质量，对B1、B2级高分子合成材料应进行见证取样检验。由于现场进行阻燃处理的施工质量与所用的阻燃剂密切相关，考虑到目前我国防火涂料生产的实际情况，故对现场进行阻燃处理所使用的阻燃剂及防火涂料也应进行见证取样检验。

（3）现场阻燃处理后的泡沫塑料泡沫应进行抽样检验：由于泡沫材料进行现场阻燃处理的复杂性，阻燃剂选择不当，将导致阻燃处理效果不佳。故根据材料燃烧性能试验的方法，样品的抽取数量不应少于 0.1 m^3。

2. 主控项目的要求

（1）首先检查设计中各部位高分子合成材料的燃烧性能等级要求，然后通过检查进场验收记录确认各部位高分子合成材料是否满足设计要求。对于没有达到设计要求的高分子合成材料，再检查是否有现场阻燃处理施工记录及抽样检验报告。

（2）B1、B2级高分子合成材料，必须按设计要求进行施工，高分子合成材料装修的防火质量与施工方式有关。如黏结材料选用不当或不按规定方式进行安装施工等，都可能导致安装后的材料燃烧性能等级降低。

（3）为了确保阻燃处理的效果，对具有贯穿孔的泡沫塑料进行阻燃处理时，应检查阻燃剂的用量、适用范围、操作方法。阻燃施工过程中，应使用计量合格的称量器具，并按使用说明书的要求进行施工。必须使泡沫塑料被阻燃剂浸透，阻燃剂干含量应符合检验报告或说明书的要求。

（4）根据多次试验的检验数据可知，对于顶棚内采用的泡沫塑料，应涂刷防火涂料。防火涂料宜选用耐火极限大于 30 min 的超薄型钢结构防火涂料或一级饰面型防火涂料，湿涂覆比值应大于 500 g/m^2。涂刷应均匀，且涂刷不应少于 2 次。这样才能确保高分子合成材料的耐燃时间满足设计要求。

（5）塑料电工套管的正确敷设，是防止电气火灾的一项重要措施。所以，塑料电工套管应以 A 级材料为基材或采用 A 级材料，使之与其他装修材料隔绝；B2 级塑料电工套管不得明敷；B1 级塑料电工套管明敷时，应明敷在 A 级材料表面；当塑料电工套管穿过 B1 级以下（含 B1 级）的装修材料时，应采用 A 级材料或防火封堵密封件严密封堵。

3. 一般项目

（1）对具有贯穿孔的泡沫塑料进行阻燃处理时，应保持施工区段的洁净，避免其他工种施工的影响。

（2）泡沫塑料经阻燃处理后，不应降低其使用功能，表面不应出现明显的盐析、返潮和变硬等现象。

（3）泡沫塑料在进行阻燃处理过程中应保持施工区段的洁净，现场处理的泡沫塑料不应受污染。这样可以更好地保证阻燃处理效果。

（四）复合材料子分部装修工程

随着科学技术的进步和人们对工作、居住环境质量要求的提高，复合材料的种类将会越来越多,用处越来越广泛。用于建筑内部装修的复合材料,可包括不同种类材料按不同方式组合而成的材料组合体。

1. 应检查和见证取样检验、抽样检验的内容

(1)复合材料施工应检查的文件和记录有:复合材料燃烧性能等级的设计要求;复合材料燃烧性能型式检验报告、进场验收记录和抽样检验报告;现场对复合材料进行阻燃处理的施工记录及隐蔽工程验收记录等。

(2)需进行见证取样检验的材料有:对于进入施工现场的 B1、B2 级复合材料和现场进行阻燃处理所使用的阻燃剂及防火涂料等,都应进行见证取样检验。

(3)需进行抽样检验的材料:现场阻燃处理后的复合材料应进行抽样检验,每种取 4 m^2检验燃烧性能。其程序是:首先应检查设计中各部位复合材料的燃烧性能等级要求,然后通过检查进场验收记录确认各部位复合材料是否满足设计要求。对于没有达到设计要求的复合材料,再检查是否有现场阻燃处理施工记录及抽样检验报告。

2. 主控项目要求

(1)复合材料的防火安全性体现在其整体的完整性。若饰面层内的芯材外露,则整体使用功能将受到影响,其整体的燃烧性能等级也可能会降低。因此,复合材料燃烧性能等级必须符合设计要求。

(2)复合材料应按设计要求进行施工,饰面层内的芯材不得暴露,以保证防火涂料的喷涂质量。

(3)采用复合保温材料制作的通风管道,复合保温材料的芯材不得暴露。当复合保温材料芯材的燃烧性能不能达到 B1 级时,应在复合材料表面包覆玻璃纤维布等不燃性材料,并应在其表面涂刷饰面型防火涂料。防火涂料湿涂覆比值应大于 500 g/m^2,且至少涂刷 2 次。

(五)其他材料子分部装修工程

其他材料包括防火封堵材料和涉及电气设备、灯具、防火门、钢结构装修的材料等。这些都是保证装修防火质量不可遗漏的问题。

1. 应检查和见证取样检验、抽样检验的内容

(1)其他材料施工应检查的文件和记录有:材料燃烧性能等级的设计要求,材料燃烧性能型式检验报告、进场验收记录和抽样检验报告,现场对材料进行阻燃处理的施工记录及隐蔽工程验收记录等文件和记录。

(2)应见证取样检验的材料有:进入施工现场的 B1、B2 级材料和现场进行阻燃处理所使用的阻燃剂及防火涂料。

(3)进行抽样检验的材料有:现场阻燃处理后的复合材料应进行燃烧性能等级的检验。

2. 主控项目要求

(1)为了保证材料燃烧性能等级符合设计要求,应当首先检查设计中各部位材料的燃烧性能等级要求,然后通过检查进场验收记录确认各部位材料是否满足设计要求。对于没有达到设计要求的材料,再检查是否有现场阻燃处理施工记录及抽样检验报告。

(2)防火门的耐火性能不得降低。防火门一般情况下不允许改装,如因装修需要不得不对防火门的表面加装贴面材料或其他装修处理时,加装贴面后,不得减小门框和门的规格尺寸,不得降低防火门的耐火性能,所用贴面材料的燃烧性能等级不应低于 B1 级。

(3)建筑隔墙或隔板、楼板的孔洞需要封堵时,应采用防火堵料严密封堵。当采用防火

堵料封堵孔洞、缝隙及管道井和电缆竖井时,应根据孔洞、缝隙及管道井和电缆竖井所在位置的墙板或楼板的耐火极限要求选用防火堵料。采用的各种防火堵料经封堵施工后的孔洞、缝隙及管道井,填堵必须牢固,不得留有间隙,以确保封堵质量。用于其他部位的防火堵料,应根据施工现场情况选用,其施工方式应与检验时的方式一致。防火堵料施工后的孔洞、缝隙,填堵必须严密、牢固。

(4)采用阻火圈的部位,不得对阻火圈进行包装,阻火圈的安装应牢固,以便保证阻火圈的阻火功能。

(5)电气设备及灯具的施工应满足以下要求:①当有配电箱及电控设备的房间内使用了低于 B1 级的材料进行装修时,配电箱必须采用不燃材料制作;②配电箱的壳体和底板应采用 A 级材料制作,配电箱不应直接安装在低于 B1 级的装修材料上;③动力、照明、电热器等电气设备的高温部位靠近 B1 级以下(含 B1 级)材料或导线穿越 B1 级以下(含 B1 级)装修材料时,应采用瓷管或防火封堵密封件分隔,并用岩棉、玻璃棉等 A 级材料隔热;④安装在 B1 级以下(含 B1 级)装修材料内的插座、开关等配件,必须采用防火封堵密封件或具有良好隔热性能的 A 级材料隔绝;⑤灯具直接安装在 B1 级以下(含 B1 级)的材料上时,应采取隔热、散热等措施;⑥灯具的发热表面不得靠近 B1 级以下(含 B1 级)的材料。

三、建筑内部装修工程的防火验收

(一)建筑内部装修工程防火验收的内容

建筑内部装修工程防火验收(简称工程验收)应检查下列文件和记录:

(1)建筑内部装修防火设计审核文件、申请报告、设计图纸、装修材料的燃烧性能设计要求、设计变更通知单、施工单位的资质证明等;

(2)进场验收记录,包括所用装修材料的清单、数量、合格证及防火性能型式检验报告;

(3)装修施工过程的施工记录;

(4)隐蔽工程施工防火验收记录和工程质量事故处理报告等;

(5)装修施工过程中所用防火装修材料的见证取样检验报告;

(6)装修施工过程中的抽样检验报告,包括隐蔽工程的施工过程中及完工后的抽样检验报告;

(7)装修施工过程中现场进行涂刷、喷涂等阻燃处理的抽样检验报告。

(二)建筑内部装修工程防火验收工程质量合格应达到的标准

(1)技术资料应完整;

(2)所用装修材料或产品的见证取样检验结果应满足设计要求;

(3)装修施工过程中的抽样检验结果,包括隐蔽工程的施工过程中及完工后的抽样检验结果应符合设计要求;

(4)现场进行阻燃处理、喷涂、安装作业的抽样检验结果应符合设计要求;

(5)施工过程中的主控项目检验结果应全部合格;

(6)施工过程中的一般项目检验结果合格率应达到80%。

当装修施工的有关资料经审查全部合格、施工过程全部符合要求、现场检查或抽样检测结果全部合格时,工程验收应为合格。这是工程质量验收合格判定的标准。

（三）建筑内部装修工程防火验收工程质量的验收要求

（1）工程质量验收应由建设单位项目负责人组织施工单位项目负责人、监理工程师和设计单位项目负责人等进行。

（2）为了确保施工质量符合防火设计要求，工程质量验收时可对主控项目进行抽查。当有不合格项时，应对不合格项进行整改。

（3）工程质量验收时，应按规范表格规定的要求认真填写有关记录。

（4）为了保存好防火施工及验收档案，建设单位应建立建筑内部装修工程防火施工及验收档案。档案应包括防火施工及验收全过程的有关文件和记录。

第六节　实验部分

实验一　材料的氧指数测定实验

一、实验目的

（1）明确氧指数的定义及其用于评价高聚物材料相对燃烧性的原理；

（2）了解 HC‒2 型氧指数测定仪的结构和工作原理；

（3）掌握运用 HC‒2 型氧指数测定仪测定常见材料氧指数的基本方法；

（4）评价常见材料的燃烧性能。

二、实验原理

费尼莫（Fennimore）和马丁（Martin）于 1966 年提出了采用氧指数法判断聚合物材料的可燃性的方法。这种方法重现性好，而且能给出数字结果，所以氧指数技术发展很快，很多国家相继用它作为评价聚合物材料可燃性试验的方法。

物质燃烧时，需要消耗大量的氧气，不同的可燃物，燃烧时需要消耗的氧气量不同，通过对物质燃烧过程中消耗最低氧气量的测定，计算出物质的氧指数值，可以评价物质的燃烧性能。所谓氧指数（Oxygen Index），是指在规定的试验条件下，试样在氧氮混合气流中，维持平稳燃烧（即进行有焰燃烧）所需的最低氧气浓度，以氧所占的体积百分数表示（即在该物质引燃后，能保持燃烧 50 mm 长或燃烧时间 3 min 时所需要的氧、氮混合气体中最低氧的体积百分比浓度），见式（5-1），用以判断材料在空气中与火焰接触时燃烧的难易程度非常有效。

$$[OI] = \frac{[O_2]}{[N_2] + [O_2]} \times 100\% \tag{5-1}$$

式中：$[O_2]$ 为测定浓度下氧的体积流量，L/min；$[N_2]$ 为测定浓度下氮的体积流量，L/min。

氧指数的测试方法，就是把一定尺寸的试样用试样夹垂直夹持于透明燃烧筒内，其中有按一定比例混合的向上流动的氧氮气流。点着试样的上端，观察随后的燃烧现象，记录持续燃烧时间或燃烧过的长度，试样的燃烧时间超过 3 min 或火焰前沿超过 50 mm 标线时，就降低氧浓度，试样的燃烧时间不足 3 min 或火焰前沿不到标线时，就增加氧浓度，如此反复操作，从上下两侧逐渐接近规定值，至两者的浓度差小于 0.5%。

三、实验装置

氧指数法的实验装置的构造见图 5-2。

HC－2 型氧指数测定仪由燃烧筒、试样夹、流量控制系统及点火器组成。

燃烧筒是一个内径不小于 75 mm、长度不小于 450 mm 的耐热玻璃管,其底部用直径为 3~5 mm 的玻璃珠充填,充填高度为 100 mm。玻璃珠上方放一金属网,以遮挡燃烧试样燃烧时的滴落物。试样夹安装在燃烧筒的轴心位置上,试样夹为金属弹簧片。对于薄膜材料,应使用 U 形试样夹。流量控制系统由压力表、稳压阀、调节阀、转子流量计及管路组成。点火器火焰长度可调,实验时火焰长度为 10 mm。

供气系统由压力表、稳压阀、调节阀、管路和转子流量计等组成。计量后的氧气和氮气经气体混合器由底部进入燃烧筒,燃烧筒内混合气体流速控制在 $(4 \pm 1) \, \mathrm{cm/s}$。

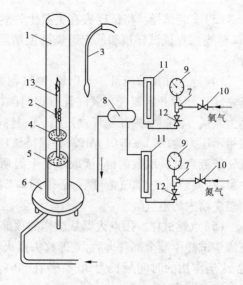

图 5-2　氧指数测试装置

1—燃烧筒;2—试样夹;3—点火器;4—金属网;
5—放玻璃珠的筒;6—底座;7—三通;
8—气体混合器;9—压力表;10—稳压阀;
11—转子流量计;12—调节阀;13—燃烧着的试样

四、实验材料

(一)材料

材料采用地板革。

(二)试样尺寸

每个试样长宽高等于 $120 \, \mathrm{mm} \times (6.5 \pm 0.5) \, \mathrm{mm} \times (3.0 \pm 0.5) \, \mathrm{mm}$。

(三)试样数量

每组应制备 10 个标准试样。

(四)外观要求

试样表面清洁、平整光滑,无影响燃烧行为的缺陷,如气泡、裂纹、飞边、毛刺等。

(五)试样的标线

距离点燃端 50 mm 处划一条刻线。

五、实验内容及方法

(1)检查气路,确定各部分连接无误,无漏气现象。

(2)确定实验开始时的氧浓度。根据经验或试样在空气中点燃的情况,估计开始实验时的氧浓度。如试样在空气中迅速燃烧,则开始实验时的氧浓度为 18% 左右;如在空气中缓慢燃烧或时断时续,则为 21% 左右;在空气中离开点火源即马上熄灭,则至少为 25%。根据经验,确定该地板革氧指数测定实验初始氧浓度为 26%。氧浓度确定后,在混合气体的总流量为 10 L/min 的条件下,便可确定氧气、氮气的流量。例如,若氧浓度为 26%,则氧气、氮气的流量分别为 2.6 L/min 和 7.4 L/min。

（3）安装试样。将试样夹在夹具上，垂直地安装在燃烧筒的中心位置上（注意要划 50 mm 标线），保证试样顶端低于燃烧筒顶端至少 100 mm，罩上燃烧筒（注意燃烧筒要轻拿轻放）。

（4）通气并调节流量。开启氧、氮气钢瓶阀门，调节减压阀压力为 0.2~0.3 MPa（由教员完成），然后开启氮气和氧气管道阀门（在仪器后面标注有红线的管路为氧气，另一管路则为氮气，应注意：先开氮气，后开氧气，且阀门不宜开得过大），然后调节稳压阀，仪器压力表指示压力为 (0.1±0.01)MPa，并保持该压力（禁止使用过高气压）。调节流量调节阀，通过转子流量计读取数据（应读取浮子上沿所对应的刻度），得到稳定流速的氧、氮气流。应注意：在调节氧气、氮气浓度后，必须用调节好流量的氧氮混合气流冲洗燃烧筒至少 30 s（排出燃烧筒内的空气）。

（5）点燃试样。用点火器从试样的顶部中间点燃，勿使火焰碰到试样的棱边和侧表面。在确认试样顶端全部着火后，立即移去点火器，开始计时或观察试样烧掉的长度。点燃试样时，火焰作用的时间最长为 30 s，若在 30 s 内不能点燃，则应增大氧浓度，继续点燃，直至 30 s 内点燃为止。

（6）确定临界氧浓度的大致范围。点燃试样后，立即开始记时，观察试样的燃烧长度及燃烧行为。若燃烧终止，但在 1 s 内又自发再燃，则继续观察和记时。如果试样的燃烧时间超过 3 min，或燃烧长度超过 50 mm（满足其中之一），说明氧的浓度太高，必须降低，此时记录实验现象记"×"，如试样燃烧在 3 min 和 50 mm 之前熄灭，说明氧的浓度太低，需提高氧浓度，此时记录实验现象记"○"。如此在氧的体积百分浓度的整数位上寻找这样相邻的四个点，要求这四个点处的燃烧现象为"○○××"。例如若氧浓度为 26%，烧过 50 mm 的刻度线，则氧过量，记为"×"，下一步调低氧浓度，在 25% 时做第二次，判断是否为氧过量，直到找到相邻的四个点为氧不足、氧不足、氧过量、氧过量，此范围即为所确定的临界氧浓度的大致范围。

（7）在上述测试范围内，缩小步长，从低到高，氧浓度每升高 0.4% 重复一次以上测试，观察现象，并记录。

（8）根据上述测试结果确定氧指数 OI。

六、实验数据记录与结果处理

（一）实验数据记录

实验次数	1	2	3	4	5	6	7	8	9	10
氧浓度(%)										
氮浓度(%)										
燃烧时间(s)										
燃烧长度(mm)										
燃烧结果										

注：表中第二、三行记录的分别是氧气和氮气的体积百分比浓度（需将流量计读出的流量计算为体积百分比浓度后再填入）。第四、五行记录的燃烧时间和长度分别为：若氧过量（即烧过 50 mm 的标线），则记录烧到 50 mm 所用的时间；若氧不足，则记录实际熄灭的时间和实际烧掉的长度。第六行的结果即判断氧是否过量，氧过量记"×"，氧不足记"○"。

（二）数据处理

根据上述实验数据计算试样的氧指数值 OI，即取氧不足的最大氧浓度值和氧过量的最小氧浓度值两组数据计算平均值。

（三）材料性能评价

根据氧指数值评价材料的燃烧性能。

七、思考题

1. 什么叫氧指数值？如何用氧指数值评价材料的燃烧性能？

2. HC-2 型氧指数测定仪适用于哪些材料性能的测定？如何提高实验数据的测试精度？

实验二　建材烟密度的测定

一、实验目的

（1）了解物质烟气的危害；

（2）掌握测定建材烟密度的基本原理；

（3）了解烟密度测试装置的构造；

（4）掌握建筑材料燃烧分解及其制品燃烧时静态产烟量的测定；

（5）熟悉 YM3 型建材烟密度测定仪的使用方法并正确测定典型建材烟密度。

二、实验原理

燃烧是一种复杂的物理、化学反应，尤其是高分子内装修材料，在剧烈的燃烧过程中会释放出大量的、多种类的毒性气体，是造成火灾中人员伤亡的主要原因。

烟气（Smoke）是一种复杂的混合物，其中包括：①可燃物热解或燃烧产生的气相产物，如未燃的可燃物组分、水蒸气、二氧化碳、一氧化碳及多种有毒或有腐蚀性的气体；②由于卷吸而进入的空气；③多种微小的固体颗粒和液滴。

在所有的火灾中都会产生大量烟气。由于毒性、遮光性和高温的影响，烟气是威胁人员安全的最主要的因素。统计结果表明，在火灾中，80%以上的死亡者是由于烟气影响而致死的，其中大部分是吸入了烟尘及有毒气体（主要是 CO）后，先昏迷后再被烧死的。所以，研究火灾中烟气的生成、性质及运动特点是火灾科学的一个重要而特殊的研究领域。

可燃固体的燃烧有阴燃和有焰燃烧两种情况，两种情况下生成烟气中的微粒性质大不相同。某种材料阴燃生成的烟气与该材料加热到热分解温度时所分解出来的挥发组分产物相似。这种产物与冷空气混合时可浓缩形成含有碳粒和高沸点液体的薄雾，颗粒的平均直径为几微米，并可缓慢地沉积在物体表面形成油污。

有焰燃烧产生的微粒几乎全部为固体颗粒。其中小部分颗粒是在高热通量作用下脱离固体的灰粉，大部分颗粒则是在氧浓度较低的情况下，由于不完全燃烧和高温分解而在气相中形成的碳颗粒。这种小颗粒的直径为 10～100 nm，它们可以在火焰中进一步氧化。但是如果温度和氧浓度不够高，则它们便以碳烟的形式顺着烟气流逸出火焰区。即使原始燃料是气体或液体时，也能产生这类固体颗粒。

原始可燃物的化学性质对烟气产生具有重要的影响。少数纯燃料(如一氧化碳、甲醛、乙醚、甲醇等)燃烧产生的烟气基本为气体,而在相同的条件下,大分子碳氢化合物燃烧会生成很浓的烟。但经过部分氧化的燃料(如乙醇、丙酮)发出的烟量比与其结构对应的烃类化合物的发烟量少。固体可燃物也是如此,如在自由燃烧情况下,聚乙烯和聚苯乙烯等物质的发烟量很大,相比之下,聚苯乙烯的发烟量更大。而木材和聚氨酯泡沫塑料之类经部分氧化的可燃物燃烧时产生的烟量比前两者小得多。常见的碳氢化合物的发烟趋势大体按表5-6中所列的顺序增大。

表5-6　常见的碳氢化合物发烟量的增大序列(由上至下排列)

碳氢化合物名称	代表物质	分子式
正烷烃	正己烷	$CH_3(CH_2)_4CH_3$
异烷烃	2,3-甲基丁烷	$(CH_3)_2CH \cdot CH(CH_3)_2$
烯烃	丙烯	$CH_3 \cdot CH = CH_2$
炔烃	丙炔	$CH_3 \cdot C \equiv CH$
芳香烃	聚苯乙烯	$R - CH = CH_2$

(一)烟气的浓度

烟气的浓度是由烟气中所含固体颗粒或液滴的多少及其性质决定的。测量烟气浓度主要有过滤称重法、颗粒计数法和遮光性测量法。过滤称重法是将单位体积的烟气过滤,确定其中颗粒物的重量(mg/m^3);颗粒计数法是测量单位体积烟气中烟颗粒的数目(个/m^3);遮光性测量法则是用光线穿过烟气后的衰减程度来表示烟气浓度,可将烟气收集在容积已知的容器内测量,也可在烟气流动过程中测量。从火灾的防治角度来说,测量烟气遮光性的方法比较适用,它可直接与所考虑的火灾场合下人的能见度建立联系,另外也提供了火灾探测的一种手段。

烟气遮光性(Obscuration)根据测量一定光束穿过烟场后的强度衰减确定,图5-3为测量系统原理图。

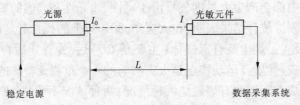

图5-3　烟气折光性测量系统原理图

设I_0为由光源射入测量空间段时的光束的强度,L为光束经过的测量空间段的长度,I为该光束离开测量空间段时射出的强度,比值I/I_0称为该空间的透射率(Transmittance)。若该测量空间段中没有烟尘,射入和射出的光束的强度几乎不变,即透射率等于1。当该测量空间段中存在烟气时,透射率应小于1。透射率倒数的常用对数称为烟气的光学密度(Optical Density),即$D = \lg(I_0/I)$。考虑到其表示形式与透射率的一致,通常用下式定义烟气的光学密度:

$$D = -\lg(I_0/I) \qquad (5\text{-}2)$$

光学密度是随光束经过的距离而变化的,因此单位长度光学密度表示如下:

$$D_0 = -\lg(I_0/I)/L \qquad (5\text{-}3)$$

另外,根据 Beer – Lamber 定律,有烟情况下的光强度可表示为

$$I = I_0\exp(-K_cL) \qquad (5\text{-}4)$$

式中:K_c 为烟气的减光系数(Attenuation Coefficient),所以,整理可得

$$K_c = -\ln(I/I_0)/L \qquad (5\text{-}5)$$

注意到自然对数和常用对数之间的换算关系,于是得

$$K_c = 2.303D_0 \qquad (5\text{-}6)$$

用烟气的百分遮光度(Percentage Obscuration)来描述烟的遮光性,其定义式为

$$B = [(I_0 - I)/I_0] \times 100 \qquad (5\text{-}7)$$

式中:$I_0 - I$ 为光束穿过预定空间后强度的衰减值。

(二)烟气的毒性

由于火灾中可燃物的种类繁多,且燃烧状况千变万化,因而可以生成多种有毒气体。据测量,主要有一氧化碳、氢氧化物、硫氧化物、卤化物、有机酸、多种碳氧化物、酮类化合物等。研究表明,一氧化碳中毒是引起人员在火灾中死亡的主要因素。在火灾遇难者的血液中,经常发现羧基血红蛋白,这是吸入一氧化碳的结果。也有报道说,死者血液中含有氰化物,不过不多。其他有毒气体对人员死亡的影响缺乏实验数据,但它们肯定对人存在危害。缺氧是反映气体毒性的一种特殊情况。有数据表明,若仅仅考虑缺氧而不考虑其他气体影响,当空气中的氧含量降至10%时人就有窒息危险。然而,在火灾中仅仅由含氧量减小造成危害是不大可能出现的,其危害往往伴随着一氧化碳、二氧化碳和其他有毒成分的生成而起作用。

火灾中烟气的毒性不仅来自气体,还可来自悬浮固体颗粒或吸附于烟尘颗粒上的物质。

(三)烟气的高温

烟气的高温对人对物都可产生不良影响。对人的影响可分为直接接触影响和热辐射影响。人的皮肤直接接触温度超过100 ℃的烟气,在几分钟后就会严重损伤。据此有人提出,在短时间人的皮肤接触的烟气安全温度范围不宜超过65 ℃。衣服的透气性和绝热性可限制温度影响。不过多数人无法在温度高于65 ℃的空气中呼吸。因此,当人们不得不穿过高温烟气中逃生时,必须注意外露皮肤的保护,如脸部和手部,且应屏住呼吸或带上面罩。空气湿度较大也会造成人的极限忍受能力降低。水蒸气是燃烧的主要产物,故火灾中的烟气是有较大湿度的。

若烟气层尚在人的头部高度之上,人员主要受到热辐射的影响。这时高温烟气所造成的危害比直接接触高温烟气的危害要低些,而热辐射强度影响则随距离的增加而衰减。一般认为,在层高不超过5 m 的普通建筑中,烟气层的温度达到180 ℃以上时便会对人构成危险。

烟气温度过高还会严重影响材料的性质。如大部分木质材料在温度超过105 ℃后便开始热分解,250 ℃左右时便可以被点燃;许多高分子材料的变形和热分解温度比木材更低。钢筋混凝土材料的机械性能也会严重变差,尤其应当指出,对于采用钢筋混凝土的建筑,更需要注意高温烟气的影响,并采取适当的防护措施。现在在建造大空间建筑中经常采取大跨度的钢架屋顶,而钢材的力学性能会随着温度升高而大大下降,超过一定限度还会发生坍

塌,在建筑火灾中已多次发生过这种情况。因此,控制火灾烟气温度是减少火灾损失的重要方面。

(四)烟气的发烟性能

材料的不同性质是决定发烟量的基本因素之一。据此,人们非常希望开发出测定材料发烟量的方法,以便对材料进行分级。但是这种想法实际上是假定发烟量是材料本身的固有性质。实际上材料的发烟状况还与火灾场合密切相关,不过在确定条件下测得的材料发烟数据还是很有实用价值的。

现在已找到了多种测试材料发烟性能的方法,它的基本思想是测定材料在规定条件下燃烧所生成烟气的光学密度。在测量中,既有使试样只发生热分解的,也有对试样施加辐射热通量使其发生有焰燃烧的,然后再将烟气积累在固定容积内测量其光学密度。

目前具有代表性的测量方法是 NBS 标准烟箱法。该法是将一块 75 mm^2 的材料试样放在一个 0.9 m×0.6 m×0.6 m 的燃烧室中,其竖直上方是一个固定功率为 2.5 W/cm^2 的热源,其下方是由 6 个小火焰组成的燃烧阵。试验中让火焰触及试样,将试样点燃并维持其燃烧。测量的结果采用光学密度的最大值表示,即:

$$D_{max} = D_0(V/A_0) \tag{5-8}$$

式中:D_0 为单位长度的光学密度,由方程 $D_0 = -\lg(I_0/I)/L$ 确定;V 为烟箱的容积;A_0 为试样的暴露面积。

这种试验方法的复现性较好,不过其误差仍在 ±25% 以上。此法只考虑了试样的暴露面积,实际还应当考虑试样的厚度。

三、实验装置

(一)烟箱

油箱的尺寸和结构如下:

(1)烟箱由防锈的合金板制成。烟箱主体尺寸为长 300 mm、宽 300 mm、高 790 mm。

①烟箱正面装镶有耐热玻璃的观察门。

②烟箱固定在外形尺寸为 350 mm×400 mm×570 mm 的底座上,底座正面设有实验用的燃气压力调节器。

③烟箱内外表面涂有防腐蚀的黑漆。

④在烟箱内部左右两侧距底座 480 mm 高的居中位置处,各有一开口直径为 70 mm 的不漏烟的玻璃圆窗,作为测量光线的发射及接收入口。

⑤烟箱内部的背面设有一块"安全标志"板,它位于距底座 480 mm 烟箱背面板的居中处,高 90 mm、宽 150 mm,它的后面装有功率为 15 W 的安全标志灯,当打开安全标志灯时,可以看见在白底面的红色安全标志:"EXIT"字样。

⑥烟箱底部四边留有高 25 mm、宽 230 mm 的开口,烟箱其余部分均封闭。

(2)烟箱左外侧顶部安装一个排风机,其排风量为 1 700 L/min。排风机的进风口通过风门开关与烟箱内部连通,排风口与通风橱相通。

(3)烟箱左外侧居中处装有光源箱,其箱外表面装有燃气压力表、电源开关、电源指示灯、风机开关、光源调节器。

(4)烟箱右外侧居中装有光度计箱,其箱外表面装有 LED 显示窗和 6 个功能操作键,显示了工作状态和测量的时间值、烟密度值。

（5）试样支架固定在一根钢杆手柄的顶端,钢杆手柄位于烟箱右侧距底座220 mm 居中处。支架由上下两个尺寸相同的正方形框槽组成,其边长均为64 mm。上框槽内有一块置放试样的钢丝格网,该格网由内尺寸为5 mm 的正方形网格构成,下框槽由1 mm 厚的金属板围成。

（二）燃烧系统

（1）实验用燃气采用纯度不低于85%的丙烷气。燃气的工作压力由调压器调节,由压力表显示。

（2）实验时,采用本生灯火焰。本生灯的长度为260 mm,本生灯的喷喉直径为0.13 mm。实验时,本生灯与烟箱成45°空间角。

（3）本生灯工作时所需的空气从燃烧器底座空间导入。

（三）光电系统

（1）光电系统的光源安装在主体烟箱左侧的光源箱内。光源灯泡为灯丝密集型仪表灯泡,其功率为15 W,工作电压为6 V。灯泡发射的测量光束经滤光处理后成为视见函数光束(400 ~ 700 nm),由一个焦距为60 ~ 65 mm 的透镜聚焦在光度计箱内的光电池上。

（2）光电池应在15 ~ 50 ℃范围内工作,测定其线性度和温度效应可由一个补偿电路来完成。

（四）计时系统

计时系统用单板机的晶体振荡来完成,由 LED 显示窗显示实验的试件值,当本生灯转动到工作位置时,计时自动开始,并且每隔15 s 由蜂鸣器鸣一次。

四、试样制备

（一）试件的外形尺寸

试件的外形尺寸见表5-7。

表5-7　试件的外形尺寸

建材密度（kg/m³）	长（mm）（基本尺寸）	宽（mm）（基本尺寸）	厚度（mm）（基本尺寸）
>1 000	25.4 ±0.1	25.4 ±0.1	6.0 ±0.1
100 ~ 1 000	25.4 ±0.1	25.4 ±0.1	10.0 ±0.1
<100	25.4 ±0.1	25.4 ±0.1	25.0 ±0.1

（二）试样的状态调节

在实验前,需将试样置于(23 ±2) ℃和相对湿度为(50 ±5)%的环境中40 h 以上。

五、实验步骤

（1）仪器校准:每次实验前,当光通量校正为100时,分别用三块标准的滤光片遮住放在测量光的发射口处进行挡光实验,其光通量数显值分别与标准滤光片标定透光率值之差平均值应小于3%（绝对值）。

（2）调整燃烧的空气量,打开燃气阀调节燃气的工作压力为210 kPa。

（3）打开电源及光源，点燃本生灯，按下"复位"键，燃烧预热 3 min。

（4）按下"校正"键，使数显光通量稳定在 100 ± 1；然后，用一不透光的光片挡住测量光束，其光通量应显示为 0。

（5）试样的外形尺寸采用见表5-7。

（6）将试样平放在试样支架的钢丝网上，其位置应处于本生灯转入测试状态时的位置，燃烧火焰能对准试样下表面的中心位置。试样表面应向下放置，如试样在实验中出现移位，可用金属网卡住试样。

（7）关闭烟箱门，按下"测试"键，此时本生灯自动转入测试工作位置，开始测试，显示窗立即显示测试时间和此时对应的烟密度值（吸收率）。

（8）每个试样测试进行 4 min。测试结束后，本生灯自动复位。重复（6）～（7）步骤，同一种试样作三次平行测试。每次测试结束后，应立即打开烟箱门，启动排风扇排除烟箱内的烟雾，同时用拭镜纸擦除箱内的两个玻璃圆窗。

（9）实验完毕后关闭燃气，按打印键1，即打印出 16 个测试平均值的清单；按打印键2，即打印实验的积分曲线；按打印键3，即打印 240 个测试平均值的清单。测试全部结束后应清洁烟箱。

（10）每次实验必须记录实验时的状况，如燃烧、发泡、熔融、滴落、分层等现象。

六、实验数据记录

（一）手工计算

试样编号	每隔15 s 光吸收率（%）（共4 min）															
	1	2	3	4	5	6	7	8	9	10	11	12	13	14	15	16
1																
2																
3																

根据三个平行试件在每隔15 s 时所测得的烟密度（光吸收率）求出平均值，在线性坐标纸上做出烟密度平均值与试验时间关系的曲线。曲线最高点的烟密度读数为最大烟密度值（MSD），曲线下所围成的面积表示试件总的产烟量。纵、横坐标端点代表的长度值相乘再除以曲线下所围成的面积后乘以 100%，定义为试件的烟密度等级（SDR），烟密度等级可用以下公式计算：

$$SDR = \frac{1}{16}\left(a_1 + a_2 + \cdots + a_{15} + \frac{1}{2}a_{16}\right) \times 100\%$$

式中：a_1、a_2、$\cdots$、a_{16}分别为每隔15 s 三个试件平均烟密度的百分率。

（二）结果的自动计算

当三次平行实验结束后，按"打印"键，可以打印出 16 个实验值的清单、MSD 值、SDR 值以及实验的积分曲线。

注意：一组试样的评价烟密度等级值与三次实验中任一次实验的烟密度等级值之差应小于5（绝对值），否则应重复另一组实验，其实验结果取两组实验的平均值。

1. 建材烟密度测试的意义何在?
2. YM3 型烟密度测试仪的燃烧系统有何作用?
3. 为什么烟密度平均值－试验时间曲线与坐标轴所围成的面积可以表示试样总的产烟量?

实验三　防火涂料的防火性能测试

一、实验目的

(1)了解防火涂料的类型和特点;
(2)熟悉防火涂料防火性能的内容、火焰传播特性等;
(3)掌握隧道法测定防火涂料防火性能的基本原理;
(4)掌握 SDF－2 型防火涂料测试仪的使用以及测定防火涂料防火性能的方法。

二、实验原理

(一)层流预混火焰传播速度理论

预混气流的燃烧过程就是火焰的传播过程。火焰在气流中以一定的速度向前传播,它的大小取决于预混气体的物理化学性质与气流的流动状况。根据气流流动状况,预混气流中的火焰传播可分为层流火焰传播(或称层流燃烧)和湍流火焰传播(或称湍流燃烧)。

静止的预混气体用电火花或灼热物体局部点燃后,火焰就会向四周传播开来,形成一个球形火焰面。在火焰面的前面是未燃的预混气体,在其后面则是温度很高的已燃气体——燃烧产物。它们的分界面是薄薄的一层火焰面,在其中进行着强烈的燃烧化学反应,同时发出光和热。它与邻近地区之间存在着很大的温度梯度与浓度梯度。这薄薄一层火焰面统称为"火焰前锋"或"火焰波前"或"火焰波"。火焰的传播就是火焰前锋在预混气体中的推进运动。这主要是因为火焰前锋内燃烧化学反应在其边界上产生了很高的温度和很大的浓度梯度,从而产生了强烈的热量和质量交换。这些热量和质量的传递又引起了邻近的混合气的化学反应,这就形成了化学反应区在空间的移动。所以,火焰传播的快慢取决于预混气体的物理化学性质。

层流火焰传播速度 S_L 是可燃混合气的一个物理化学特性参数,它受可燃混合气的性质、组成、压力、温度以及掺杂物种类和数量的影响。

1. 可燃混合气性质的影响

化学反应速度对火焰传播速度的影响。燃烧过程本身就是一个化学反应过程,化学反应速度愈大,火焰传播愈快。所以凡能使化学反应速度增大的各种因素都能使 S_L 值增大。化学反应速度的大小还与可燃混合气的本身化学性质有关,不同的燃料和氧化剂有不同的火焰传播速度。

根据火焰传播热力学理论,火焰中化学反应是分子热活化的结果,所以凡是反应的活化能愈小的可燃混合气,其化学反应速度愈快,因而 S_L 就愈大。

燃烧温度的提高对火焰传播速度的影响主要是由于促进了火焰中化学反应的进程所致。对于大多数的可燃混合气,火焰传播速度的提高较之温度升高更快。这是因为在高温下发生了离解反应,产生了作为活化中心的自由基,大大促进了火焰中化学反应过程。

2. 可燃混合气组成的影响

可燃混合气的组成,即燃料以不同比例和氧化剂(空气)混合,对火焰传播速度的影响类似于它对绝热燃烧温度的关系。在一般情况下具有最大绝对燃烧温度的混合气组成,同时亦具有最大的火焰传播速度。故通常认为混合气组成之所以会影响 S_L 值,主要是由于它对燃烧温度的影响。大多数的可燃混合气其最大火焰传播速度均对应于其按化学当量比计算的混合气组成,但以空气作为氧化剂的可燃混合气就不同,它们的最大火焰传播速度却在化学当量较富裕的一侧。

3. 可燃混合气压力的影响

因为火焰传播速度与化学反应速度有关,而压力的改变会影响化学反应速度的大小,因而也就影响了 S_L 值。著名学者刘易斯(Lewis)根据实验结果分析,得出如下结论:当火焰传播速度较低时,即 $S_L < 50$ cm/s 时(相应的总反应级数 $v < 2$),随着压力下降,火焰传播速度增大;当 50 cm/s $< S_L < 100$ cm/s 时($v = 2$),传播速度与压力无关;而当 $S_L > 100$ cm/s 时($v > 2$),火焰传播速度随着压力升高而增大。

4. 可燃混合气初始温度的影响

提高可燃混合气初始温度可以大大促进化学反应速度,因而增大 S_L 值。

5. 可燃混合气中掺杂物的影响

如 CO_2、N_2、He 和 Ar 之类不可燃气体掺入到可燃混合气中,因改变了可燃混合气的物理性质(如导热率、比热等),因而影响火焰传播速度。将不可燃气掺入到可燃混合气中都将产生类同的影响:①减小火焰传播速度;②使最大火焰传播速度向燃料含量较少的组成(即贫燃料)一侧转移。

(二)湍流火焰传播速度理论

湍流火焰的传播规律是湍流燃烧研究的重要方向,对设计高效、经济的燃烧设备具有重要的指导意义。湍流燃烧火焰的传播速度不仅与燃料的物理化学性质有关,更与湍流流动特性密切联系,但是湍流规律的复杂性制约了湍流燃烧传播速度研究。湍流火焰之所以有较高的火焰传播速度,主要归因于以下几个因素:①火焰锋面的改变;②传热传质的加剧;③更加均匀的反应混合物配比。

随着对湍流涡结构和涡运动认识的深入,涡团作为湍流内部主要的运动形式,它们对火焰结构和湍流输运过程的影响越来越明确。湍流火焰的传播速度可以近似成由火焰边界曲率度和延伸率共同作用的结果。从涡运动的角度来看,大尺度的涡团仅仅将预混火焰面扭曲,而小尺度的涡团会作用于光滑的层流薄层锋面上,使之表面发生细微的褶皱。

对于给定的可燃混合气而言,湍流在火焰传播和燃烧过程中发挥着非常重要的作用。火焰流经面积突然扩大的管道时,会发生边界层的分离,在分离区形成涡流,在流线 SR 邻近有一层很薄的自由剪切层把主流与分离区分割开,如图 5-4 所示。在火焰刚进入面积扩大断面时,速度梯度具有最大值。按 Prandtl 的混合长度理论,湍流度的产生与速度梯度的三次方成正比,即在火焰刚进入截面突然扩大区域(分离涡流区 I)时,湍流度的产生最剧烈,并使下游火焰的湍流度增大,火焰速度增大约 5 倍。火焰流经截面突然缩小的管道(见图 5-5)时,火焰收缩,在最小截面 AC 处收缩到最小,然后又逐渐扩大,直至充满整个断面;火焰速度梯度亦随着收缩而增大,在 AC 处达到最大值,然后又减小。在缩颈附近,火焰与管壁之间有一充满小旋涡的区域产生涡流,且在最小截面 AC 处湍流度最大。在管道面积突然缩小处,火焰传播速度增大;在管道面积突然缩小后的管段,火焰传播速度增大迅速。

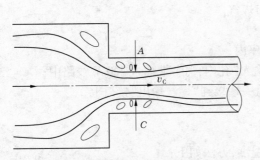

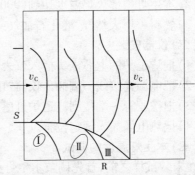

图 5-4　截面突然扩大时涡流速度分布示意图　　　**图 5-5　截面突然缩小时涡流速度分布示意图**

火焰经过分叉管路与在面积突然扩大管道中流动产生湍流的机理相似,需要强调的是,分叉管路的分叉点是一扰动源,火焰速度边界层的分离、分离区涡流主要产生在管路分叉处,附加湍流也产生于此,并使下游的直管、分支管中火焰湍流度增大,且对分支管中火焰湍流度的影响程度更大。

管道面积突变程度愈大,产生湍流度的程度亦愈大。火焰传播速度增大应是管道面积突变、管道分叉产生的湍流、膨胀波(压缩波)和壁面热效应共同作用的结果。管道面积突然扩大、分叉产生的膨胀波使火焰减速,管道内壁与火焰面之间的热效应使火焰加速;管道面积突然缩小产生的压缩波使火焰加速,壁面热效应使火焰减速。

三、实验装置

(一)概述

SDF - 2 型防火涂料测试仪(隧道法)——隧道炉的结构见图 5-6,适用于实验室条件下,以小型隧道炉测试涂覆于可燃基材表面防火涂料的火焰传播特性,并以此评定防火涂料对基材的保护作用及其火焰传播性能的优劣。此仪器按照国家标准 GB/T 15442.3 提供的技术条件而研制。

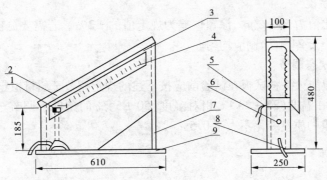

1—喷灯;2—热电偶插入孔;3—试件支架;4—玻璃观察窗;5—点火器;
6—供气孔;7—构架;8—燃料气管;9—底座

图 5-6　隧道炉的结构图　(单位:mm)

设备主要技术指标如下：

（1）本生灯灯口直径为 20 mm，高约 200 mm，可调节空气吸入量；

（2）本生灯中部火焰温度达到（900±20）℃；

（3）燃料可用天然气、液化石油气或城市煤气。

（二）仪器安装

（1）把隧道炉的七芯插头插入仪表箱插座内；

（2）把电源连接线一端插入仪器"电源输入"孔内，另一端插入 220 V 线路中；

（3）把橡胶管一端接到隧道炉灯座上，另一端接到"燃气输出"接口上；

（4）把热电偶插入规定位置。

（三）本生灯温度的调试

在未装试样之前，首先调节本生灯火焰温度，方法如下：

（1）把燃气开关、流量调节阀关闭，然后缓慢打开可燃气源总开关。

（2）打开燃气开关、流量调节阀，同时按点火按钮，启动温度记录仪。

（3）调节本生灯座下部的滚花螺母，调节本生灯的空气吸入量，使火焰成蓝色状态，记录仪温度指示在（900±20）℃为宜。

（4）关闭电源、燃气开关。

四、实验试样

（一）石棉标准板

石棉标准板尺寸为长 600 mm、宽 90 mm、厚 6~8 mm。

（二）橡树木标准板

橡树木标准板尺寸要求为长 600 mm、宽 90 mm、厚 8~10 mm，其气干密度为 0.7~0.85 g/cm³（或采用气干密度相近的壳斗科植物木材）。板面要求平整光滑、无结疤、无缺陷，纹理应与板的长度方向一致。

（三）实验基材的选择及尺寸

实验基材为一级五层胶合板，其尺寸为长 600 mm、宽 90 mm、厚（5±0.2）mm。基材表面应平整光滑、无结疤和明显缺陷。

（四）试样的涂覆

试件的涂覆比值为 500 g/m²，涂覆误差为规定值的 ±2%。若需要分次涂覆，两次涂覆的时间间隔不得小于 24 h，涂刷应均匀。

（五）试样的状态调节

标准板和涂覆防火涂料试板在试验前应按下述的规定调节至质量恒定。即试板在涂覆防火涂料之后，应在温度（23±2）℃、相对湿度（50±5）% 的条件下调节至质量恒定（相隔 24 h 前后两次称重的质量变化不大于 0.5%）。

五、实验步骤

（一）实验装置的校准

进行隧道炉实验时，应先用标准板加以校准。

（1）校准时规定，石棉标准板的火焰传播比值为"0"，橡树木标准板的火焰传播比值为"100"。

（2）开启燃气阀，点燃燃料气，调整燃气供给量。当燃气为液化石油气时，供给量约为860 mL/min（相当于（90±2）kJ/min）；调节吸入空气量应使本生灯火焰的内部发蓝，从试件背温测试点测得的中部火焰温度达到（900±20）℃为宜；保持系统的工作状态，关闭燃气开关阀。

（3）将按要求处理好的石棉标准板光滑一面向下，置于试板支架内，再将热电偶从试板支架的钻孔位置插至试件背火面，其热接点正好位于燃烧器上方位置，并盖上绝热盖板。

（4）打开事前调整好的喷灯供气阀，点燃本生灯的同时启动记录仪，观察喷灯火焰沿试件侧面扩展的情况，每隔15 s记录火焰前沿达到的距离长度值，直至4 min，关闭燃气开关阀，依次取下盖板、热电偶和试件。

（5）取相邻三个最大火焰传播读数的平均值为石棉板的火焰传播值（cm）。石棉标准板至少应有两个试件的重复测试数据，其平均值即为石棉标准板的火焰传播值 L_2（cm）。

（6）将按要求处理过的橡树木标准板依照与石棉标准板相同的操作程序进行实验，测试橡树木试板的火焰传播值，以5个试板重复测试数据的平均值作为其橡树木标准板的火焰传播值（cm）。

（7）隧道炉的校正常数由下式计算：

$$K = \frac{100}{L_1 - L_2} \qquad (5\text{-}9)$$

式中：K 为隧道炉的校正常数，cm^{-1}；L_1 为橡树木标准板的火焰传播值，cm；L_2 为石棉标准板的火焰传播值，cm。

（二）涂覆试板火焰传播值的测试

（1）将按要求处理过的涂覆试板称量后安装到隧道炉试板支架内，涂覆面向下。通过试板支架侧面的小孔插入热电偶，依照与石棉标准板同样的方法进行燃烧实验，测得涂覆试板的火焰传播值 L（cm）。

（2）每一防火涂料样品至少有5个试件的重复测试数据。

六、火焰传播比值计算

（1）试板的火焰传播比值由下式计算：

$$FSR = K(L - L_2) \qquad (5\text{-}10)$$

式中：FSR 为试板的火焰传播比值；K 为隧道炉的校正常数，cm^{-1}；L 为试板的火焰传播值，cm；L_2 为石棉标准板的火焰传播值，cm。

（2）计算5个重复试件火焰传播比值的平均值，取其整数为试板的火焰传播比值。

七、防火性能评定

防火涂料的防火性能依照 GB 15442.1—1995 将测得的数据分为两级：

级别	火焰传播比值（FSR）
1	≤25
2	≤75

八、实验数据记录

试板编号	每隔15 s火焰传播长度(mm)（共4 min）																相邻3个火焰最大传播长度及算术平均值(mm)			
	1	2	3	4	5	6	7	8	9	10	11	12	13	14	15	16	*A*	*B*	*C*	平均值
1																				
2																				
3																				
4																				
5																				
5组试板相邻3个火焰最大值传播长度平均值(mm)																				

九、思考题

1. 哪些因素会影响层流火焰的传播速度？

2. 湍流火焰与层流火焰的主要区别是什么？

3. 实际燃烧情况多为湍流燃烧,那么研究层流火焰传播速度的意义何在？

实验四　建筑材料可燃性实验

一、实验目的

(1)判断建筑材料是否具有可燃性;

(2)了解建材可燃性实验炉的使用。

二、实验原理

对建筑材料进行点火(不同的点火方式),通过火焰燃烧速度来判断建筑材料的可燃性能。

三、实验装置

实验装置由燃烧实验箱、燃烧器及试件支架组成。

(1)燃烧实验箱。燃烧实验箱用厚 1.5 mm 的不锈钢制成,其外形尺寸为 700 mm × 400 mm×810 mm,箱体顶端设有 $\phi150$ mm 的排烟口,前侧和右侧各设有一个玻璃观察窗,底部为一不锈钢网格。

(2)燃烧器。燃烧器由孔径为 $\phi0.17$ mm 的喷嘴和调节阀组成,并设有 4 个 $\phi4$ mm 的空气吸入孔。

(3)试件支架。试件支架由基座、立柱、试件夹组成。立柱的直径为 $\phi20$ mm,高 360 mm。

四、试样制备

(一)试件的数量及规格

每组实验需 5 个试件,试件尺寸(mm)为:采用边缘点火 90×190;采用表面点火 90×230。

试件的厚度应符合材料的实际使用情况,最大厚度不超过 80 mm;材料的实际使用厚度超过 80 mm 时,试件的制作厚度应取 80 mm,其表层和内层材料应具有代表性。

对边缘未加保护的材料,只按边缘点火规定的尺寸制备一组试件;对边缘加以保护的材料则应按照边缘点火和表面点火规定的尺寸各制备一组试件。

(二)试件制作

如果实验材料为非均匀材料,则应按照正反两面分别制作,也可选择确定的不利情况制作。

对采用边缘点火的试件,在试件高度 150 mm(从最低沿算起)处划一全宽刻度线;对采用表面点火的试件,在试件高度 40 mm 及 190 mm 处(从最低沿算起)各划一全宽刻度线。

(三)状态调节

实验之前,试样应在温度为(23±2)℃,相对湿度为(50±6)%的条件下至少存放 14 天,或调节至间隔 48 h,前后两次称重的质量变化率不大于 0.1%。

五、实验步骤

(1)检查仪器面板上的时间显示器设定值是否在量程的最大值。

(2)接通电源、气源,关闭仪器面板上的燃气开关阀,打开钢瓶阀门。

(3)打开电源开关,按"复位"键使燃烧器复位。

(4)打开燃烧箱门,将装有试件的试件夹固定在燃烧箱内,按"运行"键后,根据试件的情况调节试件夹与燃烧器的距离,再按"复位"键。

(5)打开燃气开关,按"点火"键点着燃烧器,调节火焰高度(20±2)mm,倾斜 45°,关闭箱门。

(6)按"运行"键,使燃烧器对试件施加火焰 15 s,施焰完毕后,燃烧器自动移去,计量从点火开始至火焰到达刻度线或试件表面燃烧火焰熄灭的时间,按"计时"键,仪器面板上的时间显示器停止,并记录此数据。

(7)重复做 5 个试件实验后,关掉电源、燃气开关及钢瓶阀门。

(8)在实验过程中,未到 15 s 火焰尖头已到达刻度线,按"急退"键移去燃烧器。

六、实验结果及数据分析

经实验符合下列规定的建筑材料均可确定为可燃性建筑材料:

(1)对下边缘未加保护的试件,在底边缘点火开始后的 20 s 内,5 个试件火焰尖头均未到达刻度线。

(2)对下边缘加以保护的试件,除符合(1)项规定外,应附加一组表面点火实验,点火开始后的 20 s 内,5 个试件火焰尖头均未达到刻度线。

实验五 建筑材料不燃性实验

一、实验目的

(1)测试建筑材料在实验室控制加温条件下是否具有不燃性;

(2)了解 FCB-1 型建筑材料不燃性实验炉的结构和工作原理;

(3)掌握使用 FCB-1 型建筑材料不燃性实验炉测量建筑材料不燃性的实验方法。

二、实验原理

在一定的温度下,对建筑材料进行加热,通过分析温升、火焰和质量损失,进而判断出建筑材料的难燃性能。

三、实验装置

(一)概述

装置为一加热炉。加热炉系统有电热线圈的耐火管,其外部覆盖有隔热层,锥形空气稳流器固定在加热炉底部,气流罩固定在加热炉顶部。加热炉安装在支架上,并配有试样架和试样架插入装置。布置热电偶测量炉内温度、试样中心温度和试样表面温度。

(二)加热炉管、支架和气流罩

(1)加热炉管由表 5-8 规定的密度为(2 800 ± 300)kg/m³ 的矾土耐火材料制成,高(150 ± 1)mm,内径(75 ± 1)mm,壁厚(10 ± 1)mm。包括固定电热线圈的耐火水泥层在内,其总壁厚不超过 15 mm。

表 5-8 矾土耐火材料的组分

材料	含量(%)(质量百分数)	材料	含量(%)(质量百分数)
三氧化二铝(Al_2O_3)	>89	二氧化钛(TiO_2)	<0.25
二氧化硅和三氧化二铝 (SiO_2,Al_2O_3)	>98	氧化锰(Mn_3O_4)	<0.1
三氧化二铁(Fe_2O_3)	<0.45	其他微量氧化物 (Na、K、Ca、Mg 氧化物)	其余

(2)加热炉管的电热线圈应采用宽 3 mm、厚 0.2 mm 的镍 80/铬 20 电阻带。

(3)加热炉管安置在一个由隔热材料制成的、外径 200 mm、高 150 mm、壁厚 10 mm 的圆柱管的中心部位,并配以带有内凹缘的顶板和底板,以便将加热炉管定位。加热炉管与圆柱管之间的环状空间内填入密度为(140 ± 20)kg/m³ 的氧化镁粉。

(4)加热炉底面连接一个两端开口的倒锥形空气稳流器,其长为 500 mm,并从内径为(75 ± 1)mm 的顶部均匀缩减至内径为(10 ± 0.5)mm 的底部。空气稳流器采用 1 mm 厚的钢板制作,其内表面应光滑,与加热炉之间的接口处应紧密、不漏气、内表面光滑。空气稳流器的上半部采用一层 25 mm 厚的矿棉材料进行外部隔热保温,该材料在平均温度 20 ℃时的导热系数为(0.04 ± 0.01)W/(m·K)。

（5）气流罩采用与空气稳流器相同的材料制成，安装在加热炉顶部。气流罩高 50 mm、内径(75 ±1)mm，与加热炉的接口处的内表面应光滑。气流罩外部采用一层 25 mm 厚的矿棉材料隔热保温，该材料在平均温度为 20 ℃时的导热系数为(0.04 ±0.01)W/(m·K)。

（6）加热炉、空气稳流器和气流罩三者的组合体安装在支架上。该支架具有底座和气流屏，气流屏用以减少稳流器底部的气流抽力。气流屏高约 550 mm，稳流器底部高于支架底面约 250 mm。

（三）试样架和插入装置

（1）试样架采用镍/铬或耐热钢丝制成，试样架底部安有一层耐热金属丝网盘，试样架质量为(15 ±2)g。

（2）试样架悬挂在一根外径为 6 mm、内径为 4 mm 的不锈钢管制成的支承件底端。

（3）试样架配以适当的插入装置，能平稳地沿加热炉轴线下降，以保证试样在实验期间准确地位于加热炉的几何中心。插入装置为一根金属滑动杆，滑动杆能在加热炉侧面的垂直导槽内自由滑动。

（四）热电偶

（1）采用绝缘型镍铬－镍铝铠装热电偶，外径为 1.5 mm，丝径为 0.3 mm。

（2）新热电偶在使用前应进行人工老化，以减少其反射性。

（3）炉内热电偶的热接点距加热炉管壁(10 ±0.5)mm，并处于加热炉管高度的中点。借助于一根固定于气流罩上的导杆以保持其位置的准确，热电偶位置可采用定位杆标定。

（4）试样中心热电偶通过试样顶部一直径为 2 mm 的孔，使其热接点处于试样的几何中心。

（5）试样表面热电偶，其热接点在实验开始时位于试样高度的中部并与试样接触，在直径方向上与炉内热电偶相对。

（6）连续记录各温度。

（五）附加设备

（1）稳压器。采用一台额定功率不小于 1.5 kVA 的单相自动稳压器，其电压在从零至满负荷的输出过程中精度应在额定值的 ±1% 以内。

（2）调压变压器。控制的最大功率达 1.5 kVA，输出电压呈线性变化并能在零至输入电压的范围内进行调整。

（3）电气仪表。配备电流表、电压表或功率表，以便对加热炉温度进行快速设定。这些仪表能满足对电量的测定。

（4）功率控制器。用来代替（1）、（2）和（3）规定的稳压器、调压变压器和电气仪表，它的型式是相角导通控制、能输出 1.5 kVA 的可控硅器件。其最大电压不超过 100 V，而电流的限度能调节至 100% 功率，即等于电阻带的最大额定值。功率控制器的稳定性应接近 1%，设定点的重复性为 ±1%，在全部设定点范围内，输出功率应呈线性变化。

（5）温度记录仪。它是一台能连续测量热电偶输出信号的记录装置，其分辨力约 1 ℃或相应的毫伏值，记录间隔时间不大于 0.5 s。适用的仪表可以是数字仪，也可以是多量程条形记录仪。记录仪可带有调零键，当按下"调零"键时，偏移约 10 mV 的量程，即记录仪的零位被置于 700 ℃左右。

注：由于实验期间三支热电偶的输出信号均需记录，因此需要一台三通道记录仪或三台独立的记录仪。

（6）计时器。计时器用于记录实验持续时间，其分辨力为 1 s，精度为 1 s/h。

（7）干燥皿。用于储存经状态调节的试样，其大小应能容纳一个工作日的用样，或按需要确定。

四、试样制备

（一）试样

（1）每种材料应制备五个试样。

（2）试样为圆柱形，直径 45.2 mm，高（50 ± 3）mm，体积（80 ± 5）cm^3。

（二）制备

（1）试样应尽可能代表材料的平均性能并按规定的尺寸制作。

（2）如果材料的厚度小于 50 mm，则规定的试样高度可通过叠加该材料的层数并调整每层材料的厚度来保证。实验前，每层材料均应在试样架中水平放置，并用两根直径不超过 0.5 mm 的铁丝将各层紧捆在一起，以排除各层间的空隙，但不得施加显著的压力。

叠层的布置应使试样中心热电偶的热接点位于该材料内部，不应处于层间界面上。

（3）在试样顶部中心沿轴向应预留一直径为 2 mm 的孔，孔深应使试样热电偶热接点处于实验的几何中心。

（三）状态调节

试样应放在（60 ± 5）℃的通风干燥箱内调节 20 h 至 24 h，并在实验前将其置于干燥皿中冷却至室温。实验前，应称量每个试样的质量，精确至 0.1 g。

五、实验步骤

（1）按总电源开关，红色指示灯亮，将试样架及插入装置从炉内移出，待面板上显示数字稳定后再打开加热开关，按"功率"键调整功率为零，再按"功率"键由小至大逐步调整功率，使炉内温度逐步上升。为防止加热开关打开时产生冲击电流导致稳压器过载保护，功率应由 0 ~ 200 W 逐步上调到 1 000 W 升温，待温度升至 800 ℃左右，将功率降到 200 W，使炉内温度稳定在（750 ± 5）℃。

（2）打开记录仪记录炉内温度在 10 min 内漂移情况，如 10 min 内温度漂移不超过 2 ℃，即可按以下步骤进行实验；否则应等温度稳定后再进行实验。

（3）将试样放入试样架内，并确保两只热电偶在试样的中心及表面并接触良好。

（4）将试样放入炉内时，其操作时间应不超过 5 s（参阅试样制备）。

（5）试样一放入炉内，即按面板上运行键开始记时。此时面板上显示 AXXX 等三组温度，即炉内温度、试样中心温度、试样表面温度，A 表示第一个试样。

（6）实验中试样燃烧时可按"燃烧记时"键，记录燃烧时间，按键后时间显示为燃烧时间，燃烧结束再按"燃烧记时"键可停止记时，但此时运行时间仍然在记时，30 min 后蜂鸣器响，这时如三组温度都达到了最终平衡温度，微机自动判别后即在三组温度后显示小数点，此时可返回键停止第一次实验，取出试样，按步骤（1）~（6）进行第二次实验。

（7）如 30 min 后三组温度未达到最终平衡温度，需延长实验时间，直至三组温度都达到了最终平衡温度，方可结束此次实验。实验过程中，如某一操作失误，可按"返回"键返回上一层操作。

每个试样的实验结束后,按打印键打印机将打印出此次实验结果,如下:

第一个试样:

T_f(initial)	X X X	炉内初始温度;
T_f(max)	X X X	炉内最高温度;
T_f(final)	X X X	炉内最终温度;
T_c(max)	X X X	试样中心最高温度;
T_c(final)	X X X	试样中心最终温度;
T_s(max)	X X X	试样表面最高温度;
T_s(final)	X X X	试样表面最终温度;
Fire Time	X X X	燃烧时间;
Test Time	X X X	运行时间。

(8)5 个试样实验结束后,按读出键依次读出每个试样的结果。H 表示最高温度,F 表示最终温度。

六、实验结果及数据分析

(一)温升

(1)以℃为单位,由下式计算每个试样的炉内温升和试样温升:

①炉内温升 $\Delta T_f = T_f(\max) - T_f(\text{final})$;

②试样中心温升 $\Delta T_c = T_c(\max) - T_c(\text{final})$;

③试样表面温升 $\Delta T_s = T_s(\max) - T_s(\text{final})$。

式中,$T(\max)$ 是最高温度,$T(\text{final})$ 是实验结束时的最终温度。

(2)计算并记录 5 个试样的炉内温升、试样中心温升和试样表面温升的算术平均值。

(二)火焰

(1)记录每个试样持续火焰持续时间的总和,以 s 为单位。

(2)计算并记录 5 个试样持续火焰持续时间的算术平均值。

(三)质量损失

(1)计算并记录每个试样的质量损失,以试样初始质量的百分数表示。

(2)计算并记录 5 个试样质量损失的算术平均值。

实验六　纺织织物 45°燃烧性能实验

一、实验目的

(1)学习服装用纺织品易燃性的测定方法;

(2)了解评定服装用纺织品易燃性的三种等级;

(3)熟悉 FC - 01 型纺织织物燃烧性能 45°燃烧测定仪的使用方法。

二、实验原理

在规定条件下,对倾斜 45°放置的纺织试样点火,测量织物燃烧后的续燃和阴燃时间、损毁长度及损毁面积来判定纺织织物的燃烧性能。

三、实验装置

（1）燃烧实验仪。仪器由一个通风的箱组成，其中设有点燃装置、试样架和试样夹、自动计时器。①试样架倾斜为45°，并可根据试样的不同厚度调节其与火焰前端的相对位置。②气体燃烧器。③计时器可自动计时，并精确到0.1 s。

（2）刷毛装置。刷毛装置用于起绒或簇绒织物的试样制备，由一个放置试样夹的合适滑动架和垂直安于试样表面上的负重尼龙刷构成。滑动架下装四个轮子，可沿试样前后方向移动，它的移动距离稍超过试样暴露的长度，并装有供滑动轮子移动的导轨。

①刷子由两排直径为0.41 mm的尼龙鬃簇组成，每簇20根鬃丝，每25 mm有4簇，两排毛簇交错排列。毛簇平整，长度为19 mm。

②毛刷装在一只框架上，它对于试样向下施加150 g的压力。

（3）恒温烘箱。

（4）干燥器。内径为250 mm。

（5）标志线。标志线为丝光棉缝纫线。

（6）丁烷（化学纯）。

四、试样制备

（1）试样的尺寸。试样尺寸为330 mm × 230 mm，长的一边要与织物的经向或纬向平行。

（2）试样数量：每一样品，经、纬向各取3块，若织物两面不同，需另取一组。

（3）试样的调湿：①试样在（20 ±2）℃和65% ±2%的标准大气中平衡，放置8～24 h（视织物厚薄而定），然后取出放入密封容器内。②若试样不怕受热影响，则可在烘箱里于（105 ±3）℃干燥不少于1 h，然后在干燥器中至少冷却30 min。③在有关各方商定的其他大气条件中调湿。

五、实验步骤

（1）将仪器平稳地放在通风橱内，接通电源及气源。

（2）点着点火器并预热2 min，调节火焰高度为（45 ±2）mm。

（3）将试样放入试样夹中，并用固定针固定试样，使之不松弛。

（4）将夹好试样的试样夹，倾斜45°放在燃烧实验箱中，用计时装置控制点火器对试样点火，点火时间为30 s，试样从密封容器中取出至点火必须在1 min以内。

（5）观察和测定续燃和阴燃时间，记取至0.1 s。

（6）打开实验箱，取出试样夹，卸下试样，待试样移开后，应清除实验箱中的烟、气及碎片，再测试下一个试样。

（7）用求积仪测定损毁面积，测量损毁长度。

六、实验结果及数据分析

（1）记录计时器所指示的每一块试样的燃烧时间，以及描述燃烧性能的代号，即可选用表5-9中所列的6种代号中的一种来加以说明。

表 5-9　每一块试样的燃烧时间以及燃烧性能的代号

序号	记录时间	燃烧性能代号	代号说明
1	要	BB	底部燃烧:一直燃烧到标志线断所记录的时间,精确到0.1 s
2	不要	DNI	未点燃:在标准规定的点火时间1 s内试样未被点燃
3	不要	IDE	点火后又熄灭:火焰在未蔓延到标志线前即已熄灭
4	要	SFBB	表面闪燃,但底部燃烧:底部燃烧即底部暴露着的实验面积被完全燃烧,或仅被碳化或熔融
5	不要	SF	表面闪燃:仅有表面火焰一闪而过,标志线未点燃,底部亦未燃烧、碳化或熔融
6	要	TSF	计时表面闪燃:标志线燃烧,但底部未燃烧、碳化或熔融

（2）一般只需实验 5 块试样,但是至少有 3 块试样是正常燃烧。火焰蔓延时间是取数块试样燃烧到标志线时间的平均值。

（3）分级。表 5-10 所示的分级方法仅适用于衣着纺织品。

表 5-10　纺织织物燃烧性能的分级方法

级别	燃烧性能	火焰蔓延时间 $t(s)$	
		无绒面纺织品	有绒面纺织品
1	正常可燃级	$t \geqslant 3.5$	$t \geqslant 7$ 或伴有表面闪燃,底部未点燃、碳化或熔融
2	中等可燃级		$4 \leqslant t < 7$,底部被点燃、碳化或熔融
3	具快速和剧烈燃烧性	$t < 3.5$	$t < 4$,底部点燃、碳化或熔融

（4）如果出现下列任何一种情况,则必须另取 5 块试样进行实验。①绒面纺织品,其平均燃烧时间小于 4 s;无绒面纺织品,其平均燃烧时间小于 3.5 s。②试样燃烧时伴有表面闪燃,同时 5 块试样中只有 1 块或 2 块呈现底部燃烧。

实验七　地毯燃烧性能 45°试验方法及评定

一、实验目的

（1）掌握地毯在实验室控制条件下,以倾斜 45°放置的地毯试样表面在火焰作用下燃烧性能的试验方法;

（2）熟悉 DT-1 型地毯 45°燃烧性能测试仪的使用方法。

二、实验原理

在规定的试验条件下,对倾斜 45°放置的地毯试样表面点火一定的时间,测量其试样的续燃时间、阴燃时间和损毁长度。

三、实验装置

(1)45°燃烧试验仪。

(2)试样框架。

(3)燃烧器。

(4)燃气介质。

(5)恒温干燥箱。

(6)干燥器。

(7)秒表。

(8)钢直尺。

(9)吸尘器和刷子。

(10)手套。

四、试样制备

(1)试样尺寸及数量:试样尺寸为400 mm×220 mm,纵向、横向各3块。用吸尘器和刷子清洁表面。

(2)试样调湿:把试样放在(50±2)℃的恒温干燥箱内放置24 h或在(105±2)℃的恒温干燥箱内放置1 h后,将试样迅速移入干燥器内,直至达到所需温度。

五、实验步骤

(1)将仪器平稳地放在通风橱内,接通气源。

(2)点着燃烧器,调节气体阀门使燃烧器火焰高度为24 mm。

(3)带上手套,从干燥器内取出一块试样,毯面朝上迅速放入试验箱内的底板上,再用压框压住四周,使其固定在45°位置不致滑动。

(4)将燃烧器水平放置,根据试样厚度调节燃烧器喷嘴前端与试样表面的距离为1 mm。

(5)关闭实验箱门,启动点火开关,待火焰稳定后将燃烧器水平放置,对试样点火30 s。试样从干燥器内取出至点燃应在2 min内,如超过2 min应另取样,并按步骤(2)~(5)重新实验。

(6)观察试样燃烧情况,记录试样续燃时间及阴燃时间。

(7)开启通风橱的排风装置,排出烟雾,打开实验箱门取出试样,测量损毁长度。清理实验箱,再进行下一次实验。

六、实验结果及数据分析

试验结果应分别计算试样纵向、横向的续燃时间、阴燃时间和损毁长度的算术平均值。续燃时间、阴燃时间精确至0.1 s,损毁长度精确至1 mm。

实验八　泡沫塑料燃烧性能实验（水平法）

一、实验目的

（1）实验室条件下评定泡沫塑料（也适用于泡沫橡胶）小试样的水平方向放置下的燃烧性能；

（2）熟悉 SPF－01 型泡沫塑料水平燃烧测试仪的使用方法。

二、实验原理

水平地夹住试样的一端，对试样自由端施加规定的气体火焰，通过测量线性燃烧速度（水平法）来评价试样的燃烧性能。

三、实验装置

（1）实验箱。实验箱的内腔尺寸为：长（600 ±5）mm，宽（300 ±5）mm，高（760 ±5）mm。

（2）本生灯。本生灯圆筒内径为（9.5 ±0.5）mm。上面装配的一个火焰喷嘴称做翼顶，其高为（40 ±1）mm，锥形角度为（60 ±1）°，喷嘴内侧长（48 ±1）mm，宽（3.0 ±0.2）mm。

（3）燃气。燃气的纯度为 95% 以上的天然气或丙烷。燃气经本生灯应能提供的火焰在距本生灯翼顶端面（13 ±1）mm 处的温度为（1 000 ±100）℃，蓝色火焰可见部分的高度为（38 ±1）mm 且有（7 ±1）mm 界线分明的内核。

（4）试样托网。试样托网由 ϕ0.8 mm 的不锈钢丝制成，网孔每边长 6.4 mm，网长 215 mm，宽 75 mm。边缘弯成直角，高度为 13 mm。

试样托网至少应有 5 个。

（5）支撑架。支撑架由低碳钢制成。试样托网放在支撑架上时，支撑架应使试样托网保持水平，其偏差应在水平方向 1°范围内。支撑架能调节至使试样靠近本生灯一端的下平面，位于本生灯翼顶端面（13 ±1）mm 处。

（6）量具：卡尺。

（7）计时器。计时器应为秒表或其他能使测量时间精确至 0.1 s 的计时装置。

（8）天平。感量为 10 mg。

（9）测温装置。火焰温度的测量用镍铬－镍铝热电偶和直流电位差计匹配或其他符合要求的测温装置。

（10）通风橱。

四、试样制备

（1）试样规格。

试样为除去所有表皮的长方体，长（150 ±1）mm、宽（50 ±1）mm、厚（13 ±1）mm，每组 10 个试样。

（2）试样要求。试样应厚度均匀，表面平整，无灰尘、微粒。每个试样应在长、宽构成的平面上与长轴线垂直、距一端 25 mm 的整个宽度上划一条标线。仅一侧有表皮的试样，标线应划在有表皮的面上。

(3)状态调节。材料不应在生产后72 h 内做实验。实验前,试样按《塑料实验状态调节和实验的标准环境》(GB 2918—82)的规定,在温度为(23±2)℃、相对湿度为(50±5)%的条件下,放置24 h 以上。

五、实验步骤

(1)按《泡沫塑料燃烧性能试验方法水平燃烧法》(GB 8332—87)中步骤(3)取被测试样若干组,每组10 件。

(2)打开实验箱的观测窗,将处理后的试样(150 mm×50 mm×13 mm)画标线的一面朝上放置在托网上,使离标线远的一端靠近试样托网向上弯曲13 mm 的部分。

(3)打开电源开关,顺时针调节燃气,按点火开关,检查本生灯下端的空气,使其得到蓝色火焰,调节燃气,使其火焰符合 GB 8332—87 中2.3.2 的规定。

(4)将本生灯火焰移至试样的一端,其内核顶端与试样一端接触(试样托网向上弯曲的部分),点燃试样。当火焰置于试样下时,立即计时,60 s 后迅速撤去火源,关闭燃气。

(5)当试样上的火焰燃至标线时,停止计时,并记录熄灭时间 T_b;当试样上的火焰燃至标线前熄灭,火焰绝迹时停止计时,并记录熄灭时间 T_e;如果试样上的火焰在燃气火焰中熄灭,则把火焰变色消失的时间作为熄灭时间。

(6)试样燃烧时,如有滴落物落到本生灯翼顶上未使火焰发生明显变化,视做有效实验。若产生了明显的变化,该试样的实验作废,清洗本生灯后,补做实验。

(7)燃烧范围测量:打开通风橱的排风扇,打开实验箱的观察窗,取出受试试样和试样拖网,测量并记录燃烧范围(L_e),它等于150 mm 减去沿试样上表面未燃烧的一端到火焰前沿最近痕迹(如烧焦)的距离。

六、实验结果及数据分析

(1)如果火焰前沿越过标线,由下式计算燃烧速率:
$$燃烧速率(mm/s)=125/t_b$$
式中:125 为试样受试端至标线的距离,mm;t_b 为火焰燃至标线的时间,s。

(2)如果火焰在标线前熄灭,由下式计算燃烧速率:
$$燃烧速率(mm/s)=L_e/T_e$$
式中:L_e 为燃烧范围,mm;T_e 为火焰熄灭时的时间,s。

(3)待一组实验进行完毕,计算下列平均值:①燃烧时间,s;②燃烧范围,mm;③燃烧速率,mm/s;④质量损失百分数(如需要)(%)。计算结果修约至小数点后第一位。

七、思考题

(1)火焰的特征是什么?
(2)水平测试适用于哪些材料?

实验九 泡沫塑料燃烧性能实验(垂直法)

一、实验目的

(1)实验室条件下评定泡沫塑料(也适用于泡沫橡胶)小试样的垂直方向放置下的燃烧

性能；

（2）熟悉 FPC－1 型泡沫塑料垂直燃烧测试仪的使用方法。

二、实验原理

垂直地夹住试样的一端，对试样自由端施加规定的气体火焰，通过测量质量残留百分数、燃烧时间、火焰高度、试样密度来评价试样的燃烧性能。

三、实验装置

（1）实验烟筒。①筒体：方形，由防腐金属材料制成，前壁为耐热玻璃板。②标尺：装在耐热玻璃板一侧，起始点距烟筒地面 51 mm，读数以 mm 表示。③试样支架：材质为不锈钢，其上有 3 个固定试样的钉，背部有挂钩。

（2）本生灯。本生灯圆筒内径（9.5 ±0.5）mm，固定在滑动支架上，其中心线与铅直线成 15°。

（3）燃气。燃气为纯度 95% 以上的天然气或丙烷。燃气经本生灯应能提供内核高度为 25～30 mm 的蓝色火焰，火焰内核顶端的温度为（960 ±20）℃。

（4）量具。主要有卡尺、钢尺。

（5）计时器。计时器应为秒表或其他能使测量时间精确至 0.1 s 的计时装置。

（6）天平。感量为 10 mg。

（7）测温装置。火焰温度的测量用镍铬－镍铝热电偶和直流电位差计匹配或其他符合要求的测温装置。

（8）通风橱。

四、试样制备

试样为长方体。长（250 ±1）mm，宽和厚均为（20 ±1）mm。每组取 6 个试样。试样宽度、厚度应均匀，表面平整，无灰尘、微粒。

五、实验步骤

（1）称量并记录每个试样的质量（M），准确至 0.01 g。

（2）称量并记录试样支架的质量（S_1），准确至 0.01 g。

（3）称量并记录量盘的质量（D_1），准确至 0.01 g。

（4）取被测试样若干组，每组 6 件。

（5）将处理后的试样（250 mm×20 mm×20 mm），钉放在试样支架上，其上部与支架挂钩平行，垂直面向前不露钉。打开燃烧室门，并将试件挂在试样燃烧支架上，称量盘放置在试样夹下端的托盘上，关闭燃烧室门。

（6）打开电源开关，顺时针调节燃气，按点火开关，检查本生灯下端的空气，使其得到蓝色火焰，调节燃气，使其蓝色火焰内核高 25～30 mm，此时显示测量温度为（960 ±20）℃，使其火焰符合 GB 8333—87 中 2.3.2 的规定。

（7）将本生灯火焰移至试样中心线下，其内核顶端与试样下端接触，点燃试样。当火焰置于试样下时，立即计时，10 s 后迅速撤去火源，关闭燃气。

（8）当试样上的火焰熄灭时，停止计时，并记录熄灭时间 T_e；如果熄灭时间小于 10 s，记录此时间但仍点燃到 10 s；如果试样上的火焰熄灭后滴落物还在燃烧，T_e 应取滴落物的熄灭时间。

（9）试样燃烧过程中，用装在实验烟筒正面的火焰高度标尺测量火焰最大高度并记录此值，精确到 10 mm，如果火焰超过标尺顶端，记作 250 mm。

（10）待试样上的火焰熄灭时，启动通风橱的排风扇。卸下试样支架，冷却至室温后，称量未清除试样残留物时整个试样支架的质量，记作 S_2。

（11）称量装有滴落物的称量盘的质量，记作 D_2。如果滴落物落入灯管中须取出一并称量。

（12）清除试样支架上的残留物及称量盘中的滴落物。支架及称量盘在使用前须冷却至室温。

（13）检查本生灯和试样烟筒前壁玻璃的清洁。

（14）每 3 次试验或清理过本生灯后应核对火焰尺寸。

（15）关闭通风橱的排风扇，对下一个试样重复从步骤（3）开始的操作。

六、实验结果及数据分析

（1）由下式计算燃烧实验后试样残留的质量百分数：
$$P_{MR} = [(S_2 - S_1) + (D_2 - D_1)]/M \times 100\%$$
式中：P_{MR} 为按完整试样计，包括滴落物在内的试样残留质量百分数（%）；D_1 为称量盘的质量，g；S_1 为试样支架的质量，g；M 为试样的质量，g；S_2 为燃烧实验后试样残留物和试样支架的质量，g；D_2 为燃烧实验后装有滴落物的称量盘质量，g。

（2）待一组实验进行完毕，计算下列平均值：①试样密度（精确至 0.001 g/mL）；②燃烧时间（精确至 0.1 s）；③火焰高度（精确至 10 mm）；④试样残留质量百分数（精确至 0.1%）。

七、思考题

（1）火焰的特征是什么？

（2）垂直测试适用于哪些材料？

第六章　可燃气体燃烧实验理论与技术

第一节　气体燃烧基础

一、可燃性气体

凡是常温、常压下以气体状态存在,在受热、受压、撞击或遇火花等外界能量作用下具有燃烧或爆炸性能的气体通称为可燃性气体。

这类气体燃烧前必须首先和助燃气体混合,气体分子的扩散速度是比较慢的,所以气体间的混合速度也比较慢。不同气体的扩散速度与其分子量的平方根成反比。气体的分子量越小,其扩散速度越大。如氢气的分子量最小,它的扩散速度最大,在空气中达到爆炸极限的时间时最容易引起燃烧爆炸。由上述可知,可燃性气体扩散速度是发生迅速蔓延直到爆炸的重要条件。

这类可燃性气体一旦从容器泄漏到厂区与空气混合,或者是空气进入到盛有这类危险性气体的容器中,则会形成空气与可燃性气体的混合气体。当这种混合气体浓度达到某一浓度范围时,一旦遇到火源,就会引燃,甚至爆炸。我们把这一浓度范围称做混合气体的爆炸范围或可燃范围。爆炸范围有两个极限浓度,即爆炸上限浓度和下限浓度。混合气体浓度高于上限浓度或低于下限浓度,火焰便不能蔓延燃烧,也就不能发生爆炸。所以,最大极限浓度(简称爆炸极限)是可燃性气体的主要危险特性。

根据可燃性气体的爆炸下限浓度可把可燃性气体分成两级,见表6-1。

表6-1　可燃性气体分级

级别	爆炸下限浓度(%)	举例
一级	<10%	氢气、甲烷、乙炔、环氧乙烷、氯乙烯
二级	≥10%	氨、一氧化碳

可燃性气体按化学组成可分为有机气体和无机气体。无机可燃气有单质和化合物,在化合物分子中大都含有氢、氧、氮、氯等元素,如硫化氢、一氧化碳等;有机可燃气是碳、氢、氧、氮组成的化合物,如乙烷、乙炔、丙烯、汽油蒸气等。有机可燃气中,其结构中含不饱和键越多,分子量越低,则它的化学性质就越活泼,越容易引起燃烧和爆炸,所以乙炔是最危险的有机可燃气体。

为了便于研究、使用,根据可燃性气体在通常条件下的使用形态和危险特征,分成以下5种类别:

(1)可燃气体。如氢气、煤气,以及4个碳以下的有机气体(如甲烷、乙烯、乙烷等)均属此类。它们在常温常压下以气态存在,和空气形成的混合物容易发生燃烧或爆炸,所以也把它们称做燃爆气体。

（2）可燃液化气。如液化石油气、液氨、液化丙烷等。这类气体在加压降温的条件下即可变为液体压缩贮入高压钢瓶或贮罐中。能够使气体液化的最高温度叫临界温度，液化所需的最低压力叫临界压力。一些气体的临界温度和临界压力列于表6-2。

表6-2　一些气体的临界温度和临界压力

气体名称	临界温度（℃）	临界压力（atm）	气体名称	临界温度（℃）	临界压力（atm）	气体名称	临界温度（℃）	临界压力（atm）
氦气	−267.2	2.26	一氧化碳	−140.5	34.5	二氧化碳	31.1	72.9
氢气	−239.9	12.8	氧气	−82.1	45.8	乙烷	32.3	48.2
氖气	−228.7	26.9	甲烷	−82.1	45.8	氨气	132.3	11.3
氮气	−146.9	33.54	乙烯	9.5	50.7	氯气	144.0	76.1

注：1 atm = 101.325 kPa。

液化石油气的主要成分是丙烷（C_3H_8）、丙烯（C_3H_6）、丁烷（C_4H_{10}）和丁烯（C_4H_8）等，其中丙烷占50%～80%。在常温常压下它们为气体，比重为0.495～0.57，可贮入钢瓶。液化石油气以液态从钢瓶流出，即变成可燃气体，极易点燃。

（3）燃烧液体的蒸气。如甲醇、乙醚、酒精、苯、汽油等的蒸气，这些蒸气在燃烧液体表面上有较高的浓度，和空气混合浓度达到爆炸极限，就能被点燃，以致发生爆炸。

（4）助燃气体。如氧、氟、氯、氧化氮、二氧化氮。它们在化学反应中能作氧化剂，把它们和能作还原剂的可燃性气体混合，会形成爆炸性混合物。发生氧化还原反应时，氧化剂和还原剂是互为条件、缺一不可的，换句话说，作为氧化剂的助燃气体和作为还原剂的可燃性气体对发生燃烧和爆炸反应具有同等重要程度。根据它们的这种危险特性，把它们和可燃性气体归并于一类。

（5）分解爆炸性气体。如乙烯、乙炔、环氧乙烷、丙二烯、甲基乙炔、乙烯基乙炔等，它们不需要与助燃气体混合，其本身就会发生屈服，而且贮存压力越高，越容易发生分解爆炸。除上述气体外，臭氧、二氧化氯、氰化氢、氧化氮也有这种性质。

分解爆炸所需的能量由上述气体的分解热提供。分解热为80 kJ/mol 以上的气体，其爆炸是很激烈的。下面以乙炔为例，计算乙炔完全燃烧和热分解爆炸时的发热量、熔出单位体积的发热量，通过比较它们的相对大小来说明这类气体分解爆炸的危险性。

例如：1 mol 乙炔完全燃烧时，放出 130.6×10^4 J 的热量，这些热量就是乙炔的燃烧热，其反应式为：

$$C_2H_2 + 2.5O_2 = 2CO_2 + H_2O + 130.6 \times 10^4 J$$

不同物质燃烧时放出的热量亦不相同。所谓热值，是指单位质量或单位体积的可燃物质完全燃烧时所发出的热量。可燃性固体和可燃性液体的热值以"J/kg"表示，可燃气体的热值以"J/m^3"表示。可燃物质燃烧爆炸时所能达到的最高温度、最高压力及爆炸力等与物质的热值有关。

可燃物质的热值是用量热法测定出来的，或者根据物质的元素组成用经验公式计算。

可燃物质如果是气态的单质和化合物,其热值可按下式计算:

$$Q = \frac{1\ 000 \times Q_{燃烧}}{22.4} \tag{6-1}$$

式中:Q 为每 1 m^3 可燃气体的热值,J/m^3;$Q_{燃烧}$ 为每摩尔可燃气体的燃烧热,J/mol。

【例 6-1】 试求乙炔的热值。

解: 乙炔的燃烧热为 $130.6 \times 10^4\ J/mol$,代入公式(6-1)得

$$Q = \frac{1\ 000 \times 130.6 \times 10^4}{22.4} = 5.83 \times 10^7\ (J/m^3)$$

所以,乙炔的热值为 $5.83 \times 10^7\ J/m^3$。

可燃物质如果液态或固态的单质和化合物,其热值可按下式计算:

$$Q = \frac{1\ 000 \times Q_{燃烧}}{M} \tag{6-2}$$

式中:M 为可燃液体或固体的摩尔质量。

乙炔分解爆炸的临界压力为 1.4 atm,在这个压力以下贮存不会发生分解爆炸,高压下贮存就非常危险。把乙炔溶解于丙酮中,分解爆炸的危险性就会降低,在 10 atm 以上才会发生爆炸。

可燃性气体的危险程度通常可以根据爆炸极限、最小发火能量、闪点、燃烧热或分解热等危险特性来判断。爆炸下限越低,最小发火能量越小,闪点和自燃点越低,燃烧热或分解热越大,则其危险性越大。

二、燃烧的条件

(一)一定浓度的可燃物

要燃烧必须使可燃物与助燃物(氧化剂)有一定的浓度比例。如果可燃物与助燃物比例不当,燃烧就不一定能发生。例如,氢气在空气中的含量达到 4% ~75% 时就能着火甚至爆炸;但若氢气在空气中的含量低于 4% 或高于 75%,既不能发生着火,也不能发生爆炸。又如,在室温 20 ℃的条件下,用火柴去点燃汽油或煤油时,汽油立刻燃烧起来,而煤油却不燃。这是因为煤油在室温 20 ℃下蒸气浓度不大,还没有达到燃烧所需要的浓度。由此说明,虽然有可燃物质,但其挥发的气体或蒸气浓度不够,即使有空气(氧化剂)和点火源的接触,也不能发生燃烧。

(二)一定比例的助燃物

要使可燃物燃烧,助燃物的数量必须足够,否则燃烧就会减弱,甚至熄灭。例如,点燃的蜡烛用玻璃罩罩起来,不使周围空气进入,经过较短时间后,蜡烛就会自行熄灭。通过对玻璃罩内气体的分析,发现气体中还含有 16% 的氧气,这说明蜡烛在氧气含量低于 16% 的空气中不能燃烧。测试表明,一般可燃物质燃烧都需要有一个最低氧化剂浓度(即最低氧含量)。低于此浓度燃烧就不会发生,这是因为助燃物浓度太低的缘故。部分物质燃烧所需最低氧含量如表 6-3 所示。

表 6-3　部分物质燃烧所需最低氧含量

物质名称	氧含量(%)	物质名称	氧含量(%)
汽油	14.4	丙酮	13.0
煤油	15.0	氢气	5.9
乙醇	15.0	橡胶屑	13.0
乙醚	12.0	多量棉花	8.0
乙炔	3.7	蜡烛	16.0

（三）一定能量的点火源

无论何种能量的点火源,都必须达到一定的强度才能引起可燃物着火。也就是说,点火源必须有一定的温度和足够的热量,否则,燃烧便不会发生。

能引起一定浓度可燃物燃烧所需的最小能量称最小引燃能(也称最小点火能量)。物质能否燃烧,取决于点火源的强度。点火源的强度低于最小点火能量,便不能引起可燃物燃烧。例如,从烟囱冒出来的炭火星温度约 600 ℃ ,已超过一般可燃物的燃点,如果这些火星落在柴草、纸张和刨花等易燃物上,就能引起着火,说明这种火星所具有的温度和热量能引燃这些物质;如果这些火星落在大块木材上,虽有较高的温度,但缺乏足够的热量,不但不能引起大块木材着火,而且还会很快熄灭。再如,在生活中人们生炉子,总要先用废纸、刨花、木炭等容易着火的物质来引火。这就是利用这些物质燃烧时放出的热量把炉子里的木炭(焦炭)加热到一定温度使之燃烧,之后由于煤炭(焦炭)本身燃烧放出大量的热,在炉子里保持着相当高的温度,使煤(焦炭)能持续自行加热燃烧。

由此说明,只有具备一定温度和热量的点火源,才能引起可燃物的燃烧。不同的可燃物质燃烧时所需要的温度和热量各不相同。

一些可燃物的最小点火能量,见表 6-4。

表 6-4　一些可燃物的最小点火能量

物质名称	最小点火能量（mJ）	物质名称	最小点火能量（mJ）
汽油	0.2	乙炔(7.72%)	0.019
氢(29.5%)	0.019	甲烷(8.5%)	0.28
丙烷(5%~5.5%)	0.26	乙醚(5.1%)	0.19
甲醇(12.24%)	0.215	苯(2.7%)	0.55

三、气体的燃烧过程

在石油化工企业生产中,会产生各种可燃气体,或使用可燃气体做原料。可燃气体燃烧会引起爆炸,在特定条件下还会引起爆轰,对设备造成严重破坏,因此研究气体燃烧的规律对消防工作具有重要意义。

(一)流动扩散性

气体具有高度的流动扩散性。在一般情况下,不同气体能以任意比例相混合,能够充满任何容器,并对器壁产生压强。气体的体积受温度及压强的影响较大,其膨胀系数和可压缩性都比固体、液体大得多。气体分子的热运动使各组分相互掺和,浓度趋向均匀一致。某一组分的扩散量与单位距离上其浓度的变化量(浓度梯度)成正比,在该组分浓度大的地方,扩散量大,扩散速度快。

同温同压下,气体的扩散速度 v_i 与其密度 ρ_i 的平方根成反比(格拉罕姆扩散定律)。即

$$v_i \propto \sqrt{\frac{1}{\rho_i}}$$

因为

$$\frac{\rho_A}{\rho_B} = \frac{M_A}{M_B} \quad (M \text{ 为气体的摩尔质量})$$

所以

$$\frac{v_A}{v_B} = \sqrt{\frac{\rho_B}{\rho_A}} = \sqrt{\frac{M_B}{M_A}} \tag{6-3}$$

这说明,在相同条件下,气体的密度越小或分子量越小,其扩散速度越快,在空气中达到爆炸极限范围所需的时间就越短。

【例6-2】 试比较乙炔和氢气泄漏后的扩散速度(假设容器管道内气体压力、温度相等)。

解:将乙炔和氢气的摩尔质量代入式(6-3),得

$$\frac{v_{H_2}}{v_{C_2H_2}} = \sqrt{\frac{M_{C_2H_2}}{M_{H_2}}} = \sqrt{\frac{26}{2}} \approx 3.6$$

所以氢气泄漏的速度比乙炔快,是乙炔的 3.6 倍。

在物质燃烧过程中,燃烧产物不断溢出离开燃烧区,新鲜空气不断地补充进入燃烧区,其主要原因之一就是气体的扩散。低压气体的扩散速度因浓度梯度较小,主要由其与空气的相对密度来决定;高压气体的扩散速度主要由高压气体的冲力来决定,冲力越大,气体分子的能量越高,在周围介质中的浓度梯度越大,因而扩散速度越快,并且远远大于低压气体的自由扩散速度。

(二)可压缩性和受热膨胀性

气体可以被压缩,在一定的温度和压力条件下甚至可以被压缩成液态。温度不变时,气体的体积和压力成反比(例如,气体加压到 10 个大气压时,它的体积就要缩小到原来的1/10)。由于气体具有可压缩性,所以气体通常都以压缩或液化状态储存在钢瓶中。但是,气体压缩成液态有一个极限压力和极限温度,若超过一定的温度,无论对气体施加多大的压力都不可能液化,这一温度叫临界温度;临界温度时液化所需要的压力叫临界压力。临界温度高的气体,越容易被压缩。

同时,气体具有受热膨胀性。因此,盛装压缩气体或液化气体的容器(钢瓶),如受高温、撞击等作用,气体就会急剧膨胀,产生很大的压力,当压力超过容器的耐压强度时,就会引起容器的膨胀或爆炸,甚至造成火灾事故。所以,对压力容器应有防火、隔热、防晒等防护措施,不得靠近热源和受热。

可燃气体的燃烧,必须经过与氧化剂接触、混合的物理过程和着火(或爆炸)的剧烈氧化还原反应阶段。

由于化学组成不同,各种可燃气体的燃烧过程和燃烧速度也不同。通常情况下,可燃气体的燃烧过程如下:

$$可燃气体 \xrightarrow[\text{扩散}]{\text{氧化剂}} 可燃混合气体 \xrightarrow[\text{断键、活化}]{\text{火源}} 分子碎片、游离基 \xrightarrow[\text{连续氧化、燃烧}]{\text{火焰}} 产物、热量$$

由于气体燃烧不需像固体、液体那样要经过熔化、分解、蒸发等相变过程,而在常温常压下就可以按任意比例和氧化剂相互扩散混合,在混合气中达到一定浓度以后,遇点火源即可发生燃烧(或爆炸),因此气体的燃烧速度大于固体、液体。组成单一、结构简单的气体(如氢气)燃烧只需经过受热、氧化过程,而复杂的气体要经过受热、分解、氧化等过程才能开始燃烧。因此,组成简单的气体比组成复杂的气体燃烧速度快。从理论上讲,可燃气体在达到化学计量度时燃烧最充分,火焰传播速度达到最大值。

四、气体的燃烧形式

根据气体燃烧过程的控制因素不同,可分为扩散燃烧和预混燃烧两种燃烧形式。

(一)扩散燃烧

扩散燃烧是指可燃气体或蒸气与气体氧化剂相互扩散,边混合边燃烧。

在扩散燃烧中,化学反应速度要比气体混合扩散速度快得多。整个燃烧速度的快慢由物理混合速度决定,气体(蒸气)扩散多少就烧掉多少。这类燃烧比较稳定,人们在生产、生活中的正常用火(如用燃气做饭、点气照明、燃气焊等)均属这种形式的燃烧。其特点是:扩散火焰不运动,可燃气体与氧化剂气体的混合在可燃气喷口进行。对稳定的扩散燃烧,只要控制得好,就不至于造成火灾,一旦发生火灾也较易扑救。

(二)预混燃烧

预混燃烧又称动力燃烧或爆炸式燃烧。它是指可燃气体或蒸气预先同空气(或氧)混合,遇火源产生带有冲击力的燃烧。

预混燃烧一般发生在封闭体系中或在混合气向周围扩散速度远小于燃烧速度的敞开体系中,燃烧放热造成产物体积迅速膨胀,压力升高,压力可达 $1 \sim 810.4$ kPa。这种形式的燃烧速度快,温度高,火焰传播速度快,通常的爆炸反应即属于此。

预混燃烧的特征是:反应混合气体不扩散,在可燃混合气体中引入火源即产生一个火焰中心,成为热量与化学活性粒子集中源。火焰中心把热量和活性粒子供给其周围的未燃气体薄层,反应区的火焰峰按同心球面迅速向外传播,运动火焰锋是厚度为 $10^{-2} \sim 10^{-4}$ cm 的气相燃烧区,按混合气体组成的不同,温度一般介于 $1\,000 \sim 3\,000$ K。如果预混气体从管口喷出发生预混燃烧,若气体流速大于燃烧速度则在管口形成稳定的燃烧火焰,由于燃烧充分,速度快,燃烧区呈高温白炽状,如汽灯的燃烧即是如此。若气体流速小于燃烧速度,则会发生回火。制气系统检修前不进行置换就烧焊,燃气系统开车前不进行吹扫就点火,用气系统产生负压回火或者漏气未被发现而用火时,往往形成预混燃烧,有可能造成设备损坏和人员伤亡。

五、燃烧条件在消防中的应用

燃烧不仅需要一定的条件,而且燃烧条件是一个整体,无论缺少哪一个,燃烧都不能发生。人们掌握了燃烧条件,就可以了解防火和灭火的基本原理,有效地同火灾作斗争。

(一)防火的基本原理

一切防火措施,都是为了防止火灾发生,通常和限制燃烧条件互相结合、互相作用。根据物质燃烧的原理和同火灾作斗争的实践经验,防火的基本原理有:①控制可燃物和助燃物;②控制和消除点火源;③控制生产中的工艺参数;④阻止火势扩散蔓延等。

(二)灭火的基本原理

一切灭火方法,都是为了破坏已经形成的燃烧条件,或者使燃烧反应中的游离基消失,以迅速熄灭或阻止物质的燃烧,最大限度地减少火灾损失。根据燃烧条件和同火灾作斗争的实践经验,灭火的基本原理有以下四种。

1. 隔离法

隔离法就是将未燃烧的物质与正在燃烧的物质隔开或疏散到安全地点,燃烧会因缺乏可燃物而停止。这是扑灭火灾比较常用的办法,适用于扑救各种火灾。

在灭火中,根据不同情况,可具体采取下列措施:关闭可燃气体、液体管道的阀门,以减少和阻止可燃物质进入燃烧区;将火源附近的可燃、易燃、易爆和助燃物品搬走;消除生产装置、容器内的可燃气体或液体;设法阻挡流散的液体,拆除与火源相连的易燃建(构)筑物,形成阻止火势蔓延的空间地带;用高压密集射流封闭的方法扑救井喷火灾等。

2. 窒息法

窒息法就是隔绝空气或稀释燃烧区的空气氧含量,使可燃物得不到足够的氧气而停止燃烧。它适用于扑救容易封闭的容器设备、洞室和工艺装置或船舱内的火灾。

在灭火中根据不同情况,可具体采取下列措施:

用干砂、石棉布、湿棉被、帆布、海草等不燃或难燃物捂盖燃烧物,阻止空气流入燃烧区,使已经燃烧的物质得不到足够的氧气而熄灭;用水蒸气或惰性气体(如 CO_2、N_2)灌注容器设备稀释空气,条件允许时,也可用水淹没的窒息方法灭火;密闭起火的建筑、设备的孔洞和洞室;用泡沫覆盖在燃烧物上,使之得不到新鲜空气而窒息。

3. 冷却法

冷却法就是将灭火剂直接喷射到燃烧物上,将燃烧物的温度降到低于燃点,使燃烧停止;或者将灭火剂喷洒在火源附近的物体上,使其不受火焰辐射热的威胁,避免形成新的火点,将火灾迅速抑制和扑灭。最常见的方法就是用水来冷却灭火。比如,一般房屋、家具、木柴、棉花、布匹等可燃物质都可以用水来冷却灭火。二氧化碳灭火剂的冷却效果也很好,可以用来扑灭精密仪器、文书档案等贵重物品的初期火灾。还可用水冷却建(构)筑物、生产装置、设备容器,以减弱或消除火焰辐射热的影响。但采用水冷却灭火时,应首先掌握"不见明火不射水"这个防止水渍损失的原则,当明火焰熄灭后,应立即减少水枪支数和水流量,防止水渍损失;同时,对不能用水扑救的火灾,切忌用水灭火。

4. 抑制法

这是基于燃烧是一种连锁反应的原理,使灭火剂参与燃烧的连锁反应,它可以销毁燃烧过程中产生的游离基,形成稳定分子或低活性游离基,从而使燃烧反应停止,达到灭火的目的。采用这种方法的灭火剂,目前主要有 1211、1301 等卤代烷灭火剂和干粉灭火剂。但卤代烷灭火剂对环境有一定污染,特别是对大气臭氧层有破坏作用,生产和使用将会受到限制,各国正在研制灭火效果好且无污染的新型高效灭火剂来代替它。

在火场上究竟采用哪种灭火方法,应根据燃烧物质的性质、燃烧特点和火场的具体情况以及消防器材装备的性能进行选择,有些火场,往往需要同时使用几种灭火方法,比如用干粉灭火时,还要采用必要的冷却降温措施,以防止复燃。

第二节 气体爆炸

一、爆炸形式

物质从一种状态经物理或化学变化突变为另一种状态,伴随着巨大的能量快速释放,产生声光热或机械功等,使爆炸点周围产生的压力发生骤增的过程称为爆炸现象。在生产活动中,违背人们意愿造成财产损失和人员伤亡的爆炸称为事故性爆炸,如煤矿瓦斯爆炸等。

爆炸是指由于物质急剧氧化或分解反应产生温度、压力增加或两者同时增加的现象。从广义上讲,物质由一种状态迅速地转变为另一种状态,并在瞬间以机械功的形式释放出巨大能量,或是气体、蒸气在瞬间发生剧烈膨胀等现象叫做爆炸。爆炸最重要的一个特征就是爆炸点周围发生剧烈的压力突跃变化。

爆炸按其爆炸过程的性质,通常分为核爆炸、物理爆炸和化学爆炸。常见的是物理爆炸和化学爆炸两大类。爆炸可为人类控制的则可为人类利用。如爆破工程或军事方面;而为人类所失控的爆炸则会给人类造成灾害,破坏生产和建设或带来次生灾害。

(一)核爆炸

由于原子核裂变(如^{235}U的裂变)或聚变(如氘、氚、锂的聚变)反应释放出核能所形成的爆炸,叫做核爆炸。原子弹、氢弹、中子弹的爆炸,就属于核爆炸。实际上,核爆炸也属化学爆炸的范畴,只不过是一种特例而已。

(二)物理爆炸(又称爆裂)

装在容器内的液体或气体,体积迅速膨胀,使容器压力急剧增加,由于超压力和(或)应力变化使容器发生爆炸,并且爆炸前后物质的化学成分均不改变,这种现象称物理爆炸。例如,蒸气锅炉、压缩或液体气钢瓶、油桶、轮胎的爆炸等,都属于物理爆炸。这种爆炸能直接或间接地造成火灾。

(三)化学爆炸

由于物质急剧氧化或分解反应产生温度、压力增加,或两者同时增加而形成的爆炸现象,称为化学爆炸。例如,可燃气体、蒸气和粉尘与空气形成的混合物的爆炸,炸药的爆炸等都属于化学爆炸。实际上,化学爆炸就是可燃物质事先与氧化剂混合好了的混合物(或者本身是含氧的炸药),遇到点火源而发生的瞬间燃烧。这种爆炸的速度很快,每秒可达几十米到几千米。爆炸时产生大量的热能和气态物质,形成很高的温度,产生很大的压力,并发出巨大的响声。这种爆炸能够直接造成火灾,因此具有很大的火灾危险性。

化学爆炸,按照爆炸的变化和传播速度可分为爆燃、爆炸、爆轰(又称爆震)三种。

1. 爆燃

爆燃即以亚音速传播的爆炸(每秒数十米至百米),是化学性爆炸能量释放的一种形式。爆燃的特征是,压力不激增,没有爆炸声,无多大破坏力,例如,无烟火药在空气中的快速燃烧,爆炸性混合物接近爆炸浓度范围时的爆炸均属于爆燃现象。

2.爆炸

爆炸即以音速传播(每秒数百米至千米)的爆炸。爆炸的特点是,仅在爆炸地点能引起压力激增,有震耳的声响,具有破坏作用。例如,被压缩的火药受摩擦或遇点火源引起的爆炸,以及气体爆炸混合物在多数情况下的爆炸均属这种爆炸。

3.爆轰(又称爆震)

爆轰指以强冲击波为特征,以超音速传播的爆炸。爆轰实际上是一种激波。这种爆炸的特点是具备了相应的条件之后突然发生(时间在 $10^{-5} \sim 10^{-6}$ s),同时产生高速($2\,000 \sim 3\,000$ m/s)、高温($1\,300 \sim 3\,000$ ℃)、高压(10 万 ~ 40 万大气压)、高能($2\,930 \sim 6\,279$ kJ/kg)、高冲击力(破坏力)的冲击波。这种冲击波能远离爆震发源地而独立存在,并能引起位于一定距离处、与其没有什么联系的其他爆炸性气体混合物或炸药的爆炸,从而产生一种殉爆现象。所以,爆轰具有很大的破坏力。各种处于部分或全部封闭状态下的炸药爆炸,气体爆炸混合物处于特定的浓度范围内 (如氢气和空气混合物为 18% ~ 59%)或处于高压下的爆炸均属爆轰。

二、气体爆炸机理

气体爆炸包括可燃气体/空气混合物和单一气体分解爆炸两个方面,两者爆炸机理及过程虽有所不同,但本质上都是由于化学反应热快速释放,导致压力急剧升高而引起爆炸。

(一)热点火机理

在热点火理论中,物质因自燃而引起着火,从阴燃到明燃直至发生爆炸的现象,称为热爆炸或热自燃,习惯上也称自动着火或自动点燃。从化学反应动力学观点看,热爆炸是一个从缓慢氧化放热反应突然变为快速燃烧反应的过程,当化学反应系统中放热速率超过热损失速率时,由于热积累致使反应物自动加热,反应过程不断自动加速,制止爆炸发生。

(二)防爆技术原理

现代工业生产中,爆炸性物质及危险场所不仅种类繁多,数量庞大,而且作用相当复杂。从防爆技术原理看,防止物理或化学爆炸发生条件同时出现,是预防爆炸事故发生的根本技术措施。从爆炸事故破坏力形成看,一般应同时具备以下五个条件:①可燃物(本章主要讲述可燃气体);②助燃剂(氧化剂);③可燃物与助燃剂的均匀混合;④爆炸性混合物处于相对封闭空间内(包围体);⑤足够能量的点火源。

爆炸、爆轰(爆震)等都有很大的破坏力,其形式有以下几方面。

1.震荡作用

在遍及破坏作用的区域内,有一种能使物体震荡、使之松散的力量。

2.冲击波

随爆炸的出现,冲击波最初出现正压力,而后又出现负压力。负压力是气压下降后空气振动产生局部真空而形成的所谓吸收作用。由于冲击波产生正负交替波状气压向四周扩散,从而造成对附近建筑物的破坏。建筑物的破坏程度与冲击波的能量大小、本身的坚固性和建筑物与产生冲击波的中心距离有关。同样的建筑物,在同一距离内由于冲击波扩散所受到的阻挡作用不同,受到的破坏程度也不同。此外,还与建筑的形状和大小有关。如果建筑物的宽和高都不大,冲击波易于绕过,则破坏较轻;反之,则破坏较重。

3.冲击碎片

机械设备、装备、容器等爆炸以后,变成碎片飞散出去会在相当广的范围内(据实测可达100~500 m)造成危害。化工生产爆炸事故中,因爆炸碎片造成的伤亡占很大比例。

4.造成火灾

通常爆炸气体扩散只发生在极其短促的瞬间,对一般可燃物质来说,不足以造成起火燃烧,而且有时冲击波还能起灭火作用。但是,当建筑物内遗留有大量的热或残存火苗时,会把从破坏的设备内部不断流出的可燃气体或可燃液体的蒸气点燃,使厂房等可燃物起火,加重爆炸的破坏力。冲击波对砖墙建筑物的破坏和对生物体的杀伤作用见表6-5、表6-6。

表6-5　冲击波对砖墙建筑物的破坏

超压力($\times 10^5$ Pa)	建筑物损坏情况
< 0.02	基本没有破坏
0.02~0.12	玻璃窗的部分或全部破坏
0.12~0.3	门窗部分破坏,砖墙出现小裂纹
0.3~0.5	门窗大部分破坏,砖墙出现严重裂纹
0.5~0.76	门窗全部破坏,墙体部分倒塌
> 0.76	墙倒屋塌

表6-6　冲击波对生物体的杀伤作用

超压力($\times 10^5$ Pa)	生物体杀伤情况
< 0.1	无损伤
0.1~0.25	轻伤,出现1/4的肺气肿,2~3个内脏出血
0.25~0.45	中伤,出现1/3的肺气肿,1~3个内脏出血;1个大片内脏出血
0.45~0.75	重伤,出现1/2的肺气肿,3个以上的片状出血;2个以上的大片内脏出血
> 0.75	伤势严重,无法挽救,死亡

三、爆炸极限

(一)浓度极限

可燃性气体、蒸气或粉尘与空气混合后,遇火会发生爆炸的最高或最低的浓度范围,叫做爆炸极限(又称爆炸浓度极限)。气体、蒸气的爆炸极限通常用体积百分比(%)表示,粉尘通常用单位体积中的质量(g/m³)表示。

测试表明,不是只要有可燃性气体、蒸气或粉尘与空气混合,就有爆炸危险,而是有一个能发生爆炸的浓度范围。即有一个最低的爆炸浓度和一个最高的爆炸浓度,只有在这两个浓度范围之间才有爆炸危险。

当空气中含有可燃物质所形成的混合物,遇点火源能发生爆炸的最低浓度,叫做爆炸浓度下限;而能发生爆炸的最高浓度,叫做爆炸浓度上限。混合物的浓度低于下限或高于上限时,既不能发生爆炸也不能发生燃烧。但是,若浓度高于爆炸上限的混合物,离开密闭的容器设备或空间,重新遇空气仍有燃烧或爆炸的危险。爆炸极限是评定可燃气体、蒸气和粉尘爆炸危险性大小的主要依据。爆炸下限愈低,爆炸范围愈宽,爆炸危险性就愈大。控制可燃性物质在空间的浓度在爆炸下限以下或爆炸上限以上,是保证安全生产、储存、运输、使用的基本措施之一。

(二)爆炸温度极限

可燃液体,在任何可预见的运行环境下,可产生可燃性蒸气或薄雾以一定比例与空气混合后,会形成爆炸性气体环境中的气体式蒸气。

可燃液体的爆炸极限与液体所处环境的温度有关,因为液体的蒸气量随温度发生变化。所以,可燃液体除有爆炸浓度极限外,还有一个爆炸温度极限(通常所说的爆炸极限一般是指爆炸浓度极限)。

可燃液体受热蒸发出的蒸气浓度等于爆炸浓度极限时的温度范围,叫做爆炸温度极限。

爆炸温度极限和爆炸浓度极限一样,也有上限和下限之分。爆炸温度下限,即液体在该温度下蒸发出等于爆炸浓度下限的蒸气浓度。也就是说,液体的爆炸温度下限就是液体的闪点;爆炸温度上限,即液体在该温度下蒸发出等于爆炸浓度上限的蒸气浓度。爆炸温度上、下限值之间的范围越大,爆炸危险性就越大。例如,酒精的爆炸温度下限是 11 ℃,上限是 40 ℃,11 ~ 40 ℃ 就是酒精的爆炸温度极限。在这个温度范围之内,酒精蒸气与空气的混合物都有爆炸危险。可燃液体的爆炸浓度极限与爆炸温度极限的对应关系,如表6-7 所示。

表6-7 部分可燃液体的爆炸浓度极限与对应的爆炸温度极限

液体名称	爆炸浓度极限(%)		爆炸温度极限(℃)	
	下限	上限	下限	上限
酒精	3.3	19.0	+11	+40
甲苯	1.3	7.0	+5.5	+31
车用汽油	1.7	7.2	−38	−8
灯用汽油	1.4	7.5	+40	+86
乙醚	1.9	48.0	−45	+13
苯	1.4	9.5	−14	+19

(三)爆轰极限

与爆炸浓度极限一样,气体混合物发生爆轰(爆震)也有一定的浓度范围和上限、下限之分。爆轰(爆震)极限范围一般比爆炸极限范围要窄。有些可燃气体和蒸气,只有在与氧气混合时才能发生爆轰(爆震)。一些可燃气体或蒸气的爆轰(爆震)浓度极限,如表6-8所示。

表 6-8　一些可燃气体或蒸气的爆轰(爆震)浓度范围

气体混合物		爆炸极限(%)	爆轰(爆震)浓度范围(%)
可燃气体或蒸气	助燃气体		
氢	空气	4.0～75.0	18.3～59.0
氢	氧	4.7～94.0	15.0～90.0
一氧化碳	氧	13.5～74.2	38.0～90.0
氢	氧	13.5～79.0	25.4～75.0
乙炔	空气	2.5～82.0	4.2～50.0
乙炔	氧	2.8～93.0	3.2～37.0
乙醚	氧	2.1～82.0	2.6～40.0

(四)爆炸危险度

可燃气体爆炸下限越低,只要有很少可燃气体泄漏在空气中就会形成爆炸性混合气体;可燃气体爆炸上限越高,那么少量空气进入装有可燃气体的容器就能形成爆炸性混合气体。据此引入爆炸危险度指标:

$$H_a = \frac{x_{上} - x_{下}}{x_{下}}$$

式中:H_a 为可燃气体爆炸危险度;$x_{上}$、$x_{下}$ 分别为可燃气体爆炸上限、下限。

某些可燃气体爆炸危险度指标见表6-9。

表 6-9　某些可燃气体爆炸危险度指标

名称	爆炸危险度 H_a	名称	爆炸危险度 H_a
氨	0.87	汽油	5.00
甲烷	1.83	辛烷	5.32
乙烷	3.17	苯	5.90
乙醇	3.29	乙酸戊酯	9.00
丙烷	3.50	氢	17.78
丁烷	3.67	乙炔	53.67
一氧化碳	4.92	二硫化碳	59.00

(五)分解爆炸

分解反应一般是吸热反应,但有些分解反应则是放热反应。例如:乙炔、乙烯、丙烯、臭氧等。这些气体在一定的压力条件下,遇到火源会发生分解反应,同时放出热量。分解产物由于升温,体积膨胀而发生爆炸。在发生分解爆炸时,所处的初始压力越高,越易发生分解爆炸,所需的火花能量越小。因分解反应不需空气,所以爆炸上限为100%。

如乙炔的分解爆炸。

乙炔分解反应为:

$$C_2H_2 = 2C(s) + H_2 + \Delta H \quad (\Delta H = -225.93 \text{ kJ/mol})$$

上述反应因热量大,若无热损失,火焰温度可达3 100 ℃,其压力可为初压的9 ~ 10倍(在密闭容器中);如果形成爆轰,其压力可为初压的20 ~ 50倍。而且初始压力越高,越易形成爆炸,需要的火花能量越小。当乙炔的初始压力超过25×10^5 Pa时,应加入氮气等惰性气体保护。随着压力下降,需要火花能量越大,越不容易发生爆炸。当压力低于某一值时,便不会再发生分解爆炸,此压力称为分解爆炸的临界压力。乙炔的分解爆炸临界压力为$2.026\ 5 \times 10^5$ Pa。但应注意:若火源能量很大,乙炔低于此临界压力也会发生爆炸。

乙炔系列的化合物,如乙烯基乙炔、甲基乙炔都具有分解爆炸的能力,特别是乙炔铜、乙炔银等只需轻微撞击就能发生爆炸。所以,盛乙炔的容器不能用铜或含铜多的合金制造,用乙炔焊接时不能使用银焊料。

四、爆炸极限的影响因素

不仅不同的可燃气体和液体蒸气,由于它们理化性质不同,具有不同的爆炸极限,而且就是同种可燃气体(蒸气),其爆炸极限也会因外界条件的变化而变化。

(一)初始温度

爆炸性混合物在遇到点火源之前的最初温度升高,爆炸下限降低,上限增高,爆炸危险性就增加。这是因为其分子内能增大,致使爆炸下限降低,爆炸上限增高的缘故。

温度对丙酮爆炸浓度极限的影响,如表6-10所示。

表6-10 不同温度时丙酮的爆炸极限

混合物的温度(℃)	0	50	100
爆炸下限(%)	4.2	4.0	3.2
爆炸上限(%)	8.0	9.8	10.0

(二)初始压力

多数爆炸性混合物的初始压力增加时,爆炸极限范围变宽,爆炸危险性增加。压力对爆炸上限的影响较对爆炸下限的影响增大。因为初始压力高,其分子间距缩小,碰撞概率增高,使爆炸反应容易进行。压力降低,爆炸范围缩小,待降至一定值时,下限与上限重合,此时的最低压力称为爆炸的临界压力。临界压力的存在,表明在密闭的设备内进行减压操作可以避免爆炸的危险。若压力低于临界压力,则不会发生爆炸。因此,爆炸危险较大的工艺操作常采用负压以保安全。以一氧化碳为例,爆炸下限在101.325 kPa时为15.5% ~68%;在79.8 kPa时为16% ~65%;在53.2 kPa时为19.5% ~ 57.5%;在39.9 kPa时为22.5% ~ 51.5%;在30.59 kPa时上下限合为37.4%;在26.6 kPa时已没有爆炸危险了。又如压力对甲烷 - 空气混合物爆炸极限的影响,如图6-1所示。

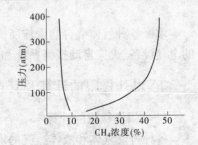

图6-1 不同压力下,甲烷在空气中的爆炸极限

（三）混合物中的含氧量

混合物中含氧量增加,爆炸极限范围扩大,爆炸危险性便增加。

（四）惰性介质

在混合物中掺入氮、二氧化碳等不燃惰性气体,爆炸极限范围变窄,一般是下限基本不变,上限降低,当加入的惰性气体超过一定量以后,任何比例的混合气均不再发生爆炸。

（五）容器的直径和材质

充装混合物的容器直径愈小,火焰在其中的蔓延速度愈小,爆炸极限的范围就愈小。当容器或管径小到一定程度时(即临界直径)时,火焰就不能通过而自灭,气体混合物便可免除爆炸危险。汽油贮罐和某些气体管道上安装阻火器,就是根据这个原理制作的,以阻止火焰和爆炸波的扩展。阻火器的孔或沟道的大小,视气体或蒸气的着火危险程度而定。例如,甲烷的临界直径为 0.4 ~ 0.5 mm,汽油、氢和乙炔的临界直径为 0.1 ~ 0.2 mm。

容器的材质对爆炸极限也有影响。例如,氢和氯在玻璃容器中混合,即使在液态空气的温度下于黑暗中也会发生爆炸;而在银制的容器中,在常温下才能发生反应。

（六）点火源强度

引燃可燃混合物的点火源的温度越高,热表面积越大,与可燃混合物接触时间越长,则点火源供给混合物的能量越大,爆炸浓度范围也越宽,其爆炸危险性也就随之增加。例如,甲烷若用 100 V 电压、1 A 电流的电火花去点,无论在什么浓度下都不会爆炸;2 A 电流时,其爆炸极限为 5.9% ~ 13.6% ;3 A 电流时,其爆炸极限为 5.85% ~ 14.8%。各种爆炸混合物都有一个引爆的最小点火能量(即最低引爆能量),低于该能量,混合物就不爆炸。部分烷烃的最低引爆能量与爆炸极限和火源强度的关系如表 6-11 所示。

表 6-11　部分烷烃的最低引爆能量与爆炸极限和火源强度的关系

烷烃名称	最低引爆能量(mJ)	电压（V）	爆炸极限（%）		
			1 A	2 A	3 A
甲烷	0.28	100	不爆	5.9 ~ 13.6	5.85 ~ 14.8
乙烷	0.285	100	不爆	3.5 ~ 10.1	3.4 ~ 10.6
丙烷	0.305	100	3.6 ~ 4.5	2.8 ~ 7.6	2.8 ~ 7.7
丁烷	0.24	100	不爆	1.3 ~ 4.4	1.3 ~ 4.6

掌握各种气体混合物爆炸所需要的最小点火能量,对于在有爆炸危险的场所选用安全的电气设备、火灾自动报警系统和各种电动仪表等,都具有很大的实际意义。

五、爆炸极限的计算及其在消防中的应用

（一）爆炸极限的计算

各种可燃气体和液体蒸气的爆炸极限可用专门仪器测定出来,也可用经验公式计算出近似值。虽然计算值与实测值有一点误差,但仍不失其参考价值。现仅简介三种计算方法。

(1)通过参加燃烧反应所需氧原子数(N),计算有机物的爆炸下限和上限。近似计算公

式为

$$H = \frac{100}{4.76(N-1)+1} \times \frac{1}{100}$$

$$B = \frac{400}{4.76N+4} \times \frac{1}{100}$$

式中:H 为有机物的爆炸下限(%);B 为有机物的爆炸上限(%);N 为 1 mol 爆炸性气体完全燃烧所需的氧原子数。

注:用上述公式计算爆炸浓度上限误差较大。

【例 6-3】 求乙酸乙酯的爆炸浓度极限。

解:乙酸乙酯的分子式为 $C_4H_8O_2$,与 O_2 完全氧化反应式为

$$C_4H_8O_2 + 5O_2 = 4CO_2 + 4H_2O$$

因为 $N=10$,分别将数据代入公式可得

$$H = \frac{100}{4.76 \times (10-1)+1} \times \frac{1}{100} = \frac{100}{43.84} \times \frac{1}{100} = 2.28\%$$

$$B = \frac{400}{4.76 \times 10+4} \times \frac{1}{100} = \frac{400}{51.6} \times \frac{1}{100} = 7.75\%$$

注:《灭火手册》中有关值为 2.1% ~ 11%。

所以,乙酸乙酯的爆炸浓度极限为 2.28% ~ 7.75%。

(2)由多种可燃气体组成的混合物,其爆炸浓度极限可用下列公式计算近似值。

$$L = \frac{100}{\dfrac{P_1}{N_1} + \dfrac{P_2}{N_2} + \dfrac{P_3}{N_3} + \cdots + \dfrac{P_n}{N_n}} \times \frac{1}{100}$$

式中:$P_1,P_2,P_3\cdots,P_n$ 分别为气体混合物中各组分的百分数(%);$N_1,N_2,N_3,\cdots,N_n$ 分别为混合物中各组分的爆炸浓度极限(%)(如果计算爆炸下限,则将 $N_1,N_2,N_3,\cdots,N_n$ 代入各组分的爆炸下限浓度)。

【例 6-4】 制水煤气的化学反应为:$H_2O(g) + C$(炽热)$= CO + H_2$,经干燥的水煤气所含 CO 和 H_2 均为 50%,求经干燥的水煤气爆炸浓度极限。

解:查表得 CO 爆炸极限为 12.5% ~ 74.0%;H_2 爆炸极限为 4.0% ~ 75.6%,将有关数值代入公式,则得

$$L_{下限} = \frac{100}{\dfrac{P_1}{N_1} + \dfrac{P_2}{N_2} + \dfrac{P_3}{N_3} + \cdots + \dfrac{P_n}{N_n}} \times \frac{1}{100} = \frac{100}{\dfrac{50}{12.5} + \dfrac{50}{4.0}} \times \frac{1}{100} = 6.06\%$$

$$L_{上限} = \frac{100}{\dfrac{P_1}{N_1} + \dfrac{P_2}{N_2} + \dfrac{P_3}{N_3} + \cdots + \dfrac{P_n}{N_n}} \times \frac{1}{100} = \frac{100}{\dfrac{50}{74.0} + \dfrac{50}{75.6}} \times \frac{1}{100} = 74.79\%$$

用上述公式计算的结果,大多数与实验值一致,但对含氢 - 乙炔、氢 - 硫化氢、硫化氢 - 甲烷及含 CS_2 等混合气体,误差较大。

(3)通过化学计算浓度估算爆炸极限。

对于可燃气体或蒸气来说,化学计量浓度则是发生燃烧爆炸危险的最大浓度。据实验证明,各种有机可燃性物质在空气中燃烧的化学计量浓度与该物质爆炸极限浓度之间保持一个近似不变的常数关系。故可采用爆炸极限估算公式,计算爆炸极限。

采用估算公式计算爆炸极限,首先必须计算出（或查知）可燃性物质的化学计量浓度(X_0)。

(1)化学计量浓度可按下列公式计算:

$$X_0 = \frac{20.9}{0.209 + n_0} \times 100\%$$

式中:n_0 为所需氧分子数;X_0 为化学计量浓度(%)。

(2)估算爆炸极限。

$$x_1 \approx 0.55 X_0$$
$$x_2 \approx 4.8\sqrt{X_0}$$

式中:x_1 为爆炸下限浓度;x_2 为爆炸上限浓度;X_0 为化学计量浓度。

(二)爆炸极限在消防中的应用

物质的爆炸极限是正确评价生产、储存过程中火灾危险程度的主要参数,是建筑、电气和其他防火安全技术的重要依据。研究物质的爆炸极限有如下目的:

(1)评定气体和液体的火灾危险性大小。可燃气体、燃烧性液体的爆炸下限愈低,爆炸范围越大,火灾爆炸危险性就越大。例如,乙炔的爆炸极限为 2.5% ~82%,氢气的爆炸极限为 4% ~75%,氨的爆炸极限为 15% ~28%,火灾危险性由大到小依次为乙炔、氢气、氨。

(2)评定气体生产、储存的火险类别,以选择电气防爆型式。生产、储存爆炸下限为小于 10% 的可燃气体的火险类别为甲类,应选用隔爆型电气设备;生产、储存爆炸下限为大于等于 10% 的可燃气体的火险类别为乙类,可选用任一防爆型电气设备。

(3)确定建筑物耐火等级、防火墙间占地面积、安全疏散距离等。如表 6-12 和表 6-13 所示。

表 6-12　厂房的耐火等级、防火墙间面积和安全疏散距离

爆炸下限(%)	生产火险类别	厂房建筑			最远疏散距离(m)	
		耐火等级	防火墙间隔最大占地面积(m²)		单层厂房	多层厂房
			单层厂房	多层厂房		
<10	甲	一级	4 000	3 000	30	25
≥10	乙	一级	5 000	4 000		
		二级	4 000	3 000	75	50

表 6-13　库房的耐火等级、层数和面积

爆炸下限(%)	贮存火险类别	耐火等级	最大允许占地面积(m²)	
			每座库房	防火墙间隔
<10	甲	一级、二级	750	250
≥10	乙	一级、二级	2 800	700
		三级	900	300

(4)确定安全生产操作规程。采用可燃气体或蒸气氧化法生产产品时,应使可燃气体或蒸气与氧化剂的配比处于爆炸极限以外(如氨氧化制硝酸),若接近爆炸极限进行生产时,应将可燃性气体稀释和保存(如甲醇氧化制甲醛)。

在生产和使用可燃气体、燃烧性液体的场所,还应根据它们的爆炸危险性采取诸如密封设备、加强通风、定期检测、开停车前后吹洗置换设备系统、建立检修动火制度等防火安全措施。发生火灾时,应视燃烧性气体、液体的爆炸危险性大小采取诸如冷却降温、减速降压、排空泄料、停车停泵、关闭阀门、断绝来源、使用相应灭火剂扑救等措施,阻止火势扩展,防止爆炸事故的发生。

六、爆炸压力及其计算

爆炸反应产生的机械效应,叫做爆炸压力。它是爆炸事故造成杀伤、破坏的主要因素。可燃气体或蒸气与空气混合物的爆炸压力可通过下列公式计算:

$$P_{爆炸} = \frac{P_0 \times T_{爆炸}}{T_0} \times \frac{m}{n}$$

式中:P_0、$P_{爆炸}$分别为爆炸混合物的初压和爆炸压力;T_0、$T_{爆炸}$分别为爆炸混合物的初温和爆炸温度,K;m为爆炸后燃烧产物的摩尔数;n为爆炸前后反应物的摩尔数。

第三节   爆炸的破坏作用

一、影响爆炸破坏作用的因素

爆炸物质在爆炸瞬间释放出爆炸能量,这种能量以热、光、压力、机械力和冲击波等形式出现,具有巨大的破坏作用。破坏力的大小与下列因素有关:

(1)爆炸物的性质和数量。显然,爆炸物质的数量越多,爆炸威力越大,其破坏作用也越大。

(2)爆炸时的条件。如爆炸物质的温度、初期压力、混合均匀程度,以及点火源等。爆炸物质的温度和初期压力对爆炸的发生具有重要影响。显然,温度越高,压力越大,它的破坏作用也越大。一些爆炸物质只能在可燃性较强的点火源或起爆能的作用下才能够发生爆炸。

(3)爆炸的位置。发生在设备内、厂房内和厂房外的爆炸,其作用各不相同。一般来说发生在设备内、厂房内的爆炸的破坏作用是比较大的。爆炸作用的大小还和周围环境相关,也和环境有无障碍物有关。当爆炸发生在均匀介质的自由空间时,从爆炸中心点燃,在一定范围内,破坏力的传播是均匀的,并使这个范围内的物体粉碎和飞溅。

二、爆炸破坏的主要形式

破坏形式通常有直接的爆破作用、冲击波的破坏作用和火灾等三种。

(1)直接的爆破作用。它是爆炸物质爆炸后对周围设备和建筑物的直接的破坏作用。这种破坏作用的大小取决于爆轰波阵面的压力和爆炸压力的大小以及爆炸产物在作用目标上所产生的冲力。它直接造成机械设备、装置、容器和建筑物的毁坏和人员的伤亡,后果往往是严重的。机械设备和建筑物被冲击后,全变成碎片飞出,碎片一般在 100~200 m 内飞溅,会在相当范围内造成危险。在一些场所,由于爆炸碎片击中人体造成的伤亡常占较大的比例。

(2)冲击波的破坏作用,也称爆破作用。爆炸物质爆炸时,产生的高温高压气体产物以极高的速度膨胀,像活塞一样挤压其周围空气,把爆炸反应释放出的能量传给压缩的空气层,空气受冲击而发生扰动,使其压力、密度等发生突变,这种扰动在空气中传播就成为冲击波。冲击波的传播速度极快,它可以在周围环境的固体、液体、气体介质(如金属、岩石、建筑材料、水、空气等)中传播。在传播过程中,可以对周围环境中的机械设备和建筑物产生破坏作用和使人员伤亡。冲击波还可以在它的作用区域内产生震荡作用,使物体因震荡而松脱甚至破坏。

冲击波的破坏作用主要是由其波阵面上的超压引起的。在爆炸中心附近,空气冲击波波阵面上的超压可达几个甚至十几个大气压,在这样高的超压作用下,建筑物将被摧毁,机械设备、管道等也会受到严重破坏。冲击波在传播过程中逐渐减弱,表6-14列出100 kgTNT炸药爆炸时离爆炸中心不同距离处的超压。

表6-14　100 kg TNT 炸药爆炸时离爆炸中心不同距离处的超压

距离（m）	15	16	20	25	30	35
超压（kg/cm³）	0.93	0.77	0.52	0.33	0.19	0.13

当冲击波大面积作用于建筑物时,波阵面超压在 20~30 kPa 内,就足以使各部分砖木结构建筑物受到强烈破坏。超压在 100 kPa 以上时,除坚固的钢筋混凝土等物外,其余都将完全破坏。

为防止冲击波对周围建筑物的破坏,可确定一个距爆炸物质存放地点的安全距离。安全距离可参考下式进行计算:

$$R_S = K \sqrt{\omega_\delta}$$

式中:R_S 为周围建筑物距爆炸物质的安全距离,m;ω_δ 为炸药重量,kg;K 为安全距离系数。

(3)爆炸还会引起火灾,这里不再赘述。

第四节　气体的燃烧速度

物质的燃烧速度,又称燃烧速率。它是可燃物质在单位时间内燃烧快慢的物理量,是制定防火措施和确定灭火行动的重要参数之一。

一、气体燃烧速度的表示方法

气体燃烧速度是指用火焰传播速度（即火焰的移动速度 cm/s）减去由于燃烧气体的温度升高而产生的膨胀速度。由于各种可燃气体的燃烧形式不同,燃烧速度差异较大,其表示方法也不同。

（一）扩散燃烧速度

扩散燃烧速度取决于燃烧时可燃气体与助燃气体的混合速度。这种燃烧主要是从孔洞喷出的可燃气体与空气的扩散燃烧,可近似认为一旦气体喷出混合后就很快全部燃烧完。若控制气体流量,即控制了扩散燃烧速度。一般以单位面积和单位时间内气体流量或线速度来表示,单位为 m³/(m²·s) 或 m/s 表示。

（二）预混燃烧速度

预混燃烧速度一般以火焰传播速度表示,单位为 m/s 或 cm/s,通常采用其化学计量浓度的火焰传播速度。

二、气体燃烧速度的计算

火场上各种气体的燃烧形式不同,其燃烧速度的计算方法也不同。以下介绍几种常见的计算方法。

(一)扩散燃烧速度的计算

油气井喷火灾、工业装置及容器破裂口喷出气体燃烧,都属于扩散燃烧。气体的喷出速度与压强密切相关,压强范围不同,计算方法也不同。

(1)压强小于 1.5×10^6 Pa 的气体燃烧速度计算:

$$v = 0.87 \sqrt{\frac{P_1 - P_0}{\rho}} \quad (\text{m/s 或 } \text{m}^3/(\text{m}^2 \cdot \text{s}))$$

式中:P_1 为设备内气体的压强,$\times 10^5$ P;P_0 为外部环境压强(一般为标准大气压);ρ 为气体密度,kg/m^3。

(2)高压气体喷出燃烧速度的估算。

天燃气井喷火灾或大型高压气体的设备发生气体喷泄燃烧,因气体呈高压喷射,速度快,火焰极不稳定。当环境压强为 1×10^5 Pa 时,容器内或气井高压气体喷出后的燃烧速度估算公式为

$$v^2 = \frac{2K}{K-1} \times \frac{P}{\rho}$$

式中:P 为容器内气体的压强,$\times 10^5$ Pa;ρ 为气体密度,kg/m^3;K 为喷出气体的热容比(Cp/cr)。

(二)预混燃烧速度的估算

预混燃烧速度受较多因素的影响,计算也较复杂。对于甲烷、丙烷、正庚烷和异辛烷,预混燃烧速度可参考下列公式估算:

$$v = 0.1 + 3 \times 10^{-6} T^2$$

式中:T 为预混气体温度,K。

上式适用于混合气温度小于 600 K 范围内的预混燃烧速度的估算。

三、气体燃烧速度的主要影响因素

气体的扩散燃烧速度由气体的流速决定,而预混燃烧速度则受混合气的性质、组成、初始温度及燃烧体系与环境的热交换等因素的影响。

(一)气体的性质和浓度

(1)可燃气体的还原性越强,氧化剂的氧化性越强,则燃烧反应的活化能越小,燃烧速度就越快。如 $H_2 + F_2 = 2HF$ 的反应,即使在冷暗处也可瞬间完成,而且反应剧烈;而 H_2 与 O_2 的混合气体,在一定高温下才发生爆炸性化合,速度低于 H_2 和 F_2 的混合气反应速度。

(2)可燃气体和氧化剂浓度越大,分子碰撞机会越多,反应速度越快。当可燃气体在空气中稍微高于化学计量浓度时燃烧速度最快,爆炸最剧烈,产生的压强和温度均最高。若可燃气体浓度过大,往往发生快速燃烧(爆燃),而不是爆炸,并伴随着出现向前翻卷的火焰,未燃尽的可燃气体和不完全燃烧产物与周围空气混合,再次形成扩散火焰继续燃烧。

(3)惰性气体的影响。惰性气体加入到混合气中必然消耗热能,并使气体燃烧反应中的自由基与惰性气体分子碰撞销毁的机会增多。因此,混合气中惰性气体浓度增大,火焰传播速度减小,燃烧速度会降低。惰性气体对火焰传播速度的影响如图6-2所示。

(二)气体的初始温度

化学反应温度对反应速度的影响,表现在反应速度常数 k 与温度 T 的关系上。k 与 T 呈指数关系。T 的一个较小变化,将会使 k 发生很大变化。按范特霍夫规则估算,温度每升高 10 ℃,反应速度为原来速度的 2~4 倍。根据实验得出,燃烧速度与可燃气体初始温度的关系为:

$$v = v_0 \left(\frac{T}{T_0}\right)^n$$

式中:v、v_0 分别为温度为 T 和 T_0 时的燃烧速度;n 为实验常数,一般为 1.7~2.0。

可燃气体被加热后会大大提高燃烧速度,其火焰传播速度明显增大。以一氧化碳混合物为例,温度对火焰传播速度的影响如图6-3所示。

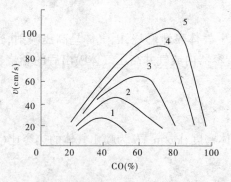

1—87% N_2 + 13% O_2;2—79% N_2 + 21% O_2;
3—70% N_2 + 30% O_2;4—60% N_2 + 40% O_2;
5—11.5% N_2 + 88.5% O_2

图6-2 一氧化碳与氮气和氧气混合体
系的火焰传播速度与混合体系组成的关系

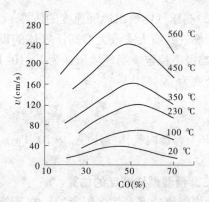

图6-3 一氧化碳混合物温度对
火焰传播速度的影响

(三)燃烧体系与环境的热交换

容器或管道的直径、材质决定燃烧体系在环境中热损失的大小。热损失越大,燃烧速度越小。

(1)管径。可燃气体在容器或管道内发生燃烧,容器、管道的直径对火焰传播速度有明显的影响。

设一管道长 L,截面是半径为 r 的圆,当这段管道内充满可燃气体时,混合气与管壁接触的比表面积为

$$S_{比} = \frac{管壁总面积}{混合气体积} = \frac{2\pi r L}{\pi r^2 L} = \frac{2}{r}$$

若用截面圆的直径 d 表示,则为:$S_{比} = \dfrac{4}{d}$。

显然,管径越大,$S_{比}$ 越小,混合气燃烧的热损失越少。一般说来,火焰传播速度随管径的增大而增大,但当增大到临界直径后,火焰传播速度不再增加,而管径减小时,火焰传播速

度随之减小;当管径小到临界直径时,由于散热比表面大,热量损失大于反应热,从而使火焰熄灭。正在燃烧的混合气体通过小于临界直径的管道时,温度会降至燃点以下而熄灭。正在燃烧的混合气体通过小于临界直径的管道时,温度会降至燃点以下而熄灭。表 6-15 表示出甲烷与空气混合物在不同管径中的传播速度。

表 6-15 甲烷 - 空气混合物的火焰传播速度受管径影响的变化

（速度单位:cm/s）

甲烷的浓度（%）	管道的直径（cm）					
	2.5	10	20	40	60	80
6	23.5	43.5	63	95	118	137
7	35	60	73.5	120	145	165
8	50	80	100	154	183	203
9	63.5	100	130	182	210	228
10	65	110	136	188	215	236
11	54	94	110	170	202	213
12	35	74	80	123	163	185
13	22	45	62	101	130	138
13.5	—	40	—	90	115	132

（2）管道、容器材质的导热性。燃烧性气体在与环境热交换比表面积相同的情况下,发生燃烧的管道、容器材质的导热性越好,燃烧体系向环境的散热量越大,热量的损失必然造成燃烧速度的降低和火焰传播速度的减慢,甚至使燃烧停止。

第五节　燃烧与爆炸的预防

可燃预混气体遇火源,立即会发生爆炸。预防为主是防止可燃气体爆炸的基本指导思想。

一、预防原则

可燃气体爆炸必须同时具备三个条件:①可燃气体;②空气,而且可燃气体与空气的比例必须在一定的范围内;③火源。这三个条件缺一则不能发生爆炸。因此,预防可燃气体爆炸的原则如下:

（1）严格控制火源;

（2）防止可燃气体和空气形成爆炸性混合气体;

（3）切断爆炸传播途径;

（4）在爆炸开始时及时泄出压力,防止爆炸范围扩大和爆炸压力升高。

以上原则对防止气体爆轰、液体蒸气爆炸及粉尘爆炸同样是适用的。

二、预防措施

（一）严格控制火源

火源是多种多样的。有电焊、气焊产生的明火源;电器设备启动、关闭、短路时产生的电火花;物体冲击、相互摩擦时产生的火花,以及静电放电引起的火花等。在有可燃气体的场所应严格防止任何火源的产生。

(二)防止可燃气体与空气形成爆炸性预混气体

凡能产生、储存和输送可燃气体的设备和管线,应严格密封,防止可燃气体泄漏在大气中,与空气形成爆炸性混合气体。在重要防爆场所应装置监测仪,以便对现场可燃气体泄漏情况及时进行监测。

在不可能保证设备绝对密封的情况下,应使厂房、车间保持良好的通风条件,使泄漏的少量可燃气体能随时排走,不形成爆炸性的混合气体。在设计通风排风系统时,应考虑可燃气体的比重。有的可燃气体比空气轻(例如氢气),泄漏出来以后,往往聚积在屋顶,与屋顶空气形成爆炸性混合气体,屋顶应有天窗和排气通道。有的可燃气体比空气重,有可能累积在地沟等低洼地带,与空气形成爆炸性混合气体,应采取措施排走。设置机械式排风系统时,应采用防爆型设备。

当厂房内或设备内已充满爆炸性气体又不易排走,或某些生产工艺过程中,可燃气体难免与空气接触时,可用惰性气体(氮气、二氧化碳等)进行稀释,使之形成的混合气不在爆炸极限之内,不具备爆炸性,这种方法称为惰性气体保护。在易燃固体物质的压碎、研磨、筛分、混合,以及粉状物质的输送过程中,也可以用惰性气体进行保护。

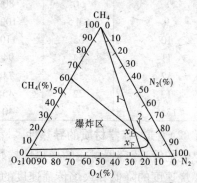

1—空气组分线;2—临界氧气浓度线

图 6-4　甲烷－氧－氮的爆炸界限图

将可燃气体与氧气在不同比例的惰性气体中的爆炸浓度范围画在三角形区域图上,可以得到三种成分的混合气体的爆炸界限图。甲烷－氧－氮三种成分混合气体的爆炸界限如图 6-4 所示。

图 6-4 中三角形区域为爆炸区。连接正三角形顶点和对边(含氧量坐标线)21 点的直线称空气组分线,因为在该直线上任意一点,氧与氮之比等于 21∶79。空气组分线与爆炸三角区的交点分别为甲烷在空气中的爆炸上限和爆炸下限。平行氮气坐标线作爆炸三角区的切线,得到临界氧气浓度线,该线与氧坐标线的交点即为氧气含量的临界值。在添加惰性气体时,只要混合气中的氧含量处于临界值以下,混合气遇火就不会发生爆炸。甲烷的临界氧含量为 12%(温度为 26 ℃,标准大气压)。各种可燃气体在常温常压下的临界氧含量如表 6-16 所示。

表 6-16　各种可燃性气体的临界氧含量(常温常压)

可燃性气体	临界氧含量(%)		可燃性气体	临界氧含量(%)	
	添加 CO_2	添加 N_2		添加 CO_2	添加 N_2
甲烷	14.6	12.0	乙烯	11.7	11.0
乙烷	13.4	11.0	丙烯	14.1	11.5
丙烷	14.3	11.4	环丙烷	13.9	11.7
丁烷	14.5	12.1	氢	5.9	5.0
戊烷	14.4	12.1	一氧化碳	5.9	5.0
己烷	14.5	11.9	丁二烯	13.9	10.4
汽油	14.4	11.6	苯	13.9	11.2

要使三组分混合气体中的氧气含量小于临界值,惰性气体需要量可用下式计算:

$$V_X = \frac{21 - [O]}{[O]} V$$

式中:V_X 为惰性气体需要量,m^3;$[O]$ 为表中查到的临界氧含量(%);V 为设备内原有的空气容积(其中氧占21%)。

如使用的惰性气体中含有部分氧气,则惰性气体用量应用下式计算:

$$V_X = \frac{21 - [O]}{[O] - [O']} V$$

式中:$[O']$ 为惰性气体中的氧气含量(%)。

【例6-5】 乙烷用氮气保护,临界氧含量值为11%,原有空气容积为100 m^3。试求氮气用量是多少?

解:$V_X = \dfrac{21 - 11}{11} \times 100 = 90.9(m^3)$

所以,氮气用量为90.9 m^3。

这就是说:必须向空气容积为100 m^3 的设备内送入90.9 m^3 的纯氮气,乙烷和空气才不会形成爆炸性混合气。

(三)切断燃烧爆炸传播的途径

为防止火焰窜入设备、容器与管道内,或阻止火焰在设备内扩散,可采用安全水封和阻火器,以切断爆炸传播途径。

(四)泄压装置

防爆泄压装置主要有安全阀和爆破片。

安全阀主要用于防止物理性爆炸。当设备内压力超过一定值以后,安全阀自动开启,泄出部分气体,降低压力至安全范围内再自动关闭,从而实现设备内压力的自动控制,保护设备不被破坏。

爆破片主要用于防止化学性爆炸,它的工作原理是根据爆炸压力上升特点,在设备的适当位置设置一定面积大小的脆性材料,构成薄弱的环节,当发生爆炸时,这些薄弱环节在较小爆炸压力作用下首先被破坏,立即将大量气体全部泄放出去,使设备主体得到保护。

第六节 实验部分

实验一 可燃气体燃烧参数测定实验

一、实验目的

(1)加深对可燃气体爆炸极限浓度和可燃气体火焰传播速度等基本概念的理解,弄清可燃气体火焰的结构,了解预混气火焰传播的机理和特点,以及掌握金属网阻火器的阻火隔爆原理;

(2)掌握爆炸极限和火焰传播速度等参数的测定方法。

二、实验原理

可燃气体与空气的混合气体遇火源发生燃烧时,会产生大量的热,使产物受热、升温、体积膨胀,燃烧剧烈时将会导致爆炸。可燃气体与空气组成的混合气体遇火源能否发生爆炸,与混合气体中可燃气体的浓度密切相关,只有浓度处于爆炸极限浓度范围之内的可燃气体,在空气中才会爆炸。所谓爆炸极限,是指可燃气体与空气组成的混合气体遇火源能发生爆炸的可燃气体的最高或最低浓度(用体积百分数表示),其中最低浓度称为爆炸下限,最高浓度称为爆炸上限。可燃气体存在爆炸极限的原因是,如果可燃气体的浓度低于爆炸下限浓度,过量空气具有较强的冷却作用和销毁自由基作用,使爆炸反应难以进行;如果可燃气体的浓度高于爆炸上限浓度,空气不足使爆炸反应受到抑制。当可燃气体的浓度处于化学计量浓度附近时,不利于爆炸反应的作用效应最小,爆炸最容易发生且最剧烈。可燃混合气的爆炸极限可以用经验公式进行近似计算,也可以用实验的方法测定。

火焰(即燃烧波)在预混气中传播,根据气体动力学理论,可以证明存在两种传播方式:正常火焰传播(爆燃)和爆轰。正常火焰传播主要依靠传热(导热)的作用,将火焰中的燃烧热传递给未燃气,使之升温着火,从而使燃烧波在未燃气中传播;爆轰则主要依靠激波的高压作用,使未燃气在近似绝热压缩的条件下升温着火,从而使燃烧波在未燃气中传播的现象。两种火焰传播方式的主要特点比较说明见表6-17。

表6-17　预混气中火焰传播的主要特点

主要特点	火焰传播方式	
	正常火焰传播	爆　轰
燃烧后气体压力变化	减小或接近不变	增　大
燃烧后气体密度变化	减　小	增　大
燃烧波传播速度大小	亚音速	超音速

点火后,管道中的可燃混合气发生的是正常火焰传播还是爆炸(乃至爆轰),取决于很多因素。通过实验发现,在激爆管内实施点火容易实现爆炸,而在燃爆管的开口处点火时可得到正常火焰传播;短管道中的可燃混合气不容易实现爆轰,而如果管道足够长,其中的可燃混合气最终会实现爆轰;在较短的管道中,通过加设挡板等加强可燃混合气的湍流强度,可以实现爆轰。

火焰在充满可燃混合气的管道中传播时,火焰传播速度会受到管壁的散热作用和火焰中自由基在管壁上的销毁作用的影响。正因为阻火器可以增强管壁的散热作用和自由基在固相上的销毁速度,起到阻火隔爆的作用,所以在可能发生燃烧或爆炸的可燃气体流通管路中加设阻火器,以切断燃烧或爆炸火焰的传播途径。一般在高热设备、燃烧室、高温氧化炉、高温反应器等与输送可燃气体、易燃液体蒸气的管线之间,以及易燃液体、可燃气体的容器、管道、设备的排气管上,多用阻火器进行阻火。阻火器一般用多层金属网作消焰元件,这样的阻火器称为金属网阻火器。消焰元件也可用多孔板、波纹金属板、细粒填充层等组成。在使用阻火器时,应经常检修,防止孔眼被堵而造成输气不畅,或受腐蚀使消焰元件损坏。

金属网阻火器的阻火隔爆效果受很多因素影响,主要包括金属网材料、目数和层数等。实验发现:导热系数大的金属网阻火隔爆效果比导热系数小的金属网阻火隔爆效果好;目数大的金属网阻火隔爆效果比相同材料目数小的金属网阻火隔爆效果好;多层金属网阻火隔爆效果比单层金属网阻火隔爆效果好,但目数大的金属网和多层金属网会显著增大气流的流动阻力。

火焰传播速度可以通过测定火焰在单位距离传播所需要的时间,然后计算得到。

气体火焰根据可燃气与空气混合的时间分为预混火焰和扩散火焰。可燃气与空气预先混合好以后再进行的燃烧称预混燃烧,其火焰称预混火焰;可燃气与空气一边进行混合一边进行的燃烧称扩散燃烧,其火焰称扩散火焰。扩散火焰与预混火焰结构是不相同的。在扩散火焰中由于空气相对不足,燃烧不充分会产生碳粒子,它在高温下辐射出黄色光而使整个火焰呈黄色。空气充足时,典型的预混火焰由两部分组成,内区呈绿色,外区呈紫红色。内区颜色是可燃气与氧气燃烧时的气体辐射所致,外区颜色是燃烧产物在高温下发生微弱的可见光辐射形成的。如果空气相对不足,则在内区未燃烧的可燃气会继续向外扩散,与由大气中扩散进来的氧发生扩散燃烧产生黄色火焰区,这时火焰由三部分构成:绿色内区、紫红色外区和黄色中间区,但黄色区的位置会随着预混气的流动情况而改变。

三、实验装置

(一)可燃气体爆炸与阻火装置

可燃气体爆炸与阻火装置用来测定可燃气体的爆炸极限浓度,以及进行金属网阻火器的阻火隔爆演示实验,包括可燃气源(液化石油气)和助燃气源(空压机供给的压缩空气)。其实验装置主要有:

(1)起爆箱:靠4.5 V蓄电池供电,由高压发生包将电压转换为高压后输出。

(2)流量计台:由管路和玻璃转子流量计等组成,实验台由测试管、混合系统、分压阻火系统和台架等组成。其中测试管由激爆管、激爆盖、传爆管、燃爆管和阻火实验箱组成;混合系统由第一、第二两个混合器组成;分压阻火系统由垂直分压管和两套阻火装置组成。

(二)可燃气体爆炸范围测试仪

可燃气体爆炸范围测试仪用来测定火焰传播速度和观察气体火焰结构,包括可燃气源(液化石油气)和助燃气源(空压机供给的压缩空气)。其实验装置如下:起爆装置以电容充放电产生足够能量的电火花引燃可燃混合气;流量计是玻璃转子流量计,共有3个,分别是空气、可燃气、氧气的流量计,当助燃气是空气时,氧气流量计示数为0。玻璃管路由水平玻璃管路和垂直玻璃管路组成。

(三)空气压缩机

空气压缩机用来提供压缩空气。

(四)声级计

声级计用来测定可燃气体爆炸噪声级。

四、实验内容及方法

检查实验台、流量计台、起爆装置、可燃气源和助燃气源是否分开放置,间隔在5 m以上。启动空压机,让具有一定压力的空气在管路和实验装置元件中流通,以检查管路和各元件的连接和密封情况,发现连接不紧或密封性差时,应及时处理,在确定无漏气现象存在时,停止空压机。将电源接通到起爆箱,在确保周围环境没有可燃气体的情况下操纵起爆箱,以检查火花塞的工作情况,确保其工作准确无误。断开电源开关,将火花塞固定在激爆管上。认真检查实验装置的整体情况,确保燃烧、爆炸安全可靠。在距燃爆管管口6 m处放置声级计。

(一)可燃气体爆炸极限浓度的测定

根据经验值先选定助燃气的流量(此后基本保持不变),再选定可燃气流量,使二者达到一定的比例,然后,可燃气体和空气进入实验台,经阻火装置和两个混合器进入测试管,稳定供气10 s后,操纵起爆箱,点燃可燃的混合气体,如果可燃气体的浓度处于爆炸极限范围内,爆炸就会发生,具有一定爆压的激波和爆炸产物冲出管口,在其周围空气中形成相应的响声,记录声级计测出的爆炸噪声级和相应的流量值。通过不断改变可燃气体的流量来调节空气和可燃气的混合比,重复上述操作过程,点火后观察是否能发生爆炸,可得一系列爆炸噪声级和可燃混合气的混合比数据,由此可绘制爆炸噪声级随混合比的变化曲线,确定可燃气体的爆炸下限、爆炸上限和最佳混合比。

(二)阻火实验

1. 阻火器对爆轰的作用(隔爆阻火实验)

停止供气,火花塞仍然接在激爆管上。打开阻火实验箱盖,插入金属网阻火器,盖上箱盖,并上紧螺钉。向系统连续输送混合比接近最佳混合比的可燃混合气,经10 s后操纵起爆箱点火使可燃气爆炸,爆炸的冲击波和爆炸产物冲向阻火实验箱内的阻火片。注意观察管口喷火情况。若不能使燃爆管内的可燃气体爆炸,管口无喷火现象,则说明阻火片能有压阻火;否则,说明不能有压阻火。演示表明一般网格式阻火片不能隔爆阻火。

2. 阻火器对正常火焰传播的作用(常压阻火实验)

停止供气,将火花塞移至燃爆管开口处,向系统连续输送混合比接近最佳混合比的可燃混合气,经10 s后操纵起爆箱点火使可燃气燃烧,火焰将向阻火实验箱传播直至阻火片。若阻火器能阻火,则火焰即停留在阻火片外侧,使阻火片升温,并可听到嘶嘶声;若阻火片不能阻火,则火焰立即或少许时间后即穿过阻火片向激爆管传播。

(三)火焰传播速度的测定

正确连接水平管路,需要检查管路有无漏气现象,在确定无漏气现象存在时,开始实验。用米尺测量两个铁支架的夹子之间的距离,调整为1 m,而且要保证这一段恰好处于玻璃管路的正中间的位置。将空气流量调到4 L/min,可燃气流量调到0.2 L/min,通气30 s后用火柴在玻璃管的出口端点燃可燃的混合气体,此时的火焰有黄色区存在,燃烧不充分,调节可燃气与助燃气的流量计至最佳比例位置,此时火焰中的黄色区消失,燃烧出现全部蓝火,燃烧最完全,迅速关闭防爆开关停止供气(注意关闭防爆开关速度一定要快),玻璃管中燃气处于静止位置,此时开始出现蓝火由管口向管内快速燃烧现象(即回火现象)。在火焰回传过程中,火焰传播较稳定,此时测定火焰在两个夹子之间(即距离为1 m)传播的时间,并记录数据。打开防爆开关,调节可燃气和助燃气流量,重复上述实验,做完该实验后关闭气体阀门。要求测三次时间,取其平均值,并计算可燃气体的平均火焰传播速度。

(四)气体火焰结构的观察

正确连接垂直管路,需要检查管路有无漏气现象,在确定无漏气现象存在时,开始实验。关闭助燃气流量计,开启可燃气流量计,调节其流量为0.4 L/min,通气30 s后用火柴在玻璃管的出口端点燃燃气,注意观察液化石油气在扩散燃烧时的火焰形状、颜色、亮度、有否烟气等现象,记录观察到的火焰结构。然后降低可燃气流量到0.2 L/min,同时缓慢增大空气流量,观察液化石油气在预混燃烧时的火焰结构形状和亮度等变化,说明预混燃烧在不同燃气供应量时的燃烧完全程度,并记录空气不足时的预混火焰和空气充足时的预混火焰结构。

五、实验数据记录与结果处理

(一)可燃气体爆炸极限的测定

可燃气体爆炸极限测定记录见表6-18。

表6-18 可燃气体爆炸极限测定记录

可燃气流量(L/h)				…	说明
是否爆炸				…	空气流量
声级1				…	(L/h)
声级2				…	

根据实验数据计算可燃气体爆炸极限浓度,并绘制爆炸噪声级随可燃混合气混合比变化的曲线。

(二)阻火实验

了解可燃预混气在管道中如何实现正常火焰传播和爆轰,在管道中插入金属网阻火器后,注意观察管口喷火情况及声音变化,并记录实验现象,说明阻火器对正常火焰传播和爆轰是否起作用。

(三)火焰传播速度的测定

火焰传播速度的测定记录见表6-19。

表6-19 火焰传播速度的测定记录

实验次数	1	2	3	时间平均值	火焰传播速度平均值
距 离					
时 间					

(四)气体火焰结构的观察

气体火焰结构的观察:记录观察到的火焰结构。

六、思考题

(1)什么叫爆炸极限?可燃气体为什么存在爆炸极限?

(2)火焰在可燃预混气体中的传播主要有哪两种方式?它们有什么不同?在管道内的可燃预混气体中,分别如何实现这两种火焰传播?

(3)金属网阻火器为什么能阻火隔爆?其阻火隔爆效果主要受哪些因素的影响?这些因素分别是如何发生影响的?

实验二 静压法气体燃料火焰传播速度测定

一、实验目的和要求

通过本次试验,要求学生熟悉静压法测定火焰传播速度(单位时间内在单位火焰面积上所燃烧的可燃混合物的体积)的方法;了解火焰传播速度 u_0、火焰行进速度 u_p 和来流(供气)速度 u_s 相互之间的关系。

二、试验原理

火焰传播速度(即燃烧速度)是气体燃料燃烧的重要特性之一,它不仅对火焰的稳定性和燃气互换性有很大的影响,而且对燃烧方法的选择、燃烧器设计和燃气的安全使用也有实际意义。

在一定的气流量、浓度、温度、压力和管壁散热情况下,当点燃一部分燃气-空气混合物时,在着火处形成一层极薄的燃烧火焰面。这层高温燃烧火焰面加热相邻的燃气-空气混合物,使其温度升高,当达到着火温度时,就开始着火形成新的焰面。这样,焰面就不断向未燃气体方向移动,使每层气体都相继经历加热、着火和燃烧过程,即燃烧火焰锋面与新的可燃混合气及燃烧产物之间进行着热量交换和质量交换。层流火焰传播速度的大小由可燃混合物的物理化学特性所决定,所以它是一个物理化学常数。

过量空气系数(即空气消耗系数)Φ_{at}对火焰燃烧温度T_f的影响见图6-5,预热空气温度T_s对火焰燃烧温度T_f的影响见图6-6,过量空气系数Φ_{at}对火焰传播速度u_0的影响如图6-7所示。

图6-5 Φ_{at}对T_f的影响　　图6-6 T_s对T_f的影响　　图6-7 Φ_{at}对u_0的影响

三、试验设备及原理

试验设备及原理图见图6-8。

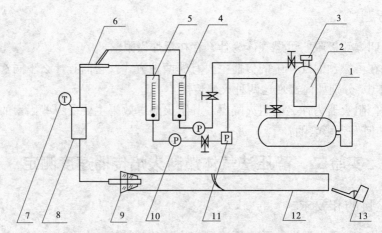

图6-8 静压法测定气体燃料火焰传播速度试验设备及原理

1—空压机;2—LPG罐;3—燃气阀;4—燃气流量计;5—空气流量计;6—引射管;
7—温度计;8—稳压筒;9—可燃气进口端;10—空气压力表;11—空气旁通稳压阀;
12—石英玻璃管;13—点火枪

四、试验步骤

(1)开启排风扇,保持室内通风,防止燃气泄漏造成对人员的危害。

(2)启动压缩空气泵,直至压气机停止工作,保证储气罐有足够的空气量。

(3)打开空气(进气)总阀,按要求设定预混空气定值器压力(定值器已预先调整好,勿需学生调整)。

(4)开启液化石油气开关阀,使燃气管充满石油气,然后打开燃气(进气)总阀。

(5)稍开预混空气调节阀及燃气调节阀,使石英玻璃管内充满一定浓度的燃气-空气可燃混合物(参考参数:燃气流量4.2 L/h,空气流量280~300 L/h)。

(6)用点火枪在石英玻璃管出口端点燃可燃混合气(注意:点火枪不能直接对着玻璃管中心,防止流动的可燃混合气对点火花的吹熄);如点火不成功,则重新调整燃气和空气的流量,保证可燃混合物处于着火浓度极限范围内,直至点火成功。

(7)观察石英玻璃管口的火焰形态。

(8)交替调节预混空气调节阀和燃气调节阀,使火焰呈预混合火焰的特征。

(9)微调空气阀和燃气阀,使可燃混合气流量微量减小,致使石英玻璃管口火焰锋面朝着可燃混合气一侧缓慢移动。当火焰锋面基本置于石英玻璃管中间段位置时,微量调节空气流量阀门,使可燃混合气流量微量增大。当燃烧速度等于可燃气的来流(供气)速度时,火焰行进速度等于零,此时,火焰锋面在空间驻定静止不动。

(10)在有条件的情况下用数码相机或摄像机拍摄管内的火焰形状。

如果供气速度调节过大,会造成火焰脱火;反之,会造成回火而吹熄;此时重复(5)~(10)过程,直至燃烧火焰锋面在石英玻璃管中间段驻定而不移动(火焰锋面驻定参考参数:燃气压力0.30 kPa,流量4.2 L/h;空气压力0.75 kPa,流量270 L/h)。

(11)记录试验台号、当地大气压、燃气、空气流量及压力。

(12)关闭燃气和空气阀门,整理试验现场。

五、实验报告

根据理想气体状态方程式(等温),将燃气和空气测量流量换算成(当地大气压下)石英玻璃管内的流量值,然后计算出混合气的总流量,求出可燃混合气在管内的流速 u_s(石英玻璃管内径12.7 mm)。由于火焰锋面驻定时 $u_p=0$,可以近似认为火焰传播速度 u_0 等于来流速度 u_s。请写出该实验的实验报告。

六、思考题

(1)静压法(管子法)观察到的火焰有哪些特征?为什么?

(2)过量空气系数(即空气消耗系数)和预热空气对火焰的燃烧速度、火焰传播速度有何影响?

(3)倘若石英玻璃管无限长且管内充满了可燃混合气,一端闭口,一端开口。在开口端点火,产生行进火焰,请叙述将会出现怎么样的燃烧现象?

实验三　气体燃料的射流燃烧、火焰长度及火焰温度的测定

一、实验目的

(1)比较射流扩散燃烧与预混燃烧的异同;
(2)测定射流火焰的温度分布;
(3)观察贝克-舒曼(Burk-Schumann)火焰现象;
(4)测定层流扩散火焰长度与雷诺数 Re 的关系曲线。

二、实验原理

气体燃料的射流燃烧是一种常见的燃烧方式,燃料和氧化剂都是气相的扩散火焰。与预混火焰不同的是:射流扩散火焰燃料和氧化剂不预先混合,而是边混合边燃烧(扩散),因而燃烧速度取决于燃料和氧化剂的混合速度,它是扩散控制的燃烧现象。

纵向受限同轴射流扩散火焰是研究和应用较多的一种火焰。将一根细管放在一粗管(玻璃管)内部,使两管同心,燃料和氧化剂分别从两管通过,在管口点燃。调整燃料和氧化剂流量可以得到贝克-舒曼火焰。

当燃料低速从喷嘴口流出时,在管口点燃,可以得到层流扩散火焰。层流扩散火焰长度 h 与燃气容积流量 q_v 成正比。本试验装置可以验证这一关系(实验中用自制的简易测高仪或直尺测量火焰高度)。

火焰的温度分布是火焰研究的重要内容。本实验测定射流火焰的温度分布,并以数字温度表显示。

三、试验设备

(1)小型空气压缩机、稳压筒、射流扩散火焰试验系统。
(2)自制简易测高仪、坐标架、直尺。
(3)热电偶、数字温度表。
(4)Ⅰ号及Ⅱ号短喷管,Ⅱ号及Ⅲ号石英玻璃套管。

四、试验步骤

(1)开启排风扇,保持室内通风,防止燃气泄漏造成对人体的危害。
(2)接通数字温度表进行预热,预热时间约半小时。
(3)启动压缩空气泵,直至压气机停止工作,保证储气罐有足够的空气量。
(4)按试验原理系统图,检查并连接好各管路,安装好Ⅱ号短喷管(喷口内径7.32 mm)。
(5)打开空气(进气)总阀,按要求设定射流空气定值器压力(定值器已预先调整好,勿需学生调整)。开启液化石油气开关阀,使燃气管充满石油气,然后打开燃气(进气)总阀。
(6)分别打开预混空气及燃气调节阀,输入燃气和空气(预混空气量250 L/h 左右,燃气流量4 L/h 左右),在喷口点燃,获得稳定的预混火焰。
(7)适当开启射流空气调节阀,安装Ⅲ号石英玻璃同心套管,逐渐关闭预混空气调节

阀,实现从预混燃烧到扩散燃烧的转变。减小燃气流量(<2 L/h),调节射流空气量,形成不冒黑烟的稳定火焰。

(8)调整装有热电偶的坐标架,使热电偶顺利穿过玻璃套管侧面的测温孔,并使热电偶球头接近火焰。调节微分测头,从火焰表面开始,使热电偶球头每隔0.5 mm测量一个火焰温度。

(9)换装Ⅱ号石英玻璃同心套管,将燃气流量稳定在10 L/h左右,调节射流空气量,观察并比较通风不足和通风过量的火焰现象。过量:火焰明亮,成锥形,长度短;不足:火焰暗红,变长,冒烟,最后成碗形。

(10)将射流空气量稳定在2 500 L/h左右,调节燃气流量(4~7 L/h),用自制简易测高仪或直尺测量不同燃气流量(不同雷诺数)时的火焰高度。将结果记录在表6-20中。

表6-20　火焰温度分布测定记录

实验台号:_____　　　　喷嘴直径:7.32 mm　　　　温度单位:℃

项目		测点												
		0	1	2	3	4	5	6	7	8	9	10	11	12
Ⅱ号短喷管	1													
	2													
	平均													

(11)关闭燃气及空气调节阀,换装Ⅰ号短喷管(喷口内径5.10 mm)。分别打开预混空气及燃气调节阀,输入燃气和空气,在喷口点燃,获得稳定的预混火焰。

(12)适当开启射流空气调节阀,安装Ⅱ号石英玻璃同心套管。

(13)将射流空气量稳定在2 400 L/h左右,调节燃气流量(4~6 L/h),测量不同燃气流量(不同雷诺数)时的火焰高度。将结果记录在表6-21中。

表6-21　扩散火焰高度 h 与雷诺数 Re 的关系

项目	工况									
	Ⅱ号短喷嘴(喷口内径7.32 mm)					Ⅰ号短喷嘴(喷口内径5.10 mm)				
	1	2	3	4	5	1	2	3	4	5
燃气流量										
燃气压力										
火焰高度										
换算后燃气流量										

注:当地大气压力:_____。

(14)关闭燃气和空气阀门,整理试验现场。

五、数据处理

(1)根据从数字式温度计读得的温度值,作出火焰断面温度分布曲线。

（2）根据理想气体状态方程式（等温），将燃气测量流量换算成喷管出口压力（当地大气压）下的流量值，求出喷管出口燃气速度 u_s。

（3）作出 $h - q_v$（火焰高度与燃气的体积流量）曲线。

六、思考题

（1）射流扩散火焰与预混火焰有哪些主要区别？

（2）当燃料输入量大时，火焰会大量冒烟，试作分析。

（3）用热电偶测量火焰温度有何利弊？

第七章　可燃液体燃烧实验理论与技术

第一节　液体火灾

凡遇火、受热或与氧化剂接触能着火和爆炸的液体,都称为可燃液体。液体可燃物燃烧时其火焰并不紧贴在液面上,而是在液面上方空间的某个位置。这是因为液体可燃物着火前先蒸发,在液面上方形成一层可燃物蒸气,并与空气混合形成可燃混合气。液体可燃物的燃烧实际上是可燃混合气的燃烧,是一种气态物质的均相燃烧。

一、可燃液体火灾发生

(一)液体可燃物单个液滴的着火

存在于气流之中的液滴会不断蒸发,其蒸发过程受到液滴直径、液滴与气流的相对运动速度、换热系数、液滴温度及在该温度下的饱和蒸气压以及周围气体温度的影响,是一个相当复杂的过程。当液滴进入高温介质中或被电火花点火,液滴表面蒸发加快,产生的蒸气与空气或氧气混合后被点燃,在液滴表面附近形成一个球形火焰面(火焰前锋),这就是液滴的扩散燃烧。可燃蒸气与氧气在火焰前锋上进行化学反应并放出热量,通过热传导,不断将热量供给液滴,以产生蒸气,液滴蒸气又不断向火焰锋面扩散;同时,周围介质中的氧气也不断向火焰前锋扩散。燃烧相对集中在火焰前锋上进行。大量实验表明,液滴扩散燃烧的速度完全取决于液滴蒸气从液滴表面向火焰前锋的扩散速度。在平衡状态时,蒸气的扩散速度与其蒸发速度相等。所以,液滴的燃烧速度由其蒸发速度来决定。

(二)液滴群的着火

大量液滴所构成的液滴群在蒸发和燃烧过程中,除与单个液滴的特性有关外,还与液滴之间的相互作用有关。粒径大的液雾,其中各个液滴燃烧的独立性较好,而且大量液滴燃烧时放出的热量会相互补充,使总的热量损失减少,燃烧速度较快。故如果液滴间距一定,粒径较大时,燃烧速度也大。如果液雾中液滴直径一定,当粒子间距较大时,各个液滴之间几乎没有影响,燃烧速度与单个液滴相似。随粒子间距的减小,开始时燃烧速度增大,并在一定间距时达到最大值。这是因为相邻液滴周围产生的火焰起着热源作用,从而促进燃烧的进行。但粒子间距过小时,液滴过于接近,周围空气供给燃烧的氧量减少,燃烧速度下降。

(三)液面着火

在液体可燃物自由表面上的燃烧称为液面燃烧,液态可燃物的蒸发在其表面上产生一层蒸气,这些蒸气与空气混合并被加热着火、燃烧形成火焰。液体表面从火焰吸收热量,使蒸发加快,提供更多的可燃蒸气,使燃烧速度增加迅速。当液体的蒸发速度与燃烧速度相等时,形成了稳定的火。

(四)液面燃烧时火焰的形状与高度

对于圆柱形的立式容器来说,随着容器口径的增加,液面上蒸气的流动状态由层流变为湍流,这是由于液面面积增大(容器直径增大),辐射热量增加,空气与蒸气的混合增强的缘故。随着蒸气流动状态由层流变为湍流,火焰也由圆锥形层流火焰变为形状不规则的湍流火焰。实验表明,火焰呈细长形状,圆锥形火焰外围的直径都小于容器的直径。贮罐上的圆锥形火焰受到风的影响会产生一个倾斜角度,这个角度与风速有很大关系,而与容器的直径和容器中液体的种类无关。可燃性液体溢流到地面或水面而发生燃烧时,其火焰高度、形状及倾斜度等也同在容器中的情形相似,但要注意液体的流动性。火焰的高度、形状及倾斜度是火场指挥员判断火势蔓延方向的参考依据,也是确定石油化工产品贮罐防火间距的参考依据。

二、液体可燃物中火灾的蔓延

液体可燃物的燃烧可分为喷雾燃烧和液面燃烧,火焰可在油雾中和液面上传播,造成火灾的蔓延。

(一)油罐中火灾的蔓延

当储油罐或输油管道破裂时,大量燃油从裂缝中喷出,形成油雾,一旦着火燃烧,火灾就会蔓延。在这种条件下形成的喷雾条件一般较差,雾化质量很高,产生的液滴直径较大。而且液滴所处的环境温度为室温,所以液滴蒸发速度较小,着火燃烧后形成油雾扩散火焰。液滴群火焰传播特性与燃料性质(如分子量和挥发性)有关,分子量越小,挥发性越好,其火焰传播速度接近于气体火焰传播速度。影响液滴群火焰传播速度的另一个重要因素为液滴的平均粒径。火焰能否传播以及火焰传播速度都将受到液滴间距、液滴尺寸和液体性质影响。当一颗液滴所放出的热量可以使邻近液滴着火燃烧时,火焰才能传播下去。

(二)液面火灾的蔓延

可燃液体表面在着火之前会形成可燃蒸气与空气的混合气体。当液体温度超过闪点时,液面上的蒸气浓度处于爆炸浓度范围之内,这时若有点火源,火焰就会在液面上传播。当液体的温度低于闪点时,由于液面上蒸气浓度小于爆炸浓度下限,所以用一般的点火源是不能点燃的,也就不存在火焰的传播。但是,如果在一个大液面上,某一端有强点火源使低于闪点的液体着火,由于火焰向周围液面传递热量,使周围液面的温度有所升高,蒸发速度有所加快,这样火焰就能继续传播蔓延。由于液体温度比较低,这时的火焰传播速度比较慢。当液体温度低于闪点时,火焰蔓延速度较慢;当液体温度高于闪点后,火焰蔓延速度急剧加快。

(三)含可燃液体的固面火灾的蔓延

当可燃液体泄漏到地面,如土壤、沙滩上,地面就成了含有可燃物的固体表面,一旦着火燃烧就形成了含可燃液体的固面火灾。含可燃液体的固面火灾的蔓延首先与可燃液体的闪点有关,当液体初温较高,尤其是高于闪点时,含可燃液体的固面火灾的蔓延速度较快。随着风速增大,含可燃液体的固面火灾的蔓延速度减小。当风速增加到某一值之后,蔓延速度急剧下降,甚至灭火。地面沙粒的直径也影响含可燃液体的固面火灾的蔓延。实验表明,随着粒径的增大,火灾蔓延速度不断减小。

三、油罐火灾的火焰特征

(一)火焰的倾斜度

油罐内油品燃烧的火焰呈锥形,锥形底面积就等于燃烧油罐的面积。锥形火焰受到风的作用就产生一定的倾斜角度。这个角度的大小与风速直接相关,当风速等于或大于 4.0

m/s 时,火焰的倾斜角为 60°～70°;在无风时,火焰倾斜角为 0～15°。

(二)火焰高度

油罐火灾的火焰高度取决于油罐直径和油罐内储存的油品种类。油罐直径越大,储存的油品密度越小,则火焰高度越高。

(三)火焰温度

火焰温度主要取决于可燃液体种类,一般石油产品的火焰温度为 900～1 200 ℃。从油面到火焰底部随高度增加温度迅速增加,到达火焰底部后有一个稳定阶段;高度再增加时温度逐渐下降。

第二节　可燃液体的燃烧性能

一、闪燃与闪点

(一)闪燃与闪点的概念

液体都能蒸发,而且液体的蒸发温度范围非常广。既能在高温时蒸发,又能在常温时蒸发,甚至低温时也能蒸发,只是蒸发的速度不同而已。

当液体温度较低时,由于蒸发速度很慢,液面上蒸气浓度很小,蒸气与空气形成的混合气体遇到火焰时,无法点燃。随着温度的升高,液面上蒸气浓度增大,就有可能在一定的蒸发温度下,可燃液体的饱和蒸气与空气混合后与火焰接触时,能闪出火花但随即熄灭。这种在液体表面上能产生足够的可燃蒸气,遇火能产生一闪即灭的燃烧现象,叫做闪燃。

在规定的试验条件下,液体表面上能产生闪燃的最低温度,叫做闪点(又称闪火点)。闪燃是一种瞬间燃烧现象。闪燃发生的原因,是液体在闪燃温度下蒸发速度不快,液体表面上聚积的蒸气一瞬间燃尽,来不及补充新的蒸气以维持稳定的燃烧,故燃一下就熄灭了。但闪燃往往是着火的先兆,闪点是表示可燃性液体性质的指标之一。当可燃液体被加热到闪点及闪点以上时,一经火焰或火星的作用,就不可避免地引起着火。在消防管理中,对这种燃烧现象应引起注意。

(二)闪点的测定

目前,我国测定闪点的方法有两种:对闪点较低的液体,一般采用闭口杯法;对闪点较高的液体,一般采用开口杯法。

用不同方法测出的闪点,一般应标明开杯闪点或闭杯闪点。同一种液体用闭杯式闪点测定仪测出的闪点比用开杯式闪点测定仪测定的闪点要低,因为在开杯式闪点测定仪中部分蒸气向外扩散使蒸气浓度下降。

(三)影响闪点的因素

可燃液体的闪点是用专门的仪器测定的,也可由经验公式计算得到,其数值一般是表示压力为 101 325 Pa,点火源为可燃气体小火焰,液体大多为单一组分条件下的闪点值,而实际条件往往与实验条件有所不同,所以实际场合中的液体发生闪燃温度也会与闪点的实验值有一定的差别。也就是说,实际场合中液体的闪点要考虑到一些因素的影响。

1. 液体中含水量对闪点的影响

在生产、使用或储存过程中,可燃性液体通常会以水溶液的形式存在。在一定的浓度范围内,这种水溶液也有可燃性,但其闪点会随着水溶液浓度的增大或可燃性液体浓度的减小而升高。如甲醇水溶液和乙醇水溶液,当甲醇浓度小于5%(质量分数)和乙醇浓度小于3%(质量分数)时,甲醇水溶液和乙醇水溶液均无闪燃现象。

可燃性液体水溶液的闪点升高的原因是水蒸气的影响,水蒸气在液面上的可燃蒸气–空气混合物中起着惰性气体的作用。随着溶液温度的升高,水蒸气的浓度会急剧增大。水蒸气的浓度增大到一定程度时,可燃性液体水溶液便失去了可燃性,即测不出闪点。利用水稀释可燃性液体以及用水蒸气稀释气态可燃混合物可以达到防火和灭火的目的。

2. 点火源强度与点火时间对闪点的影响

闪点测定仪所使用的点火源一般为可燃性气体(如丙烷、煤气等)或火柴火焰,点火时间约为1 s。而在实际情况中,往往点火源的强度大于或小于实验时的点火源强度,点火源在液面上停留的时间(点火时间)也往往超过或不足1 s,所以实际情况中的液体发生闪燃温度(闪点)要考虑到点火源强度与点火时间对闪点的影响。

一般来说,在其他条件相同时,液面上的点火源强度越高,液体的闪点就越低;反之,点火源强度越低,液体就越不容易发生闪燃。当点火源强度低于最小点火能量时,则液面上的蒸气–空气混合物便不能发生闪燃现象。例如,在雷电或电焊电弧作用于液体表面时,由于雷电或电弧的能量很高,液体接受大量的热能使液面温度瞬间上升,液面上蒸发出的蒸气量增加。所以,液体初温即使低于正常实验条件下的闪点也会发生闪燃。

同样,在其他条件相同时,液面上点火源点火时间越长,液体的闪点越低;反之,点火时间越短,液体越不容易发生闪燃。例如,一个较大的机械零件在油中淬火时,若在零件进入淬火油的液面之前,在液面上停留一定时间,那么,高温零件使液面受热,蒸发出较多蒸气,这就导致淬火油在较低的初始温度(低于正常实验条件下的闪点)下发生闪燃,甚至着火。

(四)闪点对消防工作的意义

1. 闪点是评定液体火灾危险性的依据

闪点愈低的液体,其火灾危险性就愈大,有的液体在常温下甚至在冬季,只要遇到明火就可能发生闪燃。例如,苯的闪点为–14 ℃,酒精的闪点为11 ℃,苯的火灾危险性就比酒精大,又如煤油的闪点是40 ℃,它在室温下与明火接近是不能立即燃烧的,因为经蒸发出来的煤油蒸气量很少,不能闪燃,更不能燃烧,只有把煤油加热到40 ℃时才能闪燃,继续加热到燃点温度时,才会燃烧。

2. 根据闪点划分可燃液体及其火灾危险性类别

根据闪点划分可燃液体及其火灾危险性类别见表7-1。

表7-1　按照闪点划分液体及其火灾危险性类别(中国)

类别		闪点(℃)	举例
甲类液体	易燃液体	<28	汽油、苯、乙醇、乙醚
乙类液体		≥28至<60	煤油、松节油、丁醇
丙类液体	可燃液体	≥60	柴油、硝基苯、重油
按照GB 6944—86的规定,易燃液体分类			
易燃液体	低闪点液体	<–18	均为闭杯闪点
	中闪点液体	–18～23	
	高闪点液体	23～61	

国外大多数国家一般以 60 ℃ 为标准,把凡是闪点在 60 ℃ 以下的燃烧性液体划分为易燃液体。

3. 根据闪点确定灭火剂供给强度

灭火剂供给强度,是指每单位面积上(m^2),在单位时间内(s)供给灭火剂的数量。比如,泡沫液可表示为 $L/(s \cdot m^2)$。一般地说,闪点越低的液体,其灭火剂供给强度就越大。

了解闪点对防火工作的意义很大。液体的闪点越低,火灾危险性越大。根据物质的闪点可以区别各种可燃液体的火灾危险性。因此,人们把闪点作为决定液体火灾危险性大小的重要依据。目前,按照我国的划分标准:闪点在 28 ℃ 以下的为一级易燃液体,闪点在 28 ~ 45 ℃ 的为二级易燃液体,闪点在 45 ℃ 以上的为可燃液体。

常见的易燃液体有汽油、苯、乙醇、丙酮、甲醛、乙醚、甲胺、乙腈、香蕉水、二甲苯、二硫化碳等。这些物品用途广,但极易发生火灾事故,一旦着火,燃烧猛烈,燃烧时间长,会造成严重后果。

二、燃点

可燃性液体在达到某一温度时,液面上的蒸气 – 空气混合物便能够被液面上的点火源点燃,发生持续燃烧的现象,这时液体的最低温度就称燃点或着火点,也称焰点或火焰点。可燃性液体的燃点一般用开杯式闪点测定仪测得。在测定时,一般规定液面上蒸气 – 空气混合物被点火源点燃后能持续燃烧 5 s 以上时,液体所处的温度即可认为是燃点。由闪点和燃点的定义看出,可燃性液体的燃点必然要高于闪点。一般来说,液体的闪点越低,则燃点与闪点的差值越小,如汽油、二硫化碳、丙酮等闪点低于 0 ℃ 的液体,燃点与闪点很难区别,差值约为 1 ℃。而闪点较高的液体,其燃点与闪点的差值就很大,如某种柴油的开杯闪点为 121 ℃,进一步加热这种柴油,测得的燃点为 131 ℃,差值为 10 ℃。

由此看来,利用燃点评定液体的火灾危险性,对于闪点高的液体来说有一定的实用价值,而对闪点低的液体来说没有实用价值,可用闪点代替。

从消防安全角度来看,由于闪点是可燃性液体发生火灾的危险温度,所以评定液体的火灾危险性主要是利用闪点数据而不利用燃点数据。

三、自燃点

可燃液体受热(不用明火去点燃)发生自燃的最低温度,称为自燃点。可燃液体的自燃点受下列条件影响。

(一)容器内的压力

容器内压力愈大,自燃点愈低。例如,汽油在 1 个大气压下自燃点为 480 ℃,10 个大气压下为 310 ℃,25 个大气压下为 250 ℃。

(二)可燃液体的蒸气浓度

可燃液体的蒸气与空气混合而形成混合物,混合物中可燃液体蒸气浓度小,自燃点高;当增加到完全燃烧的浓度时,自燃点最低;然后再继续增加液体浓度,自燃点开始升高。

(三)催化剂

活性催化剂(例如铁、钒、镍等)的存在,使油品的自燃点降低;钝性催化剂(例如四乙基铅)的存在,使自燃点提高。同类油品分子量大的,则自燃点低,故重油易自燃。正构体油品的自燃点比异构体油品的自燃点低,而饱和油品比不饱和油品的自燃点高。

(四)爆炸极限

可燃液体蒸气与空气混合而形成的混合物,遇明火发生爆炸,这种混合物称为爆炸混合物。但可燃液体的蒸气与空气的混合物,必须在一定浓度范围内,遇明火才能发生爆炸。这个范围称为爆炸浓度极限。

当空气中可燃液体蒸气很少时,通明火不会爆炸,也不会燃烧,当蒸气继续增加,达到一定值后,遇明火就会发生爆炸,这个能发生爆炸的最低浓度称为爆炸浓度下限。

当蒸气浓度超过爆炸下限后,再继续升高,超过一定蒸气浓度值后,混合物遇明火,不再爆炸或燃烧,能发生爆炸的蒸气最高浓度称为爆炸浓度上限。

可燃液体蒸气的浓度是在一定的温度下形成的,使蒸气达到爆炸浓度极限的温度,称为爆炸温度极限。

爆炸温度极限和爆炸浓度极限一样,也有上限和下限。例如,油品在该温度下蒸发出来的蒸气与空气形成的混合物,其浓度正好等于爆炸浓度下限的浓度,此温度称为爆炸温度下限。当其浓度正好等于爆炸浓度上限的浓度,此温度称为爆炸温度上限。

可燃液体蒸气的爆炸极限受下列因素影响:

(1)蒸气的温度。蒸气与空气形成的混合物初温高,爆炸范围扩大,即爆炸下限降低,爆炸上限提高,也就是说,油品的火灾危险性增大。

(2)容器内的压力。容器内的压力减小,爆炸极限的范围缩小。当压力降到某一数值时,爆炸上限和爆炸下限重合,若压力再降低,则混合物不再爆炸。这一最低压力,称为爆炸的临界压力。

第三节　可燃液体的分类和特性

一、可燃液体的分类

凡是闪点在45 ℃以下的液态物质属于易燃液体。易燃液体种类繁多,使用范围十分广泛。可燃液体是指在常温下容易燃烧的液态物质。这类物质大部分是有机化合物,其中不少属石油化工产品。我国《建筑设计防火规范》(GBJ 16—87)中将能够燃烧的液体分成甲类液体、乙类液体、丙类液体三类。比照危险货物的分类方法,可将上述甲类液体和乙类液体划入易燃液体类,把丙类液体划入可燃液体类。甲、乙、丙类液体按闭杯闪点划分。

甲类液体(闪点 <28 ℃)有:二硫化碳、氰化氢、正戊烷、正己烷、正庚烷、正辛烷、1 - 己烯、2 - 戊烯、1 - 己炔、环己烷、苯、甲苯、二甲苯、乙苯、氯丁烷、甲醇、乙醇、正丙醇、乙醚、乙醛、丙酮、甲酸甲酯、乙酸乙酯、丁酸乙酯、乙腈、丙烯腈、呋喃、吡啶、汽油、石油醚等。

乙类液体(28 ℃≤闪点 <60 ℃)有:正壬烷、正癸烷、二乙苯、正丙苯、苯乙烯、正丁醇、福尔马林、乙酸、乙二胺、硝基甲烷、煤油、松节油、松香水等。

丙类液体(闪点≥60 ℃)有:正十二烷、正十四烷、二联苯、溴苯、环己醇、乙二醇、丙三醇(甘油)、苯酚、苯甲醛、正丁酸、氯乙酸、苯甲酸乙酯、硫酸二甲酯、苯胺、硝基苯、糠醇、机械油、航空润滑油、锭子油、猪油、牛油、鲸油、豆油、菜籽油、花生油、桐油、蓖麻油、棉籽油、葵花籽油、亚麻仁油等。

二、可燃液体的特性

液体都有挥发性，在一定的温度条件下，液体都会由液态转变为气态。液体蒸发速度的快慢主要取决于液体的性质和温度。在密闭容器中，随着蒸发的进行，蒸气分子浓度增加，部分蒸气分子又会凝聚重新变成液态。凝聚速度随着蒸气浓度增加而增加，最后凝聚速度和蒸发速度达到相等，液体（液相）和它的蒸气（气相）就处于平衡状态。此时液面上的蒸气分子浓度不再增加，液体的量也不再减少。

(一)饱和蒸气压

在一个密闭容器中盛装一定容积的某种液体，液面上部空间为真空或原先存有空气。此时液体中某些动能较大的分子便会克服液体分子之间的引力而从液面逸出，这一过程就是蒸发。气相空间的分子不停地运动，当撞击到液面时又会被液体俘获，这一过程就是凝结。在一定温度下，经过一段时间，蒸发与凝结会达到动态平衡，即单位时间内由液面蒸发出去的分子数等于返回的分子数。这时液面上的蒸气即为饱和蒸气，饱和蒸气的压力就称为饱和蒸气压，可简称蒸气压。如果液体是可燃的，液面上气相空间原先有空气，则形成的饱和蒸气就是可燃蒸气－空气混合物。液体的蒸气压是液体的重要性质，它仅与液体的本质属性和温度有关，而与液体的数量及液面上方的空间大小无关。在相同温度下，液体分子之间的引力强，则液体分子难以克服引力而变为蒸气，蒸气压就低；反之，液体分子间引力弱，则蒸气压就高。

(二)蒸发热

在液体体系同外界环境没有热量交换的情况下，随着液体蒸发过程的进行，由于失掉了高能量分子而使液体分子的平均动能减小，液体温度逐渐降低。欲使液体保持原有温度，即维持液体分子的平均动能，必须从外界吸收热量。这就是说，要使液体在恒温恒压下蒸发，必须从周围环境中吸收热量。这种使液体在恒温恒压下汽化或蒸发所必须吸收的热量，被称为液体的汽化热或蒸发热。

显然，不同液体因分子间引力不同，其蒸发热势必不同，即使是同一液体，当质量不等或温度不相同时，其蒸发热也不相同。一般来说，液体分子间引力越大，其蒸发热越大，液体越难蒸发。

(三)液体的沸点

所谓液体的沸点，是指液体的饱和蒸气压与外界压力相等时的温度。在此温度时，汽化在整个液体中进行，称为液体沸腾。因而在低于此温度时的汽化，则仅限于在液面上进行。这是在沸点以下和达到沸点时液体汽化的区别。

显然，液体沸点同外界气压密切相关。外界气压升高，液体的沸点也升高，外界气压降低，液体的沸点也降低。当外界压力为 $1.013\ 25 \times 10^5$ Pa 时，液体的沸点称为正常沸点。

(四)液体饱和蒸气浓度

为了预防火灾和爆炸的发生，了解和掌握蒸气的浓度是很必要的。在空气中的蒸气有饱和、不饱和之分。不饱和蒸气压是蒸发与凝聚未达到平衡时的蒸气压，其大小是不断变化的，其变化范围从零到饱和蒸气压。饱和蒸气压是液体的蒸发和蒸气的凝聚达到平衡时的蒸气压，其大小在一定温度下是一定的，饱和蒸气的浓度也是一定的。

三、易燃液体、可燃液体的化学结构和物理性质与火灾危险性的关系

（1）易燃液体与可燃液体的沸点越低，其闪点也就越低，火灾危险性也就越大。

（2）易燃液体和可燃液体的比重越小，其蒸发速度越快，闪点也越低，火灾危险性就越大。易燃和可燃液体的蒸气一般都比空气重，不易扩散，容易发生燃烧爆炸。

（3）同一类有机化合物中，一般是分子量越小的火灾危险性越大。

（4）重质油品的自燃温度比较低（如沥青的自燃温度为 280 ℃），轻质油品自燃温度比较高（如苯的自燃温度达 555 ℃）。

（5）大部分易燃液体和可燃液体，如汽油、煤油、苯、醚、酯等是高电阻率的电介质，所以都有摩擦产生静电放电发生火灾的危险；醇类、醛类和羧酸不是电介质，电阻率低，其静电火灾危险性很小。

第四节　液体的燃烧过程及燃烧形式

一、液体的燃烧过程

一切液体都能在任何温度下蒸发形成蒸气并与空气或氧气混合扩散，当达到爆炸极限时，遇点火源即能发生燃烧或爆炸，因而液体的燃烧主要是以气相形式进行有焰燃烧，蒸发相变是液体燃烧的准备阶段，而其蒸气的燃烧过程与可燃气体是相同的。轻质液体的蒸发纯属物理过程，液体分子只要吸收一定能量克服周围分子的引力即可进入气相并进一步被氧化分解，发生燃烧。因而轻质液体的蒸发耗能低，蒸气浓度较大，点火后首先在蒸气与空气的接触界面上产生瞬时的预混火焰，随后形成稳定的燃烧。着火初期由于液面温度不高，蒸气补充不快，燃烧速度不太快，产生的火焰就不太高。随着燃烧的持续，火焰的热辐射使液体表面升温，蒸发速度加快，燃烧速度和火焰高度也随之增大，直到液体沸腾，烧完为止。重质液体的蒸发除有相变的物理过程外，在高温下还伴随有化学裂解。重质液体的各组分沸点、密度、闪点等都相差很大，燃烧速度一般是先快后慢。沸点较低的轻组分先蒸发燃烧，高沸点的重质组分吸收大量辐射热，在重力作用下向液体深部沉降。液体中重质组分比例不断增加，蒸发速度降低而导致燃烧速度逐渐减小。随着燃烧的进行，液体具有相当高的表面温度，形成高温热波向下传播，有些组分在此温度下尚未达到沸点即已开始热分解，产生轻质可燃蒸气和炭质残余物，分解的气体产物继续燃烧。火焰的辐射可使液体燃烧的速度加快，火焰增大。火焰中尚未完全燃烧的分子碎片、炭粒及部分蒸气，在扩散过程中降温凝成液雾，于火焰上方形成浓度较大的烟雾，当液面温度接近重质组分的沸点时，稳定燃烧的火焰将达最高。

二、液体的燃烧形式

（一）动力燃烧

燃烧性液体的蒸气、低闪点液雾预先与空气（或）氧气混合，遇火源产生带有冲击力的燃烧称为动力燃烧。可燃、易燃液体的动力燃烧与可燃气体的动力燃烧具有相同的特点。快速喷出的低闪点液雾，由于蒸发面积大、速度快，在与空气进行混合的同时即已形成其蒸

气与空气的混合气体,所以遇点火源就产生动力燃烧,使未完全气化的小雾滴在高温条件下立即参与燃烧,燃烧速度远大于蒸发燃烧的速度。例如,雾化汽油、煤油等挥发性较强的烃类在汽缸内的燃烧。煤油汽灯的燃烧速度之所以大于一般煤油灯的燃烧速度,因为它是预混燃烧,氧化充分,表现出火焰白亮、炽热的燃烧现象。

(二)蒸发燃烧(扩散燃烧)

蒸发燃烧即可燃性液体受热后边蒸发边与空气相互扩散混合,边燃烧,呈现有火焰的气相燃烧形式。常压下液体有自由表面的燃烧一般都为蒸发燃烧。其过程是边蒸发扩散,边氧化燃烧,燃烧速度较慢而稳定。如果液体流速较快,则液体流出部分表面呈池状燃烧,液体流到哪里,便将火焰传播到哪里,具有很大的危险性。

闪点较高的液体,往往不容易一下就点燃,但如把它吸附在灯芯上就很容易点燃。例如,柴油炉、煤油灯,液体在多孔物质中的浸润作用使液体蒸发表面增大,而灯芯又是一种有效的绝热体,具有较好的蓄热作用。点火源的能量足以使灯芯吸附的部分液体迅速蒸发,使局部蒸气浓度达到燃烧浓度,一点就燃。燃烧产生的热量又进一步加快了灯芯上液体的蒸发,使火焰温度、高度和亮度增加,达到稳定燃烧,直到液体全部烧完。因此,在防火工作中要注意高闪点液体吸附在棉被等多孔物质上发生自燃和着火的危险。

在压力作用下,从容器或管道内喷射出来的液体燃烧呈喷流式燃烧(如油井井喷火灾、高压容器火灾等)。这种燃烧形式,实际上也属于蒸发燃烧。液体在高压喷流过程中,分子具有较大动能,喷出后迅速蒸发扩散,冲击力大,燃烧速度快,火焰高。在燃烧初期时,如能设法关闭阀门,切断液体来源,较易扑灭火灾;否则,燃烧时间过长,会使阀门或井口装置被严重烧损,则较难扑救。密闭容器中的燃烧性液体,受高温会使体系温度骤然升高,蒸发加快,有可能使容器发生爆炸并导致相继产生的混合气体发生二次爆炸。而乙醚、汽油等挥发性强、闪点低的液体,其液面以上相当大的空间即为其蒸气与空气形成的爆炸性混合气体,即使静电火花都会使之发生燃烧甚至爆炸。

(三)沸溢式和喷溅式燃烧

含有水分、黏度较大的重质石油产品,如原油、沥青油等,发生燃烧时,有可能产生沸溢现象和喷溅现象。可燃液体的蒸气与空气在液面上边混合边燃烧,燃烧放出的热量向液体内部传播。由于液体特性不同,热量在液体中的传播具有不同特点,在一定的条件下,热量在原油或重质油品中的传播会形成热波,并引起原油或重质油品的沸溢和喷溅,使火灾变得更加猛烈。

1. 相关概念

(1)初沸点:原油中比重最小的烃类沸腾时的温度,也是原油中最低的沸点。

(2)终沸点:原油中比重最大的烃类沸腾时的温度,也是原油中最高的沸点。

(3)沸程:不同比重、不同沸点的所有馏分转变为蒸气的最低和最高沸点的温度范围。单组分液体只有沸点而无沸程。

(4)轻组分:原油中比重小、沸点低的很少一部分烃类组分。

(5)重组分:原油中比重大、沸点高的很少一部分烃类组分。

2. 液面下的温度与热波特性

1)单组分液体和沸程很窄的液体液面下的温度及燃烧时热量在波层中的传播特点

对于单一组分的液体或沸程很窄的液体(甲醇、丙酮、苯或汽油、煤油、轻柴油等)来说,在液面燃烧时液面下各液体层的温度会急剧下降。液体的温度随着液面下深度的增加而成指数形式下降。其特点是燃烧很短时间(数分钟到数十分钟)以后,液面下的温度分布就固定不变,并且在液面下很浅(几厘米到几十厘米)的液层就达到了燃烧前的温度。

单组分液体和沸程较窄的混合液体,在自由表面的燃烧,很短时间内就形成稳定燃烧,燃烧速度基本不变。燃烧时火焰的热量通过辐射传入液体表面,然后通过导热向液面以下传递,由于受热液体比重减小而向上运动,所以热量只能传入很浅的液层内。液体在燃烧时,火焰传给液面的热量使液面温度升高,直到沸点,液面的温度就再也不能升高了。这样,高沸点液体表面温度就比低沸点液体表面温度要高,液面与液体内部的温差就大,这有利于导热。所以,高沸点液体热量传入液体内部要深一些。这时可以设想在液体中有许多等温界面(或称热锋面)不断向下移动,类似水面扔入石块形成的波纹一样,因此这种热量逐渐向液面下传递的现象就称为热波。为了研究问题方便,一般规定温度为 100 ℃(水的正常沸点)的液体界面层称为热波头,液面和热波头之间的液体层称为高温层,高温层中温度处于稳定状态的区域称为稳定高温层。非均质液体中的热波头在液体层中向下移动的速度一般称为热波传播速度。由此可见,热波传播速度是扑救非均质油品火灾的重要参数。

2)沸程较宽的液体热在液层的传播特点

沸程较宽的液体,如原油、渣油、蜡油、重油、沥青、润滑油等,这类液体可称为非均质液体。相比较而言,单一组分和沸程较窄的液体就可称为均质液体。在液面燃烧时与上面的情况不同。非均质液体在贮罐中发生液面燃烧时,火焰向液面传递的热量用于加热液面层使之汽化,首先低沸点和一小部分高沸点成分汽化并燃烧。由于这些成分汽化速度不是很大,汽化吸收的热量也不是很高,所以火焰向液面传递的热量有很大一部分消耗于加热液面层。随着热量的积累,热量逐渐向液体内部传递,传热是通过液面层与下层液体分子之间的导热和重组分液体微团下沉到冷液体中对流换热进行的。这时液面下的液体会形成一个高温层,并逐渐对下一层较低温度的液体加热。国内和国外许多研究工作者对非均质油品尤其是原油的热波特性进行了比较深入的研究。

原油在连续燃烧的过程中,其中沸点较低的轻质部分首先被蒸发,离开液面进入燃烧区。而沸点较高的重质部分,则携带在表面接受的热量向液体深层沉降,从而形成一个热的锋面向液体深层传播,逐渐深入并加热冷的液层。这一现象称为液体的热波特性,热的锋面称为热波。热波的初始温度等于液面的温度,等于该时刻原油中最轻组分的沸点。随着原油的连续燃烧,液面蒸发组分的沸点越来越高,液面的温度也会逐渐上升,因而热波的温度也会越来越高,会由 150 ℃逐渐上升到 315 ℃。在热波向下沉降过程中,由于把热量传递给深层冷的液体,热波温度会随着向下运动,而由初始温度逐渐降低。

热波下沉的速度一般比燃烧速度快,平均快 30.5 ~ 45.7 cm/h。有的原油可能快 127 cm/h,有的原油只快 7.6 cm/h。不同原油的燃烧速度和热波下沉速度都不相同,热波的形成条件必须是沸程较宽的原油,低沸点的轻质组分蒸发以后,留下高沸点的重质组分携带热量向下沉降才能形成热波。另外,实验中发现,裂化汽油、煤油、二号燃料油、六号燃料油的混合油并不形成热波。这一现象说明,原油中的杂质、游离碳等对热波的形成起很大的作用。

3)热波传播速度的影响因素

实验证明,热波传播速度是一个复杂的技术参数,其影响因素大致有油品的组成、油品中的含水量、油罐的直径、油罐液位等。

（1）油品的组成：对于原油来说，不同产地的原油，有着不同的物理化学性质，表现出热波传播速度也有很大差别。原油中轻组分对热波传播速度的影响，其原因是轻组分越多，蒸发汽化速度越快，燃烧速度越快，原油接受火焰辐射热量越多，油面向下对流传热也就越显著。另外，由于轻组分越多，原油黏度也就越低，油层内更容易对流传热，油层内积蓄热量相应减少，因此稳定高温层的温度趋向较低的温度。

（2）油品中的含水量：原油中含水量＜0.1%时，可认为不含水。当原油中含水量超过0.1%时，热波传播速度有加快的趋势，这是因为原油中含水量越多，黏度越小，油品内部越容易对流传热，因而使热波传播速度加快。但原油中的含水量也不能太多，对于一般的原油来说，在含水量小于4%时燃烧比较稳定；在含水量大于4%时，原油点燃后在油面会形成一层泡沫，使燃烧不稳定；在含水量大于6%时，点燃很困难，点燃后燃烧也不稳定。

（3）油罐的直径：实验初步证明，油品的热波传播速度随着贮罐直径的增大而增大，在贮罐超过一定直径（约2.5 m）以后，热波传播速度基本上与直径无关。

（4）油罐液位：在液体发生液面燃烧时，若油罐内液位较高，由于空气向火焰方向流动较为容易，则燃烧速度加快，火焰向液面传递的热量增多，使热波传播速度加快。若液位较低，则相反地使热波传播速度减慢。

总之，液体的热波特性是一个比较复杂的研究课题，随着实验数据的积累，人们将会对热波特性产生一些新的认识。

3. 沸溢式燃烧

1) 沸溢式燃烧的发生

原油黏度比较大，且都含有一定的水分。在原油中的水一般以乳化水和水垫两种形式存在。所谓乳化水是指原油在开采运输过程中，原油中的水由于强力搅拌成细小的水珠悬浮于油中而形成的。放置久后，油水分离，水因比重大而沉降在底部形成水垫。

在热波向液体深层运动过程中，由于热波温度远高于水的沸点，因而热波会使油品中的乳化水汽化，大量的蒸气就要穿过油层向液面逸出，在向上移动过程中形成油包气的气泡，即油的一部分形成了含有大量蒸气气泡的泡沫。这样，必然使液体体积膨胀，向外溢出，同时部分未形成泡沫的油品也会被下面的蒸气膨胀力抛出罐外，使液面猛烈沸腾起来，这种现象叫沸溢。

2) 发生沸溢式燃烧的条件

（1）液体具有热波特性，能够形成一定厚度的高温层；

（2）液体中含有一定量的自由水或乳化水，且较均匀地悬浮在液体中；

（3）罐口与液面的距离很近，没有足够的容器空间容纳沸腾的油气泡沫。

对于非均质石油产品或原油来说，如果其中的自由水或乳化水含量超过一定值且较均匀地悬浮在油品中，就有可能发生沸溢式燃烧。在油品发生液面燃烧时，随着高温层的逐渐形成，油中的自由水或乳化水的小水珠会逐渐汽化，但开始时因油品黏度较大，小水珠外层的蒸气压较小，所以形成的水蒸气气泡很难逸出油面。经过一段时间的燃烧后，高温层厚度增加，小水珠外层的蒸气压增大，最后，使水蒸气气泡上升逸出油面形成了油气泡沫。大量的油气泡沫边燃烧边溢出罐外，这就形成了沸溢式燃烧。

3) 沸溢式燃烧的特征

发生沸溢式火灾后，往往会迅速扩大火势，沸溢出的油品边流动边燃烧，对灭火人员有很大威胁。因此,在扑救非均质油品火灾时,消防指战员要时刻警惕发生沸溢的可能性。根据实际火场上的经验,非均质油品在即将发生沸溢之前,大致会出现下面的燃烧特征:①火焰颜色由红变白变亮,火焰突然增高;②烟气由浓黑变稀变白;③油品发生蠕动,伴有轻微的呼隆和嘶嘶声响。在短时间内出现这些燃烧特征就是发生沸溢的前兆,消防指战员必须有充分的应急措施。

(四)喷溅式燃烧

1.喷溅的发生

喷溅式燃烧是指贮罐中含水垫层的原油、重油、沥青等石油产品随着燃烧的进行,热波的温度逐渐升高,热波向下传递的距离也越来越远,当到达水垫时,水垫的水大量蒸发,蒸气体积迅速膨胀,以至把水垫上面的液体层抛向空中,向罐外喷射。这种现象叫喷溅。

2.喷溅式燃烧的条件

发生喷溅式燃烧的条件有:①液体有热波特性,能够形成一定厚度的高温层;②液体下部有水垫层;③高温层与水垫层接触。

油品发生喷溅时,油火会上抛到一定的高度并散落到较远的地方。油品下部形成水垫层是比较常见的,例如,原油开采时有时用注水法,从地下开采上来的原油含水较多,需要采用沉降法进行油水分离,这时会在油罐下部形成水垫层;另外,油品在储存过程中往往会漏入雨水,经过一定时间的沉降便会在底部形成水垫层。同发生沸溢的时间一样,发生喷溅的时间也是火场指战员至关重要的技术参数。

上面分别讨论了非均质油品的沸溢燃烧和喷溅燃烧,在某种条件下还会发生先沸溢后喷溅式的燃烧或既沸溢又喷溅的燃烧。对于沸溢来说,油量较多且油层较深时,有可能发生一次连续性的沸溢,也有可能发生几次间歇性的沸溢。对于喷溅来说,也有这种情况。由此可见,沸溢和喷溅是一种非常复杂的燃烧现象,利用前面的知识对此可做出比较定性的解释,但是,目前尚不能对此做出准确、定量的计算。

第五节　液体燃烧速度及其影响因素

一、液体燃烧速度

液态可燃物的燃烧根据其体积的大小,可分为以下三种方式:①在液体粒子直径大约小于 10^{-3} cm 时,由于液滴在火焰的预热区能够充分蒸发,蒸发出的蒸气与空气互相混合,这时的燃烧大体上与气态可燃物的预混燃烧相同。在液化石油气体大量泄漏时有可能出现这种情况,此种形式不常见,燃烧方式可按气态可燃物考虑。②液滴直径在 $10^{-3} \sim 10^{-1}$ cm 时,液滴发生独立的扩散燃烧,在液滴周围形成球形的扩散火焰,这种燃烧一般是在雾化状态下进行,所以称为喷雾燃烧或雾滴式燃烧。③当液体置于容器中或洒落在地面及水面上时,这时液体的燃烧称为液面燃烧。液面燃烧时的燃烧速度有三种类型,即垂直于液面的直线燃烧速度、液体的重量燃烧速度和大液面水平方向上的火焰蔓延速度。

(一)喷雾燃烧速度

喷雾燃烧在工业生产和动力设备上应用较广泛。例如,在消防工作中,石油化工厂某些排放液体废料的火炬的燃烧、石油产品贮罐的喷溅式燃烧以及液体贮罐泄漏时喷出液体情况下的燃烧等,大体上都属于这种喷雾燃烧。在讨论喷雾燃烧之前,先介绍一下单个液滴的蒸发和燃烧过程。液滴的燃烧一般可分成两个阶段,前一阶段从液滴周围某一点处着火开始,到火焰完全包围液滴时结束;后一阶段是火焰包围液滴持续燃烧的阶段,这一阶段的燃烧速度较高。

大量液滴的燃烧一般为喷雾燃烧。这时,由于液滴具有一定的粒径分布,同时各液滴的燃烧互相有影响,所以喷雾燃烧比单个液滴的燃烧要复杂得多。

喷雾燃烧速度一般可分为层流燃烧速度和重量燃烧速度。这里的层流燃烧速度是借用可燃混合气体层流燃烧速度的含义,单位一般也用 cm/s 。这里的重量燃烧速度表示单位时间内燃烧掉液滴的重量。

(二)液面燃烧时的直线燃烧速度和重量燃烧速度

可燃性液体发生火灾时最常见的燃烧方式就是液面燃烧,例如,加油罐和油池中的液体以及溢流到地面或水面上的液体着火后都发生液面燃烧。液面燃烧时,火焰处于液面上方一定高度,液面温度略低于液体的沸点,火焰与液面之间为可燃蒸气的预热区,故液面燃烧是边蒸发边扩散边燃烧。燃烧是火焰内侧的蒸气与火焰外侧的氧气在火焰锋面上进行的,这时的火焰也称为扩散火焰。

在可燃性液体发生液面燃烧时,一方面发生的是液体的直线燃烧速度,另一方面是液体的重量燃烧速度。液面的高度会沿着液面法线方向(垂直于液面的方向)逐渐减低,这种液面下降的速度一般称为液体的直线燃烧速度,符号用 V_L 表示,单位为 mm/min。液面燃烧时的重量燃烧速度就是单位时间内单位液面面积上燃烧掉的液体重量。

液面燃烧时的直线燃烧速度和重量燃烧速度是消防人员扑救液体火灾的重要技术参数,它可用于估算液体的燃烧时间和燃烧放热速率等,从而使指挥员对火场的力量部署做出比较准确的判断。

(三)液面上的火焰蔓延速度

1. 液面上的火焰蔓延发生

可燃性液体表面在着火之前会形成可燃蒸气与空气的混合气体。当液体温度超过闪点时,液面上的蒸气浓度会处于爆炸浓度极限之内,这时若有点火源点火,火焰就会在液面上传播,这时的火焰传播速度就称为火焰蔓延速度。当液体的温度低于闪点时,由于液面上蒸气浓度小于爆炸浓度下限,所以用一般的点火源是不能点燃的,也就不存在火焰的传播。但是,如果在一个大液面上,某一端有强点火源使低于闪点温度的液体发生着火,由于火焰传播时面积较大的火焰迅速向周围液面传递热量,使周围液面温度有所升高,蒸发速度有所加快,这样,火焰就能继续传播蔓延。由于液体温度比较低,这时的火焰蔓延速度相应地要比液体温度较高时的慢一些。

2. 液面上的火焰蔓延速度的影响因素

风向和风速对火焰蔓延速度有很大影响,显而易见,若风向与火焰蔓延的方向一致,则火焰蔓延速度会急剧增加,风速在一定范围内会加速火焰的蔓延速度。

二、液体燃烧速度的主要影响因素

液体的燃烧速度不是固定不变的,而是受着各种因素的影响。

（一）燃烧区传给液体的热量不同，燃烧速度不同

液体要维持稳定的燃烧，液面就要不断地从燃烧区吸收热量，进行液体蒸发，并保持一定的蒸发速度。火焰的热量主要以辐射的形式向液面传递。如果其他条件不变，液面从火焰接受的热量越多，则蒸发速度就越快，燃烧速度也加快。

（二）液体初温越高，燃烧速度越快

液体初温越高，液体蒸发速度越快，燃烧速度就越快。

（三）液体燃烧速度随贮罐直径不同而不同

实验表明，当罐径小于 10 cm 时，燃烧速度随罐径增大而下降；罐径在 10～80 cm 时，燃烧速度随罐径增大而增大；罐径大于 80 cm 时，燃烧速度基本稳定下来，不再改变。这是因为随着罐径的改变，火焰向燃料表面传热的机理也相应地发生了重要的改变。在罐径比较小时，燃烧速率由导热传热决定；在罐径比较大时，燃烧速率由辐射传热决定。根据这种情况对大罐径的贮罐的火灾制订灭火计划时，就可以计算扑灭火灾所需的力量和灭火剂数量。

（四）液体燃烧速度随贮罐中液面高度降低而减慢

随着液面降低，液面和燃烧区的距离增大，传到液体表面的热量减少，燃烧速度降低。

（五）水对燃烧速度的影响

石油产品中大多含有一定的水分，燃烧时水的蒸发要吸收部分热量，蒸发的水蒸气充满燃烧区，使可燃蒸气与氧气浓度降低，燃烧速度下降。

（六）风的影响

风有利于可燃蒸气与氧的充分混合，有利于燃烧产物及时输送走。因此，风能加快燃烧速度。但风速过大又有可能使燃烧熄灭。

第六节　实验部分

实验一　可燃液体的闪点和燃点测定实验

一、实验目的

（1）掌握可燃液体闪点、燃点的定义及液体存在闪燃现象的原因；
（2）掌握开口杯、闭口杯闪点测定仪的使用方法和测量可燃液体的闪点和燃点的方法。

二、实验原理

当液体温度比较低时，由于蒸发温度低，蒸发速度慢，液面上方形成的蒸气分子浓度比较小，可能小于爆炸下限，此时蒸气分子与空气形成的混合气体遇到火源是不能被点燃的。随着温度的不断升高，蒸气分子浓度增大，当蒸气分子浓度增大到爆炸下限的时候，可燃液体的饱和蒸气与空气形成的混合气体遇到火源会发生一闪即熄灭的现象，这种一闪即灭的瞬时燃烧现象称为闪燃。在规定的实验条件下，液体表面发生闪燃时所对应的最低温度称为该液体的闪点。在闪点温度下，液体只能发生闪燃而不能出现持续燃烧。这是因为在闪点温度下，可燃液体的蒸发速度小于其燃烧速度，液面上方的蒸气烧光后蒸气来不及补充，导致火焰自行熄灭。

继续升高温度,液面上方蒸气浓度增加,当蒸气分子与空气形成的混合物遇到火源能够燃烧且持续时间不少于 5 s 时,此时液体被点燃,它所对应的温度称为该液体的燃点。

从消防观点来看,闪燃是火险的警告、着火的前奏。掌握了闪燃这种燃烧现象,就可以很好地预防火灾发生或减少火灾造成的危害。闪点是衡量可燃液体火灾危险性的一个重要参数,是液体易燃性分级的依据。闭杯闪点等于或低于 61 ℃ 的液体为易燃液体。按照闪点的高低,易燃液体可分为:①低闪点液体,指闪点 <18 ℃ 的液体;②中闪点液体,指 18 ℃ ≤ 闪点 <23 ℃ 的液体;③高闪点液体,指 23 ℃ ≤ 闪点 ≤61 ℃ 的液体。

三、实验装置

主要仪器有:SYD - 261 闭口闪点测试仪、SYD - 267 开口闪点测试仪、SYD - 3536 开口闪点测试仪。

(一)SYD - 261 闭口闪点测试仪

SYD - 261 闭口闪点测试仪技术指标为:

(1)电热装置:①炉体碳化硅材料,功率为 600 W 电热丝,连续可调;②加热功率由可控硅装置控制;③试油升温速率:1 ~ 12 ℃/min。

(2)电动搅拌装置:①恒速马达:45TCY;②传动方式:软轴;③搅拌叶片尺寸:8 mm × 40 mm。

(3)标准油杯:①内径:50.8 mm;②深度:56 mm;③试油容量刻线深度:34.2 mm;④试油容量:约 70 mm。

(4)引火装置:①引火源:煤气;②引火器孔径:0.8 mm。

(5)温度计:内标式或棒式水银温度计,应符合 GB 514—83 的规定。①刻度: - 30 ~ 70 ℃,分度 1 ℃;②刻度:100 ~ 300 ℃,分度 1 ℃。

(6)外形尺寸及重量:310 × 250 × 200 mm/kg。

(二)SYD - 267 开口闪点测试仪

本仪器适用于按 GB/T 267—88 石油产品闪点和燃点测定法(开口杯法)测定润滑油及深色石油产品的闪点和燃点。本仪器符合 SH 0318—92 标准。其技术指标为:

(1)外坩埚:材料采用优质碳素结构钢,上口内径为(100 ± 5)mm,高(50 ± 5)mm,底部内径为(56 ± 2)mm,表面镀黑。

(2)内坩埚:材料与外坩埚相同,上口内径为(64 ± 1)mm,高(47 ± 1)mm,底部内径为(38 ± 1)mm,在距上口边缘 12 mm 及 18 mm 处各有刻线一条,表面镀黑。

(3)气体导管:喷火直径 0.8 ~ 1 mm,内孔表面光洁,火焰调节范围 3 ~ 4 mm。

(4)加热器:电炉加热,交流 220 V,1 000 W 连续可调。

(5)温度计:0 ~ 360 ℃,分度 1 ℃,技术条件符合石油产品试验用液体温度计技术条件 GB/T 514—83 的规定。

(6)外形尺寸及重量:主机 300 × 210 × 120 mm/5 kg。

(三)SYD - 3536 开口闪点测试仪

本仪器适用于按标准 GB/T 3536、ISO 2592、ASTMD 92、IP 36 石油产品闪点和燃点测定法(克利夫兰开口杯法)测定除燃料油和开口闪点低于 79 ℃(用本法测定)的石油产品。其技术指标为:

（1）克利夫兰油杯：材料 H62，内径（63.5 ± 0.25）mm，深度（33 ± 0.1）mm，距上口边缘距离为（9.5 ± 0.5）mm，内壁处有一道环状标线。

（2）点火器：自动划扫点火，喷口直径 0.6 ~ 0.8 mm。

（3）温度计：测量范围为 -6 ~ 400 ℃，分度为 2 ℃，符合 GB 514—75 的规定。

（4）电炉加热功率：400 W，连续调温。

（5）外形尺寸及重量：350 × 260 × 170 mm/6 kg。

四、主要仪器与实验药品

仪器：SYD - 261 闭口闪点测试仪、SYD - 267 开口闪点测试仪、SYD - 3536 开口闪点测试仪、盛油样的容器、点火器、闪点仪用温度计。

实验药品：0# 柴油、无铅汽油。

五、实验内容及步骤

基本步骤：装试样→放置在电炉上→装温度计→加热升温（按规定）→点火试验→记录数据。

（一）SYD - 261 闭口闪点测试仪步骤

（1）将试样注入油杯中，加至与刻度线平齐。注意：首先把油杯平放在实验台上，然后将药品倒入小烧杯中，再用小烧杯往油杯里加试样，加到快与刻度线平齐时，改用滴管滴。注试样时不应溅出，而且液面以上的油杯壁不应沾有试样。

（2）将装好试样的油杯平稳地放置在电炉上（即将油杯上的小孔对准仪器上的铆钉平放），再将搅拌装置和油杯盖卡入仪器上的卡口固定好，并将温度计放入油杯盖孔口。

（3）打开可燃气阀门（注意阀门不宜开得过大），将点火器点燃（点火器的火焰长度为 3 ~ 4 mm，不宜太长），接通闪点测定仪的加热电源进行加热，并同时打开搅拌器开关使液体均匀受热，试样温度逐渐升高。当试样温度达到预计闪点前 40 ℃ 时，严格控制升温速度为每分钟升高（4 ± 1）℃，当试样温度达到预计闪点前 10 ℃ 时，开始点火（扭动旋手，能使滑块露出油杯盖孔口，同时点火器自动向下摆动，伸向油杯盖点火孔内进行点火），点火时间为 2 ~ 3 s，试样每升高 2 ℃ 重复一次点火试验。

（4）当在液面上方观察到一闪即灭的蓝色火焰时，记录温度计的读数，此温度即为该试样的闪点。

（5）关闭电源，将油杯内的试样倒入废油回收烧杯中，用湿抹布给油杯和电炉降温，降到室温后再换上新鲜的试样，重复上述实验，并记录实验结果。

（6）每种试样各测两次，要求两次闪点误差不超过 2 ℃。

（二）SYD - 267 开口闪点测试仪步骤

（1）将内坩埚放入装有细砂的外坩埚中，使细砂表面距离内坩埚的口部边缘约 12 mm，并使内坩埚底部与外坩埚底部之间保持厚度为 5 ~ 8 mm 的砂层。

（2）将试样注入内坩埚中，对于闪点在 210 ℃ 和 210 ℃ 以下的试样，液面距离坩埚口部边缘为 12 mm（即内坩埚内的上刻度线处）；对于闪点在 210 ℃ 以上的试样，液面距离坩埚口部边缘为 18 mm（即内坩埚内的下刻度线处）。注意：首先把坩埚平放在实验台上，然后将药品倒入小烧杯中，再用小烧杯往坩埚里加试样，加到快与刻度线平齐时，改用滴管滴。

注试样时不应溅出,而且液面以上的坩埚壁不应沾有试样。

(3)将装好试样的坩埚平稳地放置在支架上的电炉上,再将温度计垂直固定在温度计夹上,并使温度计的水银球位于内坩埚中央,与坩埚底和试样液面的距离大致相等。

(4)打开可燃气阀门(注意阀门不宜开得过大),将点火器点燃(点火器的火焰长度为3~4 mm,不宜太长),点火器距离试样液面10~14 mm(即点火器与坩埚相切但不摩擦)。接通闪点测定仪的加热电源进行加热升温,使试样温度逐渐升高。当试样温度达到预计闪点前60 ℃时,调整加热速度,试样温度达到预计闪点前40 ℃时,严格控制升温速度为每分钟升高(4±1) ℃(即控制电流为1 A)。当试样温度达到预计闪点前10 ℃时,开始扫描点火,点火器从坩埚的一边移至另一边的时间为2~3 s,试样每升高2 ℃重复一次点火试验。

(5)当在液面上方观察到一闪即灭的蓝色火焰时,记录温度计的读数,此温度即为该试样的闪点。

(6)关闭电源,用坩埚钳取出内坩埚和外坩埚,将内坩埚中的试样倒入废油回收烧杯,将外坩埚内的热砂倒出,换取冷的坩埚和冷砂,换上新鲜的试样,重复上述实验,并记录实验结果。

(7)每种试样各测两次,要求两次闪点误差不超过2 ℃。

(三)SYD-3536开口闪点测试仪步骤

(1)打开电源开关,指示灯亮,随后可以进行实验操作。

(2)将试样注入克利夫兰油杯,加到与刻度线平齐,方法同上。

(3)把油杯放在电炉上,调节好点火装置和温度计的高度,以及火焰的大小,根据标准的规定调节电位器,即调节升温速度,随后就可以进行点火试验。

(4)在达到预计闪点前56 ℃时,仪器加热速度控制在14~17 ℃/min范围内;到预计闪点前28 ℃时,加热速度控制在5~6 ℃/min范围内,同时温度每升高2 ℃,用点火器开始尝试点火,如未出现闪点现象,则每升温2 ℃后,再次用点火器点火。每次点火持续时间约为1 s。

(5)在油面上任何一点出现闪火时,记录温度计上的温度作为闪点。

(6)实验结束后,做好清洁工作,并应切断电源。

(7)每种试样各测两次,要求两次闪点误差不超过2 ℃。

六、实验数据记录

将实验数据填入表7-2~表7-4中,并计算平均结果。

(1)SYD-261闭口杯闪点测定仪数据记录表格见表7-2。

表7-2　SYD-261闭口杯闪点测定仪数据记录表格　　　(单位:℃)

| 物质 | 闪点 | | |
名称	第　一　次	第　二　次	平　均　结　果

(2)SYD-267开口杯闪点测定仪数据记录表格见表7-3。

表 7-3　SYD－267 开口杯闪点测定仪数据记录表格　　　　　　（单位:℃）

物质名称	闪点		
	第 一 次	第 二 次	平 均 结 果

（3）YD－3536 开口杯闪点测定仪数据记录表格见表 7-4。

表 7-4　YD－3536 开口杯闪点测定仪数据记录表格　　　　　　（单位:℃）

物质名称	闪点		
	第 一 次	第 二 次	平 均 结 果

七、思考题

（1）影响闪点测定值的因素有哪些?

（2）为什么实验用油每次都要取新鲜的油液? 坩埚内的油能不能连续使用?

（3）闪点的估算方法有哪些?

（4）对于同一种油品,分别用开口和闭口测定方法测得的闪点有何区别,说明原因。

（5）对于特定油品,第一次进行开口或闭口闪点测定后,待油品冷却至室温,再次重复用第一次测定方法试验,测得的闪点与第一次测定所得的闪点值有何区别,说明原因。

实验二　水煤浆滴的燃烧实验

一、水煤浆应用背景

石油资源的紧缺使我国相当一部分燃油炉的燃料供应发生困难。由于水煤浆与液体燃料在许多方面有相似之处,以水煤浆代替液体燃料的研究得到广泛的重视,取得了很大的进展。它是在煤粉中加入一定比例的水和少量表面活性剂制成的水煤浆,它有许多特点。它可以像石油一样用管道输送,只需改动燃油炉的某些部件,如有水煤浆喷嘴就可在油炉中燃烧。由于含有水分,燃炉中火焰温度较低,保护了热部件,同时降低了污染等。近十年来,有关水煤浆燃烧的工业性实验和基础研究取得了一批重要成果,使人们对这种代用燃料的特性有了一定的认识。

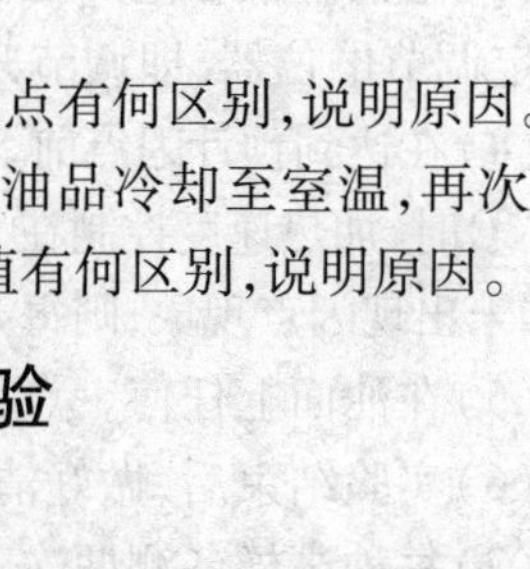

毕竟水煤浆是一种两相非牛顿流体,与纯液体燃料有区别。目前的研究成果表明,水煤浆滴的燃烧过程大致可以分为以下四个阶段(见图 7-1):

（1）煤浆滴的加热（OA）。这一阶段浆滴温度上升,水分也同时蒸发。

（2）水分蒸发（AB）。浆滴温度上升到 A 点后,水分继

图 7-1　水煤降滴燃烧特性曲线

续蒸发,但温度保持不变,这时浆滴温度为水的饱和温度,即液体蒸发时的湿球温度。

（3）煤粒挥发组分析出并燃烧（BD）。水分蒸发后煤浆滴呈多孔状干球,温度继续上升;先是挥发组分析出,达到一定温度后开始着火（C 点）,温度继续上升,直到挥发组分燃尽（D 点）。

（4）固体炭的着火和燃烧（DE）。挥发组分燃尽时,炭粒温度已经相当高,足以使固定炭着火,温度急剧上升,然后有较长的稳定燃烧过程,直至固定炭燃尽（E 点）。E 点以后出现熄火现象,浆滴温度迅速下降。从 O 点到 E 点所需的时间即为水煤浆滴的燃尽时间。

二、实验原理

实验采用人工黑体作热环境,将水煤浆滴挂在热电偶上,记录浆滴初始直径,并描绘出燃烧过程中浆滴温度随时间的变化曲线,由此计算浆滴的燃尽时间。

三、实验设备与燃料

水煤浆滴燃烧试验装置,镍铬－镍硅热电偶,数字温度表,水煤浆。

四、实验步骤

（1）配置水煤浆。

（2）接通电路,检查各仪器工作是否正常。

（3）将镍铬－镍硅热电偶放入电加热炉内,使热电偶丝结点基本位于炉子中心,启动加热,观察数字温度表上显示的温度,等温度达到 650 ℃时,停止加热。

（4）将测炉温的热电偶取下,换上挂好水煤浆滴的热电偶,估计浆滴的直径并记录,小心地将水煤浆滴放入炉子中心处燃烧（注:每隔 3 s 记录一次温度,直至燃烧完毕）。温度记录在达到燃烧最高温度后下降 100 ℃结束。

注:水煤浆滴一进入炉膛就应开始记录温度,否则将错过水分加热及蒸发阶段。

（5）从炉子下面的镜子中可以观察到水煤浆滴在炉内的燃烧情况,记录浆滴出现红点和整体通红时的温度,分别为挥发组分燃烧和固定碳燃烧的温度。

（6）燃烧完毕后,将热电偶移出炉子,用小镊子轻轻地将灰渣夹出。必须特别仔细,以免损坏热电偶。

（7）换一个浆滴直径,重复（3）～（6）操作。

（8）清理现场。

五、实验数据处理

绘出水煤浆滴的燃烧特性曲线,即温度－时间曲线,分析燃烧过程的各个阶段。

第八章 可燃粉尘实验理论与技术

第一节 粉尘基础知识

一、粉尘的概念

粉尘是指粉碎到一定细度的固体粒子的集合体。无论是作为生产过程中出现的伴随现象，还是作为所需要的最终成品，凡是呈细粉状态的固体物质，均称之为粉尘。在美国，通常把通过 $40^{\#}$ 美国标准筛的细颗粒固体物质叫做粉尘。若为球形颗粒，则粒子直径应为 425 μm 以下。一般认为，只有粒径低于此值的粉尘才能参与爆炸快速反应。但此粉尘定义与通常煤矿中使用的定义不同。在煤矿中，把粉尘定义为通过 $20^{\#}$ 标准筛（粒径小于 850 μm）的固体粒子。

二、粉尘的特性

（一）粉尘的密度

粉尘的密度分为真密度和容积密度两种。自然堆积状态下的粉尘在颗粒之间以及颗粒内部存在空隙，此状态下单位体积的粉尘质量称为粉尘的容积密度。在密实无空隙状态下单位体积粉尘的质量称为粉尘的真密度。在研究单个尘粒的受力和在气流中的运动时应用真密度，在设计计算除尘器灰斗和中间料仓时应用容积密度。

（二）粉尘的粒度

任何物质都是由大大小小的粒子组成的，粒度是粉尘爆炸中一个很重要的参数。不同的粉尘，粒度不同。粉尘的粒度就是粉尘颗粒的大小，用粉尘横断面的直径（叫做粒径）来表示，常用毫米或微米为度量单位。按照粉尘的可见程度和沉降状况可把粉尘分为三类：第一类是粒度大于 10 μm 的粉尘，在强光下肉眼可以看见，在静止空气中加速沉降；第二类是粒度在 0.1 ~ 10 μm 的粉尘，要在显微镜下才能看见，在静止空气中等速沉降；第三类是粒度小于 0.1 μm 的粉尘，只能在超显微镜下才能看见，在空气中不会沉降而长期悬浮。在矿井下照明度很差的情况下，有时 100 μm 的尘粒用肉眼也难以看见。井下空气中的大量呼吸性粉尘容易被人们所忽视，因而必须及时用仪器测定它们的浓度，以便采取有效的防尘措施。

细微的粉尘由于粒度小、重量轻，在它的周围还吸附了一层空气薄膜，能够阻碍尘粒相互凝聚，因此在空气中不易沉降下来，这叫做粉尘的悬浮性。粒度大、比重大的粉尘比较容易沉降。粒度大于 10 μm 的尘粒大都可以较快地降落；粒度等于 10 μm 的尘粒半小时后仍有一部分没有降落；粒度等于 1 μm 的尘粒在一天之内也降落不下来。井下沉积煤尘多属于 10 μm 或粒度更大的粉尘。

粉尘粒度是粉尘爆炸中一个很重要的参数，是一个统计的概念。因为粉尘是无数个粒子的集合体，是由不同尺寸的粒子级配而成的。若不考虑粒子的形状，也无法确定粒子尺寸。对不规则形状粒子的粒度,是通过试验来确定粒度数据。先测定单位体积中的粉尘粒子数,再称量其质量,就可以确定平均粒子尺寸。

(三)粉尘的表面积

粉尘的表面积主要取决于粉尘的粒度。同一体积的物体,粒度越小,表面积越大。粉尘的表面积比同质量的整块固体的表面积可大好几个数量级。表面积的增加,意味着材料与空气的接触面积增大,这就加速了固体与氧的反应,增加了粉尘的化学活性,使粉尘点火后燃烧更快。

单位质量粉尘的表面积值称为比表面积,大部分工业粉尘的比表面积为 $10^3 \sim 10^4$ cm^2/g,粉尘的物化活性与比表面积有密切关系。

(四)粉尘的自燃性和爆炸性

随着粉尘比表面积增加,系统中粉尘的自由表面能也随之增加,从而提高了粉尘的化学活性,尤其提高了氧化产热的能力,在一定的条件下会燃烧。粉尘自燃是由于放热反应时散热速度超过系统的排热速度,氧化反应自动加速造成的。

在封闭空间内可燃性悬浮粉尘的燃烧会导致爆炸,粉尘爆炸是指可燃物质呈粉末状或雾状而飞散在空气中遇火源发生的爆炸。通常把这种状态的粉尘称为爆炸性粉尘。比如空气中飞散的煤粉(碳尘)、硫磺粉、木粉、小麦粉、合成树脂粉(聚乙烯粉)、铝粉、镁粉、钙硅粉以及钛粉等,都属于爆炸性粉尘。实验可知,当把可燃粉尘静静地收集到容器中或堆积在平台上时,着火源只能使其点着火,但不能引起爆炸。只有可燃粉尘在空气中飞扬而达到适当浓度,形成一种空气溶胶状态时才可能发生粉尘爆炸。爆炸只在一定浓度范围内才能发生,这一浓度称为爆炸的浓度极限,它又有上下限之分,前者是指粉尘能发生爆炸的最高浓度,后者则是指能发生爆炸的最低浓度。处于上下限浓度之间的粉尘都属于有爆炸危险的粉尘,在此限度之外的粉尘都是属于安全的。

(五)粉尘的吸附性和活性

任何物质的表面都能把其他物质吸向自身,这种现象称为吸附作用。由于粉尘的粒度小,表面积大,因此它的吸附作用也大。如果粉尘本身具有化学活性,可以想象在粉尘表面将会发生化学反应。粉尘化学活性越高,反应越激烈。

(六)带电性

悬浮在空气中的尘粒因摩擦、碰撞和吸附气态离子等作用而带有一定的电荷。带电量的多少与尘粒的表面积和含湿量有关。同样温度下,表面积大、含湿量小的尘粒带电量大;表面积小、含湿量大的尘粒带电量小。

(七)可湿性

粉尘是否易于被水(或其他液体)湿润的性质称为可湿性,也称湿润性或亲水性。根据粉尘可湿性的不同,可分为亲水性粉尘和疏水性粉尘。亲水性粉尘(如泥土、石灰粉)与液体相遇时易被湿润而不易被气流带走,因此有利于气固分离,宜采用湿式除尘器;疏水性粉尘不宜采用湿式除尘器。

(八)粉尘的动力稳定性

粒子始终保持分散状态而不向下沉积的稳定性称为动力稳定性。悬浮在空间的粉尘云是一个不断运动的集合体。粉尘受重力的影响,会发生沉降,沉降的速度与粒度有一定的关系。而粒子间相互碰撞的布朗运动又阻止它们向下沉降,即抵消粒子的沉降。

（九）自然休止角

粉尘从漏斗连续掉落到水平板上，自然堆积成圆锥体，圆锥体的母线与水平面之间的夹角称为粉尘的自然休止角，简称休止角，或安置角。休止角愈大，说明此粉尘的流动性愈差。

三、粉尘的分类

（一）按性质划分

按粉尘的性质的不同，可将其划分为无机粉尘、有机粉尘和混合性粉尘。

1. 无机粉尘

（1）矿物性粉尘，如石英、石棉、滑石、煤、石墨、岩石等；

（2）金属类无机粉尘，如铁、铝、锡、铜、铅、锌、锰、稀土等；

（3）人工无机粉尘，如水泥、人造金刚石、陶瓷、玻璃、合金材料等。

2. 有机粉尘

（1）动物性粉尘，如毛、羽、丝、骨质等；

（2）植物性粉尘，如棉、麻、谷物、枯草、蔗渣、木、茶、花粉等；

（3）人工有机性粉尘，如炸药、有机染料等粉尘。

3. 混合性粉尘

上述各类粉尘混合存在，这类粉尘是生产环境中最为常见的。要判断混合性粉尘对人体危害性的大小，必须先查明其化学成分及所占的比重，取其危害程度大的、占比重大的粉尘为主要危害物。

（二）按粒子的大小及光学特性划分

按粉尘粒子的大小及光学特性，可将其分为可见粉尘、显微镜粉尘和超显微镜粉尘。

（1）可见粉尘：是指粒径大于 10 μm、肉眼可见的粉尘。该类粉尘在静止空气中呈加速沉降、不扩散状态。

（2）显微镜粉尘：是指粒径为 10 ~ 0.25 μm，用光学显微镜可见的粉尘。该类粉尘在静止空气中符合斯托克斯（STOKES）法则，呈等速降落、不易扩散状态。

（3）超显微镜粉尘：是指粒径小于 0.25 μm、在电镜下可见的粉尘。该类粉尘在静止空气中呈几乎不降落，很易扩散的状态。

（三）按堆积状态划分

按堆积状态可分为粉尘云（悬浮粉尘）和粉尘层（沉积粉尘）两类。在生产场所，大量存在的是沉积粉尘。

（1）粉尘云是指悬浮在空间的呈运动状态的粉尘。

（2）粉尘层是指堆积在物体表面上的呈静止状态的粉尘，也指降落在墙上、天花板上或附着在其他物体表面上的粉尘。

（四）在爆炸研究中的分类

在粉尘爆炸研究中，常把粉尘分为可燃粉尘和不可燃粉尘（或惰性粉尘）两类。

（1）可燃粉尘是指与空气中氧反应能放热的粉尘。一般有机物都含有碳、氢元素，它们与空气中的氧反应都能燃烧；许多金属粉尘可与氧反应生成氧化物，并放出大量的热，这些都是可燃粉尘。

根据可燃粉尘的爆炸特性，又可将其分为两大类，即活性粉尘和非活性粉尘。其基本区别是:非活性粉尘是典型的燃料,本身不含氧,故只有分散在含氧的气体中(如空气)时才有可能发生爆炸;反之,活性粉尘本身含氧,故含氧气体并不是发生爆炸的必要条件,它在惰性气体中也可爆炸,因而在活性粉尘的浓度与爆炸特性的关系中表现出不存在浓度上限的情形。显而易见,火炸药和烟火剂粉尘属于活性粉尘,而其他粉尘,如金属、煤、粮食、塑料及纤维粉尘等属于非活性粉尘。

(2)不燃粉尘与氧不发生反应或不发生放热反应的粉尘统称为不可燃粉尘或惰性粉尘。

第二节 粉尘爆炸的条件与原因

一、粉尘爆炸的条件

通常情况下,堆积的粉尘是不会爆炸的。只有当粉尘悬浮在空气中,达到一定的比例浓度(各种可燃粉尘的爆炸极限,即体积百分比不同)时,遇到火源才有可能发生爆炸。总之,粉尘爆炸必须同时具备以下四个条件。

(一)粉尘本身具有燃烧性

我们在日常生活中可以看到这样一种现象:用火柴点燃不了铝块,而研磨成很微小的铝粉却可以被轻易地点燃。这是因为铝粉的表面积增大了很多,与空气的接触面也相对增大,从而被氧化的表面积也增大,吸附气体的能力很强,以至成为可燃粉尘,从量变达到了质变。黄沙和尘土的颗粒虽然也很微小,但由于它们本身不能够燃烧,因此不会发生粉尘爆炸。

(二)粉尘在空间里达到一定的比例浓度

能够爆炸的悬浮粉尘浓度,像可燃气体、蒸气与空气的混合物一样,有一定的浓度极限,即有一个爆炸浓度下限和一个爆炸浓度上限。气体爆炸常采用体积百分数(%)表示,而在粉尘爆炸中,粉尘粒子的体积在总体积中所占的比例极小,几乎可以忽略,所以一般都用单位体积中所含粉尘粒子的质量来表示,常用单位是 g/m^3 或 mg/L。

可燃粉尘在爆炸上限和爆炸下限的浓度范围内才具有爆炸性。在一定体积内,粉尘数量太少,则粒子相距太远,由反应产生的热量不足以引起爆炸;若粉尘数量太多,则氧气不足,也不易引起爆炸。研究表明,大多数粉尘的爆炸下限为 $20 \sim 60 \ g/m^3$,爆炸上限为 $2\,000 \sim 6\,000 \ g/m^3$。由于粉尘爆炸浓度上限太大,粉尘又具有一定的沉降性,以至于多数情况下都达不到。故粉尘的爆炸极限通常以爆炸浓度下限表示。爆炸浓度下限越低,越容易达到爆炸的浓度条件,即爆炸的危险性就越大。

当可燃粉尘浓度达到爆炸下限时,遇到明火才会发生爆炸。各类可燃粉尘的爆炸浓度下限是不同的,即使是同一类粉尘,由于其直径不同,爆炸下限也不一样。例如黄麻粉尘,在未经过筛分以前,其爆炸下限为 $70 \ g/m^3$;经过筛分,去掉粒径小于 $12.5 \ \mu m$ 的颗粒(主要是尘土),其爆炸下限降至 $50 \ g/m^3$。如果粉尘呈悬浮状态,不与空气混合达到爆炸浓度下限,即使用明火去点燃,也是不会发生爆炸的。

(三)有点火能量的着火源

粉尘爆炸所需的最小点火能量比气体爆炸大一两个数量级,大多数粉尘云最小点火能量在 $5 \sim 50 \ mJ$ 量级范围。粉尘云也是很容易点火的,人体所产生的静电火花能量就可能点燃一些粉尘云。在厂房、车间、仓库里，如果悬浮的可燃粉尘达到爆炸下限的浓度，遇到星星之火是极有可能引起爆炸的。所以，有粉尘存在的场所对火源的控制多是比较严格的。

(四)必须有充足的空气

当粉尘悬浮在空间时，每个微粒的表面都吸附着大量的空气。吸附了空气的粉尘，便形成了独立的燃料加氧系统，不仅在燃烧时发生比较剧烈的氧化反应，而且在爆炸时，又提供了在爆炸瞬间所必需的大量空气。实验证明，在没有空气的容器里，悬浮的可燃粉尘即使达到爆炸浓度极限范围，遇到着火源也不会引起爆炸。

二、粉尘爆炸的原因

(1)悬浮在空气中的粉尘，形成一个高度分散体系，该粉尘分散度较大，表面积增大，具有巨大的表面能，同时分散度的增加使粉尘粒子与空气中氧之间的界面增大，氧气的供给更加的充足，反应速度也大为加快。譬如，铝、锌、黄铁矿、木材、煤等物质，处于块状时不易燃烧，当成粉末状时就很容易燃烧甚至爆炸。这就是由于粉末状的物质表面积增大，化学活性提高，吸附氧的能力增大，从而加速了粉尘的氧化反应速度，最终导致燃烧或爆炸。

(2)分散度增加的粉尘，其导热性较差，热容减小，从而引起体系的局部变热，导致局部危险性的爆炸。同时分散度加大，增加了反应速度，释放出很大的热量，促使爆炸的蔓延。

(3)可燃粉尘受热后释放出挥发组分，产生气体，这样大量的可燃气体与空气混合会形成爆炸性混合物，增大了体系反应的程度，引发爆炸。

(4)可燃粉尘颗粒的化学组分大致是：含有44%的碳、29%的氧、6%的氢、1%的氮以及其他杂质。可燃粉尘的燃烧与其他可燃物质的燃烧过程一样，是个氧化过程，并放出热量。这种燃烧释放出来的热量，以热传导和热辐射的方式传递给周围悬浮着的粉尘或被吹扬起来的粉尘，引起新的燃烧，燃烧以极快的速度进行，温度迅速升高，局部压力急剧增加。该过程在特定的环境条件下，又反过来使燃烧变得更加剧烈，最终导致一次乃至连续数次的爆炸。

第三节　粉尘爆炸的过程、特点及影响因素

一、粉尘爆炸的过程

粉尘爆炸是粉尘粒子表面和氧分子作用的结果，是一个非常复杂的过程，受很多因素的影响。一般认为，粉尘爆炸经过以下三个发展过程。

(1)粉尘粒子表面通过热传导和热辐射，从点火源获得点火能量，使表面温度急剧升高，达到粉尘粒子的加速分解温度或蒸发温度，使粒子表面的分子形成粉尘蒸气或分解气体。

(2)粉尘蒸气或分解后的气体与空气混合形成爆炸性混合气体，遇火就能引起点火(气相点火)，引发燃烧，产生火焰。另外粉尘粒子本身从表面到内部，一直到达粒子中心点，相继发生熔融和汽化，迸发出微小的火花，成为周围未燃烧粉尘的点火源，使粉尘着火。

(3)燃烧产生的热量，更进一步促进粉尘的分解，不断地放出可燃气体和空气混合，而使火焰传播。另外，粉尘燃烧产生的热量从燃烧中心向外逐步传递，引起邻近的粉尘进一步燃烧。如此循环下去，反应速度不断加快，最后引发爆炸。

从粉尘爆炸的过程可以看出，发生粉尘爆炸的粉尘粒子尽管很小，但与分子相比还是大

得多。另外,粉尘云中粒子的大小和形状不可能是完全一样的,粉尘的悬浮时间因粒子的大小与形状而异,因此能保持一定浓度的时间和范围是很难的。若条件都能够满足,则粉尘爆炸的威力是相当大的;但如果条件不成立,则爆炸威力就很小,甚至不引爆。

二、粉尘爆炸的特点

粉尘爆炸与气体爆炸实质相同,形式相似。两者均是在点火源引发下,产生燃烧区,以燃烧反应释放的热量维持燃烧区的温度。当燃烧区的温度使其达到自燃点以上时,连锁反应得以建立,燃烧区不断扩大而形成爆炸;若热量不足,燃烧区难以维持而熄灭,不会引起爆炸。粉尘爆炸中使粉尘粒子表面温度上升的原因,主要是热辐射的作用,而气体燃烧热的供给主要靠热传导作用。与气体爆炸相比粉尘爆炸有以下特点:

(1)空气中必须有足够的悬浮粉尘才有可能发生爆炸,而粉尘飞扬与颗粒大小及气体扰动速度有关。只有直径小于 10 μm 的颗粒才能在运动的气流中长时间悬浮形成爆炸粉尘。

(2)引爆需要的能量大,达到 10 mJ 以上,为气体引爆能量的近百倍。

(3)粉尘爆炸过程复杂,感应期(接触火源到完成化学反应的时间)长,达数十秒,为气体的数十倍。

(4)燃烧速度或爆炸压力上升速度比气体爆炸要小,但燃烧时间长,产生的能量大,所以破坏和焚烧程度大。

(5)发生爆炸时,有燃烧粒子飞出,如果飞到可燃物或人体上,会使可燃物局部严重碳化或人体严重烧伤。

(6)由于伴随着不完全燃烧,粉尘爆炸可能会产生大量的 CO 和另一种爆炸物质(如塑料等)自身分解产生的毒性气体。

三、粉尘爆炸的影响因素

由于粉尘爆炸比可燃气体爆炸要复杂,影响因素也较多,总的可分为粉尘自身性质和外部条件两大方面的影响。

(一)影响粉尘爆炸的自身因素

1. 粉尘粒径

粉尘的表面吸附空气中的氧分子,颗粒越细,吸附氧分子的能力越强,越易发生爆炸。而且,粉尘的粒径越小,其发火点越低,爆炸下限也越低。另外,随着粉尘粒径的减小,化学活性增加,而且还容易带上静电。所以,一般来说,粉尘粒径越小,爆炸危险性越大。但这种发展趋势并不是无限制地持续下去的。对于煤粉和有机粉尘,它们的分解总是发生在燃烧之前,因而存在着一个临界粒径,当粉尘粒径小于这一临界粒径时,粉尘云的燃烧速度不再增加。

2. 粉尘的化学性质

燃烧热越大的物质,越容易引起爆炸,如煤尘、碳、硫等;氧化速度越大的物质,越易引起爆炸,如镁等;越容易带电的粉尘,越易引起爆炸。另外,粉尘爆炸还与其所含挥发物有关。

3. 粉尘的浓度

在粉尘爆炸浓度范围内,不管是最小点火能还是爆炸速率都不是常数。

4. 粉尘的比表面积

粉尘的比表面积越大,粉尘粒子与空气中氧分子的接触面积越大,氧气的供给越充足,反应速度越快。同时,比表面积增大,粉尘的化学活性增加,吸附氧分子的能力增加,加速了粉尘的氧化反应。

(二)影响粉尘爆炸的外部因素

1.粉尘湿度的影响

粉尘的湿度增大,会使粉尘的凝聚沉降程度增大,粉尘浓度降低,同时有利于粉尘静电的消除;水分蒸发产生的蒸气占据一定的空间,稀释了氧含量,降低了粉尘的燃烧速度,同时水分蒸发吸收大量的热量,从而破坏化学反应的进行。

2.含氧量

粉尘爆炸强度和点火敏感度随气体含氧量的降低而降低。而且随着含氧量的降低,粉尘爆炸极限也变窄了,尤其是上限变小的幅度更大,同时能够发生爆炸的粉尘颗粒尺寸也增大了几倍。例如在纯氧环境中,粉尘爆炸浓度下限可降低到空气相应值的1/3,能够发生爆炸的粉尘颗粒尺寸则增加到空气中相应值的5倍。

3.可燃气体或蒸气的含量

当粉尘云与可燃气体或蒸气共存时,其爆炸浓度下限会相应地下降,使最小点燃能量也有所降低,大大增加了粉尘爆炸的危险性。

4.粉尘的初始温度

当温度升高,粉尘的爆炸浓度范围扩大,所需点燃能量降低,粉尘爆炸的危险性增加。

5.粉尘的初始压力

图8-1(a)说明了初始压力对粉尘最大爆炸压力的影响。从图中可以明显地看出,峰值压力与初始压力近似成正比,而且对应于峰值压力的粉尘浓度也近似与初始压力成正比。这也表明,一定存在着一个与初始压力无关的粉尘质量与空气质量的比值,使燃烧效率最高。

图8-1(b)是初始压力对粉尘最大爆炸压力上升速度的影响。从图中可以很明显地看出二者之间的线性关系。

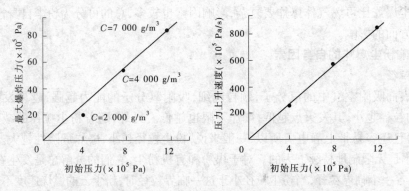

图8-1 初始压力对粉尘最大爆炸压力和压力上升速度的影响

6.湍流度

粉尘爆炸过程中的湍流可以分为两种情况:一种是初始湍流,由于形成粉尘的工业过程所产生的;另一种是由爆炸自身产生的,由于火焰阵面前的未燃粉尘云膨胀所引起的,这种湍流的强度取决于流动速度和系统的几何形状。

由于湍流的作用,加强了对流,热量迅速地从反应区被移走,因而,湍流粉尘的点火通常需要较高的能量。实验表明,粉尘的爆炸强度随初始湍流度的增加而迅速地降低。

7. 惰性粉尘和灰分的含量

惰性粉尘和灰分的吸热作用会影响粉尘的爆炸能力。譬如,煤粉中灰分含量达11%时,还会发生爆炸,但是当灰分达到15%～30%的时候就很难发生爆炸。目前煤矿中所采用的岩粉棚和撒岩粉,就是利用该原理防止煤粉爆炸的。

四、预防粉尘爆炸的措施

粉尘爆炸发生于瞬间,并会造成严重的后果。爆炸一旦发生,扑救是极其困难的,因此对粉尘爆炸必须贯彻以"预防为主"的方针。人们在经历了许多次的粉尘爆炸事故后,已逐步摸索出一套预防粉尘爆炸的措施,主要有下列几个方面。

(一)控制粉尘在空气中的浓度

这是最积极有效的治本措施。减少了粉尘的产生量,也就从根本上消除了发生粉尘爆炸的可能性。水对防止粉尘爆炸有良好的作用。例如,为减少悬浮着的煤粉尘,采煤时,先往煤层上注水,增加煤层的含水量,使其强度和脆性下降,可塑性增加,这样一来采掘时煤尘的产生量就会大大减少。在粉尘较多的地方,在生产允许的条件下,喷洒雾状水,粉尘会因吸附水分后黏结成颗粒,从而迅速沉降。在被研磨的物质中保持一定的水分,使可燃粉尘有一定的湿度,可避免粉尘悬浮。

(二)控制含氧浓度

如能降低空气中氧的浓度,也可大大减小爆炸的可能性。在空气中氧的浓度小于10%的情况下,许多有机物粉尘将不发生爆炸。研究表明,点火源不同,最大许可氧浓度值明显不同。故必要时可以向设备内冲入氮气等惰性气体,以冲淡氧气的含量。粉尘爆炸的惰性气体保护适用于密闭装置。此方法对于连续性生产或粉体的输送设备,密封比较困难。必须指出,在非密封的环境下,限制氧气量对防止粉尘爆炸虽然是有效的,但空气中氧气不足对工作人员的健康是有害的。因此,在没有采取有效的保健措施之前,不能采用减少氧气量的方法。而且,用 CO_2 或 N_2,充入空气也不能防止某些金属粉体的爆炸。

(三)控制室内湿度

粉尘爆炸通常发生在室内或容器内,如果能将其中的相对湿度提高到65%以上,可以减少粉尘飞扬,消除静电,避免爆炸。

(四)控制着火源

引起粉尘爆炸的着火源有明火、电加热、连续的电火花、大电流电弧、热辐射、冲击等。这些着火源在粉尘云内出现,爆炸则是难免的,因此排除着火源是防爆的有效措施。

发生粉尘爆炸后,为能有效地把爆炸控制在较小范围内,阻止其继续传播和发展,还可采取以下防范措施:在矿井巷道内设置岩粉棚,利用爆炸产生的冲击波将棚震翻,使不燃烧的岩粉在巷道内悬浮,大量吸收煤尘爆炸后产生的热量,并隔断火焰;还可以设置自动水幕、水带等,阻止爆炸延伸。

(五)安装防护装置

带粉尘的作业必须在防护体内进行,并且应装有性能良好的排气装置。对有粉尘爆炸危险的建筑物,均应考虑泄压面积,或修筑防爆墙;对凡有粉尘爆炸危险的设备,均应安装防爆闸门。防爆室及防爆容器要耐压,重要部位应设置泄气孔。

(六)控制设备表面最高温度

沉积在发热生产设备上的粉尘,往往会妨碍设备的正常散热,形成危险的引热高温。所以,为了防止引发粉尘爆炸,要严格控制设备表面的最高温度,及时清扫设备上的沉积粉尘。对机器要经常测温,防止摩擦生热。凡是容易有粉尘沉积的容器,要有降温措施。

第四节　粉尘云与粉尘层最低着火温度的测定实验

一、实验目的

(1)掌握粉尘云和粉尘层最低着火温度的测定方法;

(2)掌握如何判别粉尘是否已经着火以及如何确定最低着火温度,以巩固和加深对粉尘危险特性的学习和理解。

二、实验原理

粉尘是粉碎到一定细度的固体粒子的集合体,按状态可分成粉尘层和粉尘云两类。粉尘层(或层状粉尘)是指堆积在物体表面的静止状态的粉尘,而粉尘云(或云状粉尘)则指悬浮在空间的运动状态的粉尘。

粉尘云的燃烧是一个非常复杂的过程,受很多物理因素的影响。一般认为,粉尘云的燃烧经过以下发展过程。首先,粉尘粒子表面通过热传导和热辐射,从点源获得点火能量,使表面温度急剧升高,达到粉尘粒子的加速分解温度或蒸发温度,形成粉尘蒸气或分解气体。这种气体与空气混合后就能引起点火(气相点火)。接着,粉尘粒子本身从表面一直到内部(直到粒子中心点),相继发生熔融和汽化,迸发出微小的火花,成为周围未燃烧粉尘的点火源,使粉尘着火,从而扩大了火焰范围。

(一)粉尘云最低着火温度测定原理

基本原理:先将一定量的可燃粉尘装入储尘器,当炉温升至预计温度时开启电磁阀,由高压空气将粉尘吹入炉内;一旦粉尘点火成功,即可从炉下端敞口处观察到火焰和亮光,并将刚好不着火时的炉管内壁最低温度定义为粉尘云最低点火温度。

粉尘云点火温度测试装置包括三个系统:①加热系统(加热炉),所用到的仪器及组装配件主要为加热炉;②试验温度的调控和控制记录系统,所用到的仪器及组装配件为温度记录仪(PC机)、隔离变送器、温度控制器、热电偶;③压力喷尘系统,所用到的仪器及组装配件为空气瓶、电磁阀、玻璃弯头、玻璃储尘器及塑料软管等。

(1)加热系统(加热炉)。加热炉的加热石英管垂直安装,外壁绕有加热用的总电阻为13 Ω的电工合金丝,其下端开口,与大气相通,上端通过玻璃适配器与储尘器相连。中部与中下部分别装有热电偶,用以调控和记录试验温度。加热炉安装在一个支撑座上,以便从炉子下端观察粉尘的着火情况。在加热石英管下端应放一个镜子,以便观察加热石英管的内部情况。

(2)试验温度的调控和记录系统。安装在加热炉中下部的热电偶与温度控制仪相连,用以调控试验温度;安装在加热炉中部的热电偶与温度记录仪相连,用以记录试验温度。

(3)压力喷尘系统。压力喷尘系统由小型空气压缩机、储气罐(容积为500 mL)、U形管、电磁阀、储尘器组成。当电磁阀打开时,储气罐中的压缩空气将储尘器中的粉尘喷入加热炉中,形成粉尘云。电磁阀出口到储尘器的距离不得超过 500 m。

(二)粉尘层最低着火温度测定原理

测试原理:粉尘预先铺置于热表面上,温度控制仪控制热表面加热温度,粉尘被加热直至点燃,温度记录仪将温度变化过程记录下来。在本装置中热电偶按功能有热表面记录热电偶、热表面控制热电偶及粉尘层温度记录热电偶。

该装置包括两大系统:加热系统,其所包括的组件有 2 kW 电炉、热表面、金属环、控制及记录温度系统。

(1)热表面。热表面由直径不小于 200 mm、厚度不小于 20 mm 的圆形金属平板制成。平板由电加热器加热,并由安装在平板内靠近平板中心的热电偶控制温度。热表面控制热电偶的结点在平板表面下(1 ± 0.5)mm 处,并与平板保持良好的热接触。

热表面记录热电偶以相同方法安装在热表面控制热电偶附近,并与温度记录仪相连,用以记录试验过程中的平板温度。

(2)粉尘层热电偶。将铬铝或其他材料的热电偶细丝(直径 0.20 ~ 0.25 mm)跨过平板上空,且平行于热表面,其结点处于热表面上 2 ~ 3 mm 高的平板中心处,此热电偶与温度记录仪相连,以观察试验期间粉尘层的状态。

(3)温度测量元件。环境温度采用温度计测量。温度计距热表面不得超过 1 m。应防止热对流和热辐射的影响。

(4)金属环。直径方向上有两个豁口,粉尘层热电偶从豁口穿过。试验期间金属环应放在热表面上的适当位置,不得移动。

三、主要仪器与实验试剂

粉尘云最低着火温度测定装置、标称孔径为 75 μm 的金属丝网、通风橱、干燥器、电子天平、石松子粉、面粉、蒸发皿、药勺。

四、实验步骤及数据记录

(一)粉尘云最低着火温度的测定

1. 加热炉的安装

加热炉应安装在不受空气流动影响且能将粉尘和有毒气体抽出的罩子下面。

2. 加热炉的标定

(1)加热炉使用的热电偶应定期进行标定。

(2)加热炉安装完毕后,应采用石松子粉进行标定。所测得的最低着火温度为:(450 ± 50)℃。标定用的石松子粉在常压、50 ℃的温度下干燥 24 h,石松子粉的中位径为(30 ± 5)μm。

3. 最低着火温度的测定

(1)称量 0.1 g 的粉尘装入储尘器中。

(2)将加热炉温度调到 500 ℃。

(3)将储气罐气压调到 10 kPa。

(4)打开电磁阀,将粉尘喷入加热炉内。如果未出现着火,则以 50 ℃的步长升高加热炉温度,重新装入相同质量的粉尘进行试验,直至出现着火,或直到加热炉温度达到1 000 ℃为止。

(5)一旦出现着火,则改变粉尘的质量和喷尘压力,直到出现剧烈的着火。然后,将这个粉尘质量和喷尘压力固定不变,以20 ℃的间隔降低加热炉的温度进行试验,直到10次试验均未出现着火。

(6)如果在300 ℃时仍出现着火,则以10 ℃的步长降低加热炉的温度。当试验到未出现着火时,再取下一个温度值,将粉尘质量和喷尘压力分别采用较低和较高一级的规定值进行试验。如有必要,可进一步降低加热炉温度,直到10次试验均未出现着火。

4. 粉尘质量和喷尘压力的规定值

(1)粉尘的质量。试验时,粉尘的质量应从下述值中选取,允许偏差为±5%:0.01 g、0.02 g、0.03 g、0.05 g、0.10 g、0.20 g、0.30 g、0.50 g、1.00 g。

(2)喷尘压力。试验时,喷尘压力应从下述值中选取,允许偏差为±5%:2.0 kPa、3.0 kPa、5.0 kPa、10 kPa、20 kPa、30 kPa、50 kPa。

5. 着火的判别

试验时,在加热炉管下端若有火焰喷出或火焰滞后喷出,则判为着火;若只有火星而没有火焰,则判为未着火。

6. 最低着火温度的确定

按上述方法所测得的粉尘出现着火时,加热炉的最低温度,若高于300 ℃,则应减去20 ℃;若等于或低于300 ℃,则应减去10 ℃,即为粉尘云最低着火温度。

如果在加热炉的温度达到1 000 ℃时,粉尘仍未出现着火,则应在实验报告中加以说明。

(二)粉尘层最低着火温度的测定

1. 安全准备

(1)必须采取措施确保人员安全和健康,防止火灾和吸入有毒有害气体。

(2)当怀疑某种粉尘具有爆炸性时,可将少量该粉尘放置于温度为400 ℃或更高的热表面上加以证实。操作者应与热表面保持一定的安全距离。

2. 粉尘层的制作

制作粉尘层时,不能用力压粉尘。粉尘充满金属环后,应采用一平直的刮板沿着金属环的上沿刮平并清除多余粉尘。

对于每种粉尘,应将粉尘层按上述方法制作在一张已知质量的纸上,然后称出其质量。粉尘层的密度等于粉尘层的质量除以金属环的内容积,并将其记入试验报告。

3. 测定

(1)试验装置应位于不受气流影响的环境中,环境温度保持在15~35 ℃范围内。宜设置一个抽风罩,吸收试验过程中的烟雾和水蒸气。为了测定给定厚度的粉尘层最低着火温度,每次应采用新鲜的粉尘层进行试验。

(2)将热表面的温度调节到预定值,并使其稳定在一定范围内,然后将一定高度的金属环放置于热表面的中心处,再在2 min内将粉尘填满金属环内,并刮平,温度记录仪随之开始工作。

(3)试验一直进行到观察到着火或温度记录仪证实已着火为止;或发生自燃,但未着火,粉尘层温度已降到低于热表面温度的稳定值,试验也应停止。

（4）如果 30 min 或更长时间内无明显自燃,试验应停止,然后更换粉尘层升温进行试验,如果发生着火,更换粉尘层,降温进行试验。试验直到找到最低着火温度为止。

（5）最高未着火的温度低于最低着火温度,其差值不应超过 10 ℃。验证试验至少进行 3 次。

（6）如果在热表面温度为 400 ℃时,粉尘层仍未着火,试验结束。

4. 着火的判别

除非能证明这个反应没有成为有焰或无焰燃烧,下列过程都视为着火:

（1）能观察到粉尘有焰燃烧或无焰燃烧;

（2）温度达到 450 ℃;

（3）高出热表面温度 250 ℃。

注意:当热表面的温度足够高时,由于粉尘层的自燃,粉尘层的温度可以缓慢上升并超过热表面温度,然后逐渐下降到低于热表面温度的稳定值。

5. 最低着火温度的确定

把测得的最低着火温度降至最近的 10 ℃的整数倍数值,并记入试验报告。

从粉尘层放置完毕开始,测量粉尘层着火或未着火而达到最高温度的时间,该时间单位为 min,修约间隔为 2,修约后将该时间记入试验报告。

如果热表面温度低于 400 ℃,粉尘层未着火,试验的最长持续时间也应记入试验报告。如果热表面温度与测得的最低着火温度相差超过 ±20 ℃,该次试验不必记入试验报告。

粉尘层厚度 （mm）	热表面温度 （℃）	试验结果	着火时间或未着火时温度达到 最大值的时间（min）

注:记录是按热表面温度递减的次序,而不是按实验的先后次序。

五、思考题

（1）影响粉尘云和粉尘层最低着火温度测定结果的因素是什么?

（2）如何判断实验过程中的粉尘是否着火?

第九章 综合实验部分

实验一 燃烧热的测定

一、实验目的

(1)用恒温式热量计测定给定样品的燃烧焓;

(2)明确燃烧焓的定义,了解恒压燃烧热(Q_P)与恒容燃烧热(Q_V)的差别;

(3)了解恒温式热量计中主要部分的作用,掌握恒温式热量计的实验技术;

(4)学会雷诺图解法,校正温度改变值。

二、实验原理

燃烧焓是指 1 mol 物质在等温、等压下与氧进行完全氧化反应时的焓变,是热化学中的重要数据。一般化学反应的热效应,往往因为反应太慢或反应不完全,不是不能直接测定,就是测不准。但是,通过盖斯定律可用燃烧热数据间接求算。因此,燃烧热广泛地用于各种热化学测量。测量燃烧热原理是能量守恒定律,样品完全燃烧放出的能量使量热计本身及其周围介质(本实验用水)温度升高,测量了介质燃烧前后温度的变化,就可计算该样品的恒容燃烧热。许多物质的燃烧热和反应热已经测定。本实验燃烧热是在恒容情况下测定的。

由上述燃烧焓的定义可知,在非体积功为零的情况下,物质的燃烧焓常以物质燃烧时的热效应(燃烧热)来表示。因此,测定物质的燃烧焓实际上就是测定物质在等温、等压下的燃烧热。

量热法是热力学实验的一个基本方法。测定燃烧热可以在等容条件下,亦可以在等压条件下进行。等压燃烧热(Q_P)与等容燃烧热(Q_V)之间的关系为

$$Q_P = Q_V + \Delta nRT \qquad (9-1)$$

式中:Δn 为反应前后物质摩尔质量的变化量,mol;R 为气体反应常数,取 8.31×10^7;T 为反应的绝对温度,K。

测量原理是能量守恒定律,样品完全燃烧放出的能量使热量计本身及其周围介质(本实验用水)温度升高,测量了介质燃烧前后温度的变化,就可以求算该样品的恒容燃烧热。其关系为

$$Q_V = -C_V \Delta T \qquad (9-2)$$

上式中负号是指系统放出热量,放热时系统的内能降低,C_V 是物质的定容比热,ΔT 是反应前后的温度差,二者均为正值。

三、实验仪器与药品

(1)SHR – 15 氧弹式量热计;

(2)SWC – II_D 精密温度温差仪;

（3）氧气钢瓶；

（4）压片机；

（5）镍丝、给定样品、苯甲酸。

SHR－15型燃烧测定仪装置连接见图9-1。

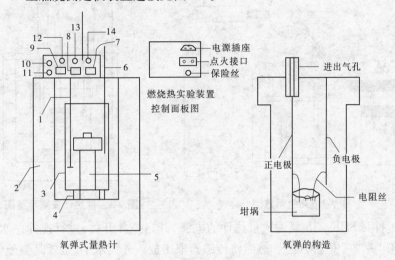

1—搅动棒；2—外筒；3—内筒；4—垫脚；5—氧弹；6—传感器；

7—点火按钮；8—电源开关；9—搅拌开关；10—点火输出负极；

11—点火输出正极；12—搅拌指示灯；13—电源指示灯；14—点火指示灯

图9-1　SHR－15型燃烧测定仪装置连接图

四、实验步骤

（一）水当量的测定

（1）压片：用天平称0.8 g左右的苯甲酸，在压片机中压成片状（不能压太紧，太紧点火后不能充分燃烧）。

（2）装样料：把氧弹的弹头放在弹头架上，将压制成片的苯甲酸放入坩埚内，把坩埚放在燃烧架上。测量燃烧丝长度，然后将燃烧丝两端分别固定在弹头中的两根电极上，中部贴紧样品（燃烧丝与坩埚壁不能相碰）。在弹杯中注入10 mL水，把弹头放入弹杯中，用力拧紧。

（3）充氧：使用高压钢瓶必须严格遵守操作规则。开始时先充入少量氧气（约0.5 MPa），然后开启出口，借以赶出其中空气；再充入约2 MPa的氧气。充氧器导管和阀门2的出气管相连，先打开阀门1（逆时针旋开），再渐渐打开阀门2，将氧弹放在充氧器上，弹头与充氧口相对，压下充氧器手柄，待充氧器上表压指示稳定后，即可松开，充气完毕（见图9-2）。

（4）调节水温：将量热计外筒内注满水，缓慢搅动。打开精密温度温差仪的电源，并将其传感器插入外筒水中，测其温度。如果温度偏高或相平，则加冰调节水温，使其低于外筒水温1 ℃左右。用容量瓶精确量取3 000 mL已调好的自来水注入内筒，水面刚好盖过氧弹。若氧弹有气泡逸出，说明氧弹漏气，查找原因并排除。将电极插头插在氧弹两极上，电极线嵌入桶盖的槽中，盖上盖子（注意：搅拌器不要与弹头相碰）。将两电极插入点火控制箱，同时将传感器插入内筒水中。量热计安装示意图见图9-3。

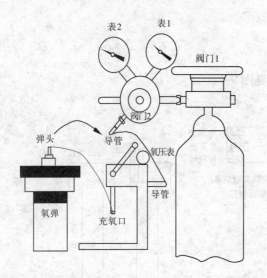
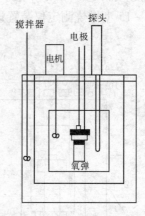

图 9-2　充气示意图　　　　　图 9-3　量热计安装示意图

（5）点火：打开 SHR - 15 氧弹式量热计的电源，开启搅拌开关，进行搅拌。水温基本稳定后，将温差仪"采零"并"锁定"。然后将传感器取出放入外筒水中，记录其温差值，再将传感器插入内筒水中。每隔 1 min 读温差值一次（精确至 ±0.002 ℃），直至连续 10 次水温有规律微小变化。设置蜂鸣 15 s 一次，拔下"点火"按钮，点火灯熄灭。杯内苯甲酸一经燃烧，水温很快上升，点火成功。每 15 s 记录一次，当温差变化至每分钟上升小于 0.002 ℃ 时，每隔 1 min 读一次温度，连续读 10 个点，实验结束。

注意：水温没有上升，说明点火失败，应关闭电源，取出氧弹，放出氧气，仔细检查加热丝及连接线，查找原因并排除。

（6）实验观察：实验停止后，关闭电源，将传感器放入外筒。取出氧弹，放出氧弹内的余气。旋下氧弹盖，测量燃烧后残丝长度并检查苯甲酸的燃烧情况。苯甲酸没完全燃烧，实验失败，须重做；反之，说明实验成功。

（7）数据处理：根据实验结果，做出雷诺校正图，求出温差 ΔT，然后据此温差求出实验条件下的水当量 K。

（二）样品燃烧热的测定

（1）称取 0.6 g 左右的实验样品，同法进行上述实验操作一次。

（2）根据测量数据，求做实验样品的雷诺校正图，根据此温差和"（一）水当量的测定"所求得的水当量 K，求出样品物质的燃烧热 Q_V。

五、实验注意事项

（1）待测样品需干燥，受潮样品不易燃烧且称量有误。

（2）注意压片的紧实程度，太紧不易燃烧，太松容易裂碎。

（3）热丝应紧贴样品，点火后样品才能充分燃烧。

（4）点火后，温度急速上升，说明点火成功。若温度不变或有微小变化，说明点火没有成功或样品没充分燃烧。应检查原因并排除故障。

（5）精密温度温差仪"采零"或正式测量后必须按"锁定"按钮。

六、实验数据记录

(一)苯甲酸水当量测定数据

苯甲酸水当量测定数据见表9-1。

表9-1 苯甲酸水当量测定数据

燃烧丝长度：　　　　　　残丝长度：　　　　　　苯甲酸重：

外筒水温：　　　　　　　基温选择：　　　　　　室温：

序号	点火前温度读数 （时间间隔（s））	燃烧期温度读数 （时间间隔（s））	后期温度读数 （时间间隔（s））
1			
2			
3			
4			
5			
6			
7			
8			
9			
10			
⋮			

(二)实验样品数据记录

记录表格格式同表9-1。

(三)数据处理

根据实验数据,求做雷诺校正图,求取相应温差,并以此为基础,求出苯甲酸的水当量或实验样品的水当量。

八、思考题

1. 如何用萘的燃烧焓数据来计算萘的标准摩尔生成焓?

2. 样品压片时,压得太紧或太松会怎样?

3. 温差雷诺校正的意义是什么?

实验二　本生灯法层流火焰传播速度的测定

一、实验目的

(1)巩固火焰传播速度的概念,掌握本生灯法测量火焰传播速度的原理和方法;

(2)测定液化石油气的层流火焰传播速度;

(3)掌握不同燃料百分数下火焰传播速度的变化曲线。

二、实验原理

层流火焰传播速度是燃料燃烧的基本参数。测量火焰传播速度的方法很多。本试验装置是用动力法即本生灯法进行测定。

正常法向火焰传播速度定义为在垂直于层流火焰前沿面方向上火焰前沿面相对于未燃混合气的运动速度。在稳定的 Bensun 火焰中,内锥面是层流预混火焰前沿面。在此面上某一点 P 处,混合气流的法向分速度与未燃混合气流的运动速度即法向火焰传播速度相平衡,这样才能保持燃烧前沿面在法线方向上的燃烧速度(见图9-4),即

$$u_0 = u_s \sin\alpha \qquad (9\text{-}3)$$

式中:u_s 为混合气的流速,cm/s;α 为火焰锥角之半。

或

$$u_0 = 318 \frac{q_v}{r \sqrt{r^2 + h^2}} \qquad (9\text{-}4)$$

式中:q_v 为混合气的体积流量,L/s;h 为火焰内锥高度,cm;r 为喷口半径,cm。

火焰内锥高度 h 可由自制简易测高仪测出。

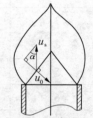

图9-4　火焰传播
速度测试原理

三、试验设备及燃料

(1)Ⅱ号长喷管加冷却水套。

(2)自制简易测高仪。

(3)燃料:液化石油气。

四、试验步骤

(1)调整自制简易测高仪,使测高仪的不锈钢箭头对准火焰内锥。

(2)其他准备工作与 Bensun 火焰及 Smithell 法火焰分离试验(此处略)相同。

(3)根据液化石油气火焰的稳定性曲线,预先估计制得各种混合比所需的空气和燃料流量,以避免燃料百分比过于接近而影响曲线的绘制。

(4)缓慢调节空气和燃气流量,当火焰稳定后,用测高仪测得火焰内锥高度。测量状况不少于6种,为减少测量误差,对每种情况最好测3次,然后取平均值。

五、数据处理

(1)根据理想气体状态方程式(等温),将燃气和空气测量流量换算成(当地大气压下)喷管内的流量值,然后计算出混合气的总流量,求出可燃混合气在管内的流速 u_s(Ⅱ号长喷管内径 10.0 mm),并求出燃气在混合气中的百分数。

(2)计算出火焰传播速度 u_0,将有关数据填入表9-2 内,以火焰传播速度为纵坐标,绘制火焰传播速度相对于燃气百分比的曲线。

表 9-2 本生灯法层流火焰传播速度的测定

喷管口面积：_____　　　　室温：_____

实验台号：_____　　　　当地大气压：_____

序号	燃气测量值		空气测量值		折算流量		总流量 q_v (mL/s)	燃气体积百分数	气流出口速度 u_s (cm/s)	火焰传播速度 u_0 (cm/s)	火焰高度 (mm)	
	压力 (kPa)	流量 (mL/h)	压力 (kPa)	流量 (mL/h)	燃气 (mL/h)	空气 (mL/h)						
1											1	
											2	
											3	
											平均	
2											1	
											2	
											3	
											平均	
3											1	
											2	
											3	
											平均	
4											1	
											2	
											3	
											平均	
5											1	
											2	
											3	
											平均	
6											1	
											2	
											3	
											平均	

六、思考题

（1）液化石油气的最大火焰传播速度是多少？对应的燃气百分数是多少？误差如何？

（2）应选定 Bensun 火焰的哪个面为火焰前沿面？为什么？

实验三　点着温度的测定

一、实验目的

（1）了解 DW－02 型点着温度测定仪的组成；

（2）掌握实验的基本原理；

（3）掌握 DW－02 型点着温度测定仪的使用方法及测定典型材料的点着温度。

二、实验原理

点着温度：在规定的实验条件下，从材料中分解放出的可燃气体，经外火焰点燃并燃烧一定时间的最低温度。点着温度可以用来对比各种材料在一定条件下的燃烧特性。

在实验室条件下，对粉碎过的试样进行加热，在不同的温度条件下，用外火焰进行点燃，观察火焰的持续燃烧，进而判断材料的点着温度。

三、实验装置

（一）主要仪器

实验使用 DW－02 型点着温度测定仪进行，其主要技术指标如下：

（1）炉温：150～450 ℃之间任意一点温度恒定不大于±2 ℃；

（2）试样粒度：0.5～1.0 mm；

（3）试样量：1 g；

（4）电源：（220±10%）V，50 Hz；

（5）温度波动：≤ ±1.5 ℃。

（二）仪器组成

1. 铝或铜锭炉和不锈钢容器

（1）一个圆柱形的炉锭，直径100 mm，高100 mm。接有测温元件及温控元件。

（2）炉锭附有电加热和恒温控制系统，使炉锭能在150～450 ℃任何温度上恒定，允许误差为±2 ℃。

（3）不锈钢容器为内径9 mm、高48 mm、壁厚1 mm 的圆筒，带有一个长10 mm、内径为1.5 mm 的喷嘴的盖子。

（4）盖、容器和炉锭的配合公差为±0.1 mm。

2. 其他设备

（1）点火器，内径为0.8 mm 左右的喷嘴。通过可燃气体，点燃后，当喷嘴向上时，其火焰高度为10～15 mm。

（2）测温装置。

（3）试样粉碎机械。

（4）秒表。

（5）夹盘药物天平，感量0.1 g。

（6）通风装置。

为了排除实验时产生的有毒烟气，实验要在通风橱内进行。但在实验过程中应关闭通风系统,以免影响实验结果。

(三)实验材料

实验材料选用 ABS 有机塑料。

四、试样制备

样品需粉碎、过筛,制成粒度为 0.5~1.0 mm 的试样。

注意:某些热塑性塑料粉碎时,可和固体 CO_2(干冰)混合,便于粉碎。

五、装置的调整

(1)将插头插入插座内,合上总电源,按下电源开关,指示灯即亮,然后拨动"升温←→降温"手柄(在炉体侧面),使其通风孔封闭。

(2)设定温度:把"设定/显示"按钮(绿色按钮)按下,然后旋转"温度调节"旋钮,看到温度值与设定温度值一致时,再按一下"设定/显示"按钮,则所看到的温度值是实际炉体当前的温度值,此时需要注意红色按钮应处于弹起状态。

(3)在所需温度恒温 5~10 min 后即可进行试验。

(4)试验结束时按"降温"按钮(红色按钮),拨动"升温←→降温"手柄进行降温,炉温降到常温下,工作人员方可离开试验场所。

六、实验步骤

(1)根据实验装置的调整步骤(1)~(3),将实验装置调整到要求的状态。

(2)把铜锭炉加热到预定温度,并使之恒温。

(3)将装有 1 g 试样的容器放入铜锭炉的孔中,盖上盖子(盖子预先放在铜锭炉顶上加热),并启动秒表计时。

(4)当观察到有蒸气挥发出时,将点火火焰置于盖的喷嘴上方 2 mm 外晃动,火焰长度 10~15 mm。如果在开始 5 min 内,喷嘴上没有连续 5 s 的火焰,则按"装置的调整"的要求,每次将炉温升高(或降低)5 ℃(或 10 ℃),用新的试样重新试验,直到测得喷嘴上出现连续 5 s 以上火焰时的最低温度为止,并记录此刻温度。

(5)每个预定的温度做三个试样,若有两个没有 5 s 以上的火焰,则将炉温升高 10 ℃,再做三个试样,如有两个出现 5 s 以上火焰的最低温度,将其修约到十位数,即为材料的点着温度。

(6)在热塑性塑料的测定中有发泡溢出时,可以将试样减少到 0.5 g,如果仍有溢出,则不能用本方法实验。

(7)按"装置的调整"的要求(步骤(4))对实验装置进行降温处理。

七、实验数据记录

试样	1	2	3
现象			
温度			

八、思考题

1. 实验中为什么应将实验装置的通风口关闭?
2. 在实验结束后,是否应该开启装置的通风口?
3. 点着温度与物质的燃点有何关系?

实验四　危险物质爆发点的测定

一、实验目的

(1)掌握危险物质爆发点的测定方法;
(2)掌握爆发点测定仪器的使用并测定典型危险物质的爆发点。

二、实验原理

危险物质往往在热的作用下发生燃烧、爆炸或分解,将危险物质在热作用下发生燃烧或爆炸的难易程度称为热感度。一定量的危险物质,从某一温度开始,以等速或匀速加热,就会有一个从开始受热到发火或爆炸的时间和温度,前者称为感应期或延滞期,后者称为爆发点。

在一定的温度范围内,爆发延滞期 τ 和温度 T 与其相应的爆发点呈指数曲线关系。其关系式为

$$\tau = C\exp\left(-\frac{E}{RT}\right) \tag{9-5}$$

或

$$\ln\tau = \ln C - \frac{E}{RT} \tag{9-6}$$

式中:E 为药剂发火反应活化能;R 为普适气体常数;C 为与药剂成分有关的常数。

危险物质在合金浴中被加热,当温度达到爆发点时,记录其时间和温度,就可以测得燃烧爆炸的爆发点温度及延滞时间,测定装置采用爆发点测定仪,仪器具有数字温度显示、温度自动控制和记时功能。

三、实验装置

爆发点测定仪由合金浴实验装置、控温仪、电子计时器三部分组成。

四、实验仪器与试剂

仪器:爆发点测定仪;电子天平、真空干燥箱、8#平底雷管壳、雷管壳夹、400 μm 孔径筛。
试剂:硝酸钾、硫磺、石蜡、萘、高锰酸钾、亚硝酸钠等。

五、实验步骤

(1)将电子计时器插头、热电偶电缆线插头、计时器电缆线插头、电源插头、加热器电源

插头插入相应的插座。

（2）根据试样的不同设定不同的试验温度,在控温状态下试验,即用合金浴加热并恒定于预定温度 T。

（3）将被测试的 20 mg 试样装入管壳并插在计时装置的接头上。

（4）揿动电子计时器的"Mode"按钮,置计时状态,或掀动"LAR/SET"按钮清零。在计时装置上的滑块按下后 K2 闭合,计时前计时按钮开关 K1 为闭合状态。

（5）转动手轮,放入试样,随即关断计时按钮开关 K1。

（6）当管壳内试样产生的气体将计时装置的滑块冲开时,计时停止。

（7）记录发火延滞期 τ。连续做不同恒温条件下 T_1、T_2、$\cdots$、T_n 所对应的延滞期 τ_1、τ_2、$\cdots$、τ_n 的实验,并记录。

六、数据处理要求

根据实验数据作 $T-\tau$、$\ln\tau - \dfrac{1}{T}$ 的关系图,由 $T-\tau$ 图上求得某延滞期的爆发点。

七、思考题

（1）热感度在工程技术方面有什么意义? 在生产安全方面的意义如何?

（2）爆发点测定中系统误差的影响因素如何? 爆发点为什么不是一个严格的数据?

（3）危险物质在热作用下的安全性、可靠性与其热感度是什么关系?

参 考 文 献

[1] 肖明耀. 误差理论与应用[M]. 北京:计量出版社,1985.

[2] 吴翙,李永乐,胡庆军. 应用数理统计[M]. 长沙:国防科技大学出版社,1995.

[3] 陈希孺,倪国熙. 数理统计学教程[M]. 上海:上海科学技术出版社,1988.

[4] 余建英,何旭宏. 数据统计分析与 SPSS 应用[M]. 北京:人民邮电出版社,2003.

[5] 龚延风. 建筑设备[M]. 天津:天津科学技术出版社,1997.

[6] 沈耀宗,关凤山,赵明哲. 消防技术装备[M]. 北京:群众出版社,1990.

[7] 惠中玉. 现代消防管理手册[M]. 北京:企业管理出版社,1996.

[8] 韩昭沧. 燃料及燃烧[M]. 北京:冶金工业出版社,1984.

[9] 伍作鹏. 消防燃烧学[M]. 北京:中国建筑工业出版社,1994.

[10] 连庆华. 物质燃烧学[M]. 郑州:河南科学技术出版社,1990.

[11] GB 50016—2006 建筑设计防火规范[S]. 北京:中国计划出版社,2006.

[12] GB 50045—95 高层民用建筑设计防火规范[S]. 北京:中国计划出版社,2005.

[13] 黄恒栋. 高层建筑火灾安全概论[M]. 成都:四川科学技术出版社,1992.

[14] 姜文源. 建筑灭火设计手册[M]. 北京:中国建筑工业出版社,1999.

[15] 蒋永琨. 中国消防工程手册[M]. 北京:中国建筑工业出版社,1998.

[16] 蒋永琨. 国内外火灾与爆炸事故 1000 例[M]. 成都:四川科学技术出版社,1986.

[17] 梁延东. 建筑消防系统[M]. 北京:中国建筑工业出版社,1997.

[18] 王学谦,刘万臣. 建筑防火设计手册[M]. 北京:中国建筑工业出版社,1998.

[19] 赵国凌. 防排烟工程[M]. 天津:天津科技翻译出版公司,1991.

[20] 孙绍玉,等. 火灾防范与火场逃生概论[M]. 北京:中国人民公安大学出版社,2001.

[21] GB 50116—98 火灾自动报警系统设计规范[S]. 北京:中国计划出版社,1998.

[22] GB 50151—92 低倍数泡沫灭火系统设计规范[S]. 北京:中国计划出版社,2000.

[23] GB 50196—93 高倍数、中倍数泡沫灭火系统设计规范[S]. 北京:中国计划出版社,2002.

[24] GB 50219—95 水喷雾灭火系统设计规范[S]. 北京:中国计划出版社,2002.

[25] GB 50084—2001 自动喷水灭火系统设计规范[S]. 北京:中国计划出版社,2001.

[26] 王学谦. 建筑防火[M]. 北京:中国建筑工业出版社,2000.

[27] 陈宝胜. 建筑防灾设计[M]. 上海:同济大学出版社,1990.

[28] 林克辉. 新型建筑材料及应用[M]. 广州:华南理工大学出版社,2005.

[29] 孙凌帆,白玉萍,桂林. 蒙脱土/SBS 纳米复合材料研究[J]. 华北水利水电学院学报,2008,29(4):94 - 96.

[30] 公安部消防司. 防火手册[M]. 上海:上海科技出版社,1992.

[31] 高琼英. 建筑材料[M]. 武汉:武汉理工大学出版社,2004.

[32] 张龙飞,汤永福. 混凝土增强材料的发展与应用[J]. 河南建材,2008(4).

[33] 陈宝胜,等. 建筑防火装饰材料与构造手册[M]. 上海:同济大学出版社,1993.

[34] 张龙飞,张宗敏. FRP 复合材料在结构加固工程中的应用[J]. 广东建材,2006(8).

[35] 程远平,李增华. 消防工程学[M]. 北京:中国矿业大学出版社,2002.

[36] 郑端文. 危险品防火[M]. 北京:化学工业出版社,1998.

[37] 赵书田. 煤矿粉尘技术管理[J]. 煤矿安全技术,1982(4).

[38] 彭定一,林少宁. 大气污染及其控制[M]. 北京:中国环境科学出版社,1991.

[39] 赵衡阳. 气体和粉尘爆炸原理[M]. 北京:北京理工大学出版社,1996.